高职高专公共基础课系列教材

经济数学

（上册）

主　编　陈艳花　张忠诚
副主编　刘　蓉　王　燕　唐富贵

西安电子科技大学出版社

内 容 简 介

　　本书分为上、下两册，共 8 章. 其中上册为第 1 章至第 4 章，分别为函数、极限与连续，导数与微分，微分中值定理与导数的应用，不定积分与定积分；下册为第 5 章至第 8 章，分别为多元函数微积分，微分方程初步，无穷级数，线性代数初步.

　　本书适合高职高专院校经济管理类各专业学生使用.

图书在版编目(CIP)数据

经济数学. 上册/陈艳花，张忠诚主编. —西安：西安
电子科技大学出版社，2022.2(2024.2 重印)
ISBN 978 - 7 - 5606 - 6371 - 5

Ⅰ. ①经…　Ⅱ. ①陈…　②张…　Ⅲ. ①经济数学－高等职业教育－教材

Ⅳ. ① F224.0

中国版本图书馆 CIP 数据核字(2022)第 018198 号

策　　划　刘玉芳　刘统军
责任编辑　程广兰　刘玉芳
出版发行　西安电子科技大学出版社(西安市太白南路 2 号)
电　　话　(029)88202421　88201467　　　邮　编　710071
网　　址　www. xduph. com　　　　　电子邮箱　xdupfxb001@163.com
经　　销　新华书店
印刷单位　广东虎彩云印刷有限公司
版　　次　2022 年 2 月第 1 版　2024 年 2 月第 3 次印刷
开　　本　787 毫米×1092 毫米　1/16　印　张　12
字　　数　283 千字
定　　价　35.00 元
ISBN 978 - 7 - 5606 - 6371 - 5/F
XDUP 6673001 - 3
＊＊＊如有印装问题可调换＊＊＊

前　　言

为满足高职高专院校培养应用型人才的需要，本书以学生发展为目标，以重能力培养、重知识应用为原则编写而成，可供高职高专院校经济管理类各专业学生使用.

本书在内容的取舍上尤其注重数学与经济管理的有机结合，强调微积分的概念与有关原理在经济管理中的应用，强调书中所用的有关经济管理中的概念的严密性和规范性，力求在保持传统高职高专同类教材优点的基础上，将微积分的思想、概念和方法与经济管理中的相关知识恰当结合，为学生后续课程的学习打下良好的数学基础.

本书在构建各章节的知识体系时，体现了案例驱动和突出应用的教学思想，即用现实和经济管理中的实例作为引例引出基本概念，通过"已知"诱导启发学生理解"未知"，进而带着问题学习相关的数学基本概念、基本原理和基本方法，最后用所学数学知识解决类似于"案例分析"这样的实际问题.

本书在充分考虑到当前高职高专院校生源变化的特点、学生的认知水平、经济数学的教学需要和教学特点的基础上，设计、安排和组织了全书内容. 在保证数学概念准确的前提下，本书尽量借助几何直观使得一些抽象的数学概念更形象化，从而引导学生不断发现问题、分析问题和解决问题，在探索问题的过程中主动学习知识、掌握技巧，从而获得成就感，增强自信心.

基于分层教学的需要以及高职高专不同专业对数学能力的不同要求，本书在内容上设置了必学和选学(带 * 号内容)两部分，与之对应的习题也分为必做和选做(带 * 号部分). 选学部分可供对数学有较高要求的专业选用，有愿望进一步扩大知识面的学生亦可自学.

基于高职高专学生"专升本"以及部分学有余力学生的需求，本书每章后均设置了"拓展提高"环节，并配以相关的自测题(拓展练习). 通过学习拓展内容，学生可拓宽解题思路，提高解题技巧.

本书是多位编者通力合作的结果. 具体的编写分工是：刘蓉执笔第 1 章，陈艳花执笔第 2 章、第 3 章和第 8 章，唐富贵执笔第 4 章，王燕执笔第 5 章，张忠诚执笔第 6 章和第 7 章. 陈艳花负责全书的统稿和定稿.

在本书的编写过程中，四川商务职业学院数学教研室的蒋磊副教授审阅了书稿并提出了很多有益的建议. 四川商务职业学院和西安电子科技大学出版社对本书的出版提供了大力支持和帮助，在此深表感谢.

限于编者水平，书中难免存在不妥之处，恳请专家、同行和读者批评指正.

编　者

2021 年 10 月

目　　录

第1章　函数、极限与连续

学习目标

○ **知识学习目标**

1. 理解函数的概念和性质，掌握求函数的定义域的方法；

2. 理解基本初等函数、复合函数、初等函数的概念，掌握复合函数的分解；

3. 理解极限的概念，掌握极限的四则运算法则和两个重要极限；

4. 了解无穷小量、无穷大量的概念和无穷小量的比较，掌握无穷小量的性质及无穷大量与无穷小量的关系；

5. 理解函数在一点连续的概念，会求间断点和连续区间.

○ **能力培养目标**

1. 会利用数学的思想、概念和方法消化吸收经济管理问题中的概念和原理；

2. 会利用极限思想解决相关的经济问题；

3. 会利用函数思想构建数学模型，解决实际问题.

开篇案例

【理财问题】　每个人在生活中都会碰到理财问题. 不管我们走进哪一家银行，都会看到银行里的利率表. 表1.0.1所示是2021年9月中国工商银行利率表.

表1.0.1　中国工商银行利率表

种类	存　　期	年利率（%）
整存整取	三个月	1.35
	六个月	1.55
	一　年	1.75
	二　年	2.25
	三　年	2.75
	五　年	2.75
活期存款		0.30

作为银行储户，你能解决以下与理财相关的问题吗？

（1）如果将 1000 元存为三个月定期，到期时本利和有多少？

（2）如果将 10 000 元存为三年定期和三次一年定期（保证该笔钱共存满 3 年），哪一种存法更划算？本利和分别为多少？

（3）如果存为一年定期的 30 000 元已在银行存了 45 天，银行通知存款年利率上浮为 3.0%，这时已存入的 30 000 元是继续存在银行不动划算还是取出来重新存入划算？

问题分析　上述 3 个简单的理财问题，我们在现实生活中会经常碰到，这类问题实际上就是典型的函数问题（因为表格是函数三种表示方法中的一种）．解决上述问题，要求我们必须具备相关函数知识（如解析式的求法、函数值的计算、函数值大小的比较），以及利用函数知识建立常见经济问题中数学模型的能力．

用数学方法解决科学技术和经济管理领域中的实际问题，往往需要建立所涉及的变量间的函数关系．本章将在中学所学函数知识的基础上进一步阐明函数的概念与性质以及反函数、复合函数、基本初等函数、初等函数和常见的经济函数，为经济数学的学习打下必要的基础．

1.1　函　　数

1.1.1　区间与邻域

1. 区间

在实际问题中，变量的取值往往有一定的范围限制，如果超出这个范围就会使所研究的问题没有意义．例如某地某日地面最低温度是 2℃，最高温度是 12℃，这里的气温 t 就是一个变量，且 t 的取值范围是 2～12．

变量的取值范围就是变量的变化范围，通常用区间表示．区间的定义如下：

区间是指介于两个实数 a 和 b 之间的全体实数组成的集合．它是微积分中使用较多的一类数集．它的记号和定义如下（其中 $a, b \in \mathbf{R}$，且 $a < b$）：

（1）开区间：$(a, b) = \{x \mid a < x < b\}$．

（2）闭区间：$[a, b] = \{x \mid a \leqslant x \leqslant b\}$．

（3）半开半闭区间：$[a, b) = \{x \mid a \leqslant x < b\}$，$(a, b] = \{x \mid a < x \leqslant b\}$．

（4）无穷区间：

$$(a, +\infty) = \{x \mid a < x < +\infty\},$$
$$[a, +\infty) = \{x \mid a \leqslant x < +\infty\},$$
$$(-\infty, b) = \{x \mid -\infty < x < b\},$$
$$(-\infty, b] = \{x \mid -\infty < x \leqslant b\},$$
$$(-\infty, +\infty) = \{x \mid -\infty < x < +\infty\} = \mathbf{R}.$$

注　① 上述（1）～（3）区间称为有限区间，实数 a、b 分别称为区间的左端点和右端点，$b-a$ 称为区间长度．

② $+\infty$ 和 $-\infty$ 分别读作"正无穷大"和"负无穷大"，它们不表示数值，仅是记号．

今后，如果不需要辨明所讨论的区间的开、闭或有限、无限，就简单地称之为区间，常用字母 I 表示．

2. 邻域

邻域是微积分中经常用到的一个特殊的开区间.

设 x_0 与 δ 是两个实数，且 $\delta>0$，则开区间 $(x_0-\delta,\ x_0+\delta)$ 就称为点 x_0 的 δ 邻域，记作 $U(x_0,\delta)$，即

$$U(x_0,\delta)=\{x\mid x_0-\delta<x<x_0+\delta\}=\{x\mid\mid x-x_0\mid<\delta\},$$

其中点 x_0 称为该邻域的中心，δ 称为该邻域的半径.

若在点 x_0 的 δ 邻域中"挖去"点 x_0，则此邻域称为点 x_0 的去心邻域，记作 $\mathring{U}(x_0,\delta)$，即

$$\mathring{U}(x_0,\delta)=\{x\mid 0<\mid x-x_0\mid<\delta\},$$

其中，$\mid x-x_0\mid>0$ 表示 $x\neq x_0$.

1.1.2　函数的概念

在某些自然现象或社会经济活动过程中，存在着多个量同时变化的情况，并且这多个量不是彼此孤立的，而是相互联系、相互依赖并遵循一定规律变化着的.

引例 1.1.1　汽车以 60 千米/小时的速度匀速行驶，那么行驶路程与行驶时间有什么关系？

问题分析　设行驶路程为 s 千米，行驶时间为 t 小时. 依题意知，行驶路程与行驶时间有如下关系：

$$s=60t\quad(t>0).$$

由上式可知，只要其中一个变量取定一个值后，另一个变量的值也就唯一地确定下来. 变量 t 和 s 之间的这种相互依赖关系就是函数概念的本质. 下面我们给出函数的定义.

1. 函数的定义

定义 1.1.1　设 D 是一个非空实数集，x 和 y 是两个变量，如果对于任意实数 $x\in D$，变量 y 按照一定的对应法则 f 总有唯一确定的数值与之对应，则称变量 y 为变量 x 的函数，记作 $y=f(x)$. 数集 D 称为该函数的定义域，x 称为自变量，y 称为因变量.

对于 $x_0\in D$，按照对应法则 f 确定的唯一值 y_0，称为 $y=f(x)$ 在 x_0 处的函数值，记作 $y_0=f(x_0)$.

当自变量 x 取遍 D 的所有数值时，对应的函数值 $f(x)$ 的全体构成的集合 $Z=\{y\mid y=f(x),x\in D\}$ 称为函数的值域，记作 Z_f.

一般地，设函数 $y=f(x)$ 的定义域为 D，值域为 Z. 对于值域 Z 中的任一数值 $y\in Z$，在定义域 D 中有唯一确定的一个数值 x 与 y 对应且满足关系

$$f(x)=y.$$

如果把 y 看作自变量，x 看作函数，按照函数的定义，就得到一个新的函数，记作

$$x=\varphi(y)\ [\text{或}\ x=f^{-1}(y)],$$

这个新函数称为函数 $y=f(x)$ 的反函数. 反函数的定义域为 Z，值域为 D. 对于反函数而言，函数 $y=f(x)$ 称为直接函数.

习惯上，总是用 x 表示自变量，用 y 表示因变量，因此，$y=f(x)$ 的反函数常改写为 $y=f^{-1}(x)$.

注 根据函数的定义，确定一个函数有两个因素：一是定义域 D，二是对应法则 f. 两个函数相同，指的是二者具有相同的定义域，并且对于定义域中的每一个值，两个函数都有相同的函数值，否则这两个函数为不同的函数.

2. 函数的表示方法

1）解析法

用一个等式来表示两个变量之间对应关系的方法称为解析法. 例如，例 1.1.1 至例 1.1.3 中函数的表示方法都是解析法.

2）列表法

列出表格来表示两个变量之间对应关系的方法称为列表法. 例如，开篇案例中的银行利率表和以前学过的三角函数表的表示方法都是列表法.

3）图像法

用函数图像来表示两个变量之间对应关系的方法称为图像法. 例如，二次函数图像的表示方法就是图像法.

例题讲解

例 1.1.1 求下列函数的定义域：

(1) $y=\dfrac{3}{5x^2+2x}$；(2) $f(x)=\lg(1-x)+\sqrt{x+4}$.

解 (1) 要使函数有意义，需满足 $5x^2+2x\neq0$，即

$$x\neq0 \text{ 且 } x\neq-\frac{2}{5},$$

因此该函数的定义域为 $\left(-\infty,-\dfrac{2}{5}\right)\cup\left(-\dfrac{2}{5},0\right)\cup(0,+\infty)$.

(2) 要使函数有意义，需满足 $\begin{cases}1-x>0\\x+4\geqslant0\end{cases}$，即

$$\begin{cases}x<1\\x\geqslant-4\end{cases},$$

因此该函数的定义域为 $[-4,1)$.

例 1.1.2 已知函数 $f(x+1)=x^2-x+1$，求 $f(x)$.

解 令 $x+1=t$，则 $x=t-1$.
$$f(t)=(t-1)^2-(t-1)+1=t^2-3t+3,$$
于是
$$f(x)=x^2-3x+3.$$

例 1.1.3 判断下列函数是否相同：

(1) $f(x)=|x|$，$g(x)=\sqrt{x^2}$； (2) $f(x)=\lg x^2$，$g(x)=2\lg x$.

解 (1) 因为 $f(x)$ 和 $g(x)$ 的定义域均为 $(-\infty,+\infty)$，且对应法则相同，所以它们是相同的函数.

(2) 因为 $f(x)$ 的定义域 $(-\infty,0)\cup(0,+\infty)$ 与 $g(x)$ 的定义域 $(0,+\infty)$ 不同，所以它们不是相同的函数.

3. 函数的性质

在中学阶段，我们已经学习了函数的几个简单性质. 现在我们重新来认识这些性质并引入一个新的性质，即有界性.

1）奇偶性

定义 1.1.2　设函数 $f(x)$ 的定义域 D 关于原点对称（即若 $x \in D$，则 $-x \in D$）. 如果对于函数定义域内的任一 x，即若 $x \in D$，都有

$f(-x) = -f(x)$，则称函数 $f(x)$ 是奇函数；

$f(-x) = f(x)$，则称函数 $f(x)$ 是偶函数；

若 $f(-x) \neq -f(x)$ 且 $f(-x) \neq f(x)$，则函数 $f(x)$ 既不是奇函数也不是偶函数，称为非奇非偶函数.

注　奇函数的图像关于原点对称，偶函数的图像关于 y 轴对称.

2）单调性

定义 1.1.3　设函数 $y = f(x)$ 在区间 (a, b) 内有定义，对任意的 x_1，$x_2 \in (a, b)$，如果当 $x_1 < x_2$ 时，恒有 $f(x_1) < f(x_2)$ 成立，则称函数 $f(x)$ 在 (a, b) 内单调增加，区间 (a, b) 称为函数 $f(x)$ 的单调增区间. 如果当 $x_1 < x_2$ 时，恒有 $f(x_1) > f(x_2)$ 成立，则称函数 $f(x)$ 在 (a, b) 内单调减少，区间 (a, b) 称为函数 $f(x)$ 的单调减区间.

例如，函数 $y = x^2$ 在 $(0, +\infty)$ 上是单调增加的，在 $(-\infty, 0)$ 上是单调减少的.

3）周期性

定义 1.1.4　设 T 为一个不为零的常数，如果函数 $y = f(x)$ 对于任意的 $x \in D$，都有 $x + T \in D$，且 $f(x + T) = f(x)$，则称函数 $y = f(x)$ 是周期函数，使上述关系式成立的非零常数 T 称为函数 $f(x)$ 的周期. 如果函数 $f(x)$ 的所有周期中存在一个最小的正数，那么这个最小的正数叫作函数 $f(x)$ 的最小正周期.

注　以后如果无特殊说明，周期指的就是最小正周期.

例如，$y = \sin x$ 是周期为 2π 的周期函数，$y = \cos 2x$ 是周期为 π 的周期函数.

4）有界性

定义 1.1.5　设函数 $y = f(x)$ 在区间 I 内有定义，如果存在一个正数 M，使得对任意 $x \in I$，恒有 $|f(x)| \leqslant M$ 成立，则称函数 $y = f(x)$ 在区间 I 上有界，否则称函数 $y = f(x)$ 在区间 I 上无界.

注　① 有界函数表示的曲线在几何上夹在两条水平线之间；

② 有界函数必有上界和下界.

例如，函数 $y = \sin x$ 在 $(-\infty, +\infty)$ 内有界；函数 $y = \dfrac{1}{x}$ 在 $(1, 2)$ 内有界，在 $(0, 1]$ 内无界.

可见，有界性与区间有关，它是函数的一个局部性质.

例题讲解

例 1.1.4　判断下列函数的奇偶性：

（1）$f(x) = x + \sin x$；　（2）$f(x) = x^2 - 1$；　（3）$f(x) = x^3 + 2$.

解 (1) 函数的定义域 $D=(-\infty, +\infty)$，因为对任意 $x\in D$，都有 $-x\in D$，且
$$f(-x)=-x+\sin(-x)=-x-\sin x=-(x+\sin x)=-f(x),$$
所以该函数是奇函数.

(2) 函数的定义域 $D=(-\infty, +\infty)$，因为对任意 $x\in D$，都有 $-x\in D$，且
$$f(-x)=(-x)^2-1=x^2-1=f(x),$$
所以该函数是偶函数.

(3) 函数的定义域 $D=(-\infty, +\infty)$，因为对任意 $x\in D$，都有 $-x\in D$，且 $f(-x)=(-x)^3+2=-x^3+2$，它既不等于 $-f(x)$，也不等于 $f(x)$，所以该函数是非奇非偶函数.

1.1.3 初等函数

1. 基本初等函数

以下六类函数统称为基本初等函数：

(1) 常数函数：$y=c$.

(2) 幂函数：$y=x^a$（a 是常数）.

(3) 指数函数：$y=a^x$（$a>0, a\neq1$）.

(4) 对数函数：$y=\log_a x$（$a>0, a\neq1$）.

(5) 三角函数：$y=\sin x$，$y=\cos x$，$y=\tan x$，$y=\cot x$，$y=\sec x$，$y=\csc x$.

(6) 反三角函数：$y=\arcsin x$，$y=\arccos x$，$y=\arctan x$，$y=\text{arccot}\,x$.

基本初等函数是构成函数的最基本单位，其中绝大多数我们在中学已经学习过. 要掌握好有关函数，应该从以下几个方面进行分析和讨论：两个域（定义域和值域），四个性质（奇偶性、单调性、周期性和有界性）以及图形上的特殊点等. 在这里我们归纳了它们的基本形态以列表的形式作简单回顾（如表 1.1.1 所示）.

表 1.1.1 基本初等函数的图形和性质

名称	表达式	定义域与值域	图形	性质
常数函数	$y=c$	$x\in(-\infty, +\infty)$，$y\in\{c\}$		图形是平行于 x 轴且截距为 c 的一条直线
幂函数	$y=x^2$	$x\in(-\infty, +\infty)$，$y\in[0, +\infty)$		偶函数，在 $(-\infty, 0]$ 内单调减少，在 $[0, +\infty)$ 内单调增加

续表一

名称	表达式	定义域与值域	图形	性质
幂函数	$y=x^3$	$x\in(-\infty,+\infty)$, $y\in(-\infty,+\infty)$		奇函数，在定义域内单调增加
幂函数	$y=x^{-1}$	$x\in(-\infty,0)\bigcup(0,+\infty)$, $y\in(-\infty,0)\bigcup(0,+\infty)$		奇函数，在$(-\infty,0)$内单调减少，在$(0,+\infty)$内单调减少
幂函数	$y=x^{\frac{1}{2}}$	$x\in[0,+\infty)$, $y\in[0,+\infty)$		在定义域内单调增加
指数函数	$y=a^x$ $(a>1)$	$x\in(-\infty,+\infty)$, $y\in(0,+\infty)$		曲线过点$(0,1)$，在定义域内单调增加
指数函数	$y=a^x$ $(0<a<1)$	$x\in(-\infty,+\infty)$, $y\in(0,+\infty)$		曲线过点$(0,1)$，在定义域内单调减少
对数函数	$y=\log_a x$ $(a>1)$	$x\in(0,+\infty)$, $y\in(-\infty,+\infty)$		曲线过点$(1,0)$，在定义域内单调增加

名称	表达式	定义域与值域	图形	性质
对数函数	$y=\log_a x$ $(0<a<1)$	$x\in(0,+\infty)$, $y\in(-\infty,+\infty)$		曲线过$(1,0)$，在定义域内单调减少
三角函数	$y=\sin x$	$x\in(-\infty,+\infty)$, $y\in[-1,1]$		奇函数，周期为2π，有界
	$y=\cos x$	$x\in(-\infty,+\infty)$, $y\in[-1,1]$		偶函数，周期为2π，有界
	$y=\tan x$	$x\neq k\pi+\dfrac{\pi}{2}(k\in\mathbf{Z})$, $y\in(-\infty,+\infty)$		奇函数，周期为π
	$y=\cot x$	$y\neq k\pi(k\in\mathbf{Z})$, $y\in(-\infty,+\infty)$		奇函数，周期为π
反三角函数	$y=\arcsin x$	$x\in[-1,1]$, $y\in\left[-\dfrac{\pi}{2},\dfrac{\pi}{2}\right]$		奇函数，在定义域内单调增加，有界

续表三

名称	表达式	定义域与值域	图形	性质
反三角函数	$y=\arccos x$	$x\in[-1,1]$, $y\in[0,\pi]$		在定义域内单调减少，有界
	$y=\arctan x$	$x\in(-\infty,+\infty)$, $y\in\left(-\dfrac{\pi}{2},\dfrac{\pi}{2}\right)$		奇函数，在定义域内单调增加，有界
	$y=\text{arccot}x$	$x\in(-\infty,+\infty)$, $y\in(0,\pi)$		在定义域内单调减少，有界

例题讲解

例 1.1.5　下列函数哪些是基本初等函数，哪些不是？

$$y=x^{-1},\ y=\left(\frac{7}{5}\right)^{x},\ y=\arcsin u,\ y=\tan x,\ y=\sin 2x,\ y=1,\ y=(2x)^{3}.$$

解　根据基本初等函数的结构特征，$y=x^{-1}$，$y=\left(\dfrac{7}{5}\right)^{x}$，$y=\arcsin u$，$y=\tan x$ 和 $y=1$ 是基本初等函数，而 $y=\sin 2x$，$y=(2x)^{3}$ 不是基本初等函数．

2. 复合函数

在我们研究的各种函数中，变量与变量之间往往存在着一种可以传递的关系，比如：

引例 1.1.2【复合函数的特征】　设某企业的总收入 R 是产量 Q 的函数，即 $R=f(Q)=3Q+7$，而产量 Q 又是投入的劳动力 l 的函数，即 $Q=g(l)=3l^{2}-2l+6$．试确定总收入 R 与劳动力 l 之间的关系式．

问题分析　在企业的经营活动中，总收入 R 与劳动力 l 之间的对应关系实际上是三个变量 R、Q 和 l 之间的传递关系．对于每一个 l 值，经过 Q 总有一个与之对应的 R 值，通常把这种关系称为复合关系，其抽象的定义如下．

定义 1.1.6　如果函数 $y=f(u)$ 的定义域 D_f 与函数 $u=\varphi(x)$ 的值域 Z_φ 的交集为非空集合，则称函数 $y=f[\varphi(x)]$ 是由函数 $y=f(u)$ 与函数 $u=\varphi(x)$ 复合而成的复合函数，其中 u 称为中间变量．

如引例 1.1.2，变量 R 与 l 的函数关系式为 $R=f[g(l)]=9l^2-6l+25$，其中变量 Q 是中间变量.

注 ① 交集非空 $(D_f \bigcap Z_\varphi \neq \varnothing)$ 是检验两个函数能否复合成一个函数的依据.

例如，$y=\arcsin u$ 与 $u=2+x^2$ 就不能复合成一个函数. 这是因为 $u=2+x^2$ 的值域 $[2,+\infty)$ 与 $y=\arcsin u$ 的定义域 $[-1,1]$ 的交集为空集，所以它们不能复合成一个函数.

② 复合过程不仅仅限于两次，也可以多次，如 $y=u^2$，$u=\ln v$，$v=\cos x$ 复合后成为 $y=[\ln(\cos x)]^2$.

③ 在实际应用的过程中，为了便于分析和计算，不但要注意函数的复合，更要善于将一个复合函数分解为若干简单的函数，即从外到内，逐层分析复合函数是由哪些基本初等函数或基本初等函数的四则运算式复合而成的.

正确分析复合函数的构成，是今后微分学中求复合函数的导数以及积分学中凑微分法的基础，读者务必熟练掌握.

例题讲解

例 1.1.6 指出下列函数的复合过程：

(1) $y=\sin^2(2x+1)$；　　　　　　(2) $y=\sqrt{x^2-3x+2}$；

(3) $y=[\ln(x+1)]^3$；　　　　　　(4) $y=\sqrt[3]{\arctan\cos e^{2x}}$.

解 (1) 函数 $y=\sin^2(2x+1)$ 是由 $y=u^2$，$u=\sin v$，$v=2x+1$ 三个函数复合而成的.

(2) 函数 $y=\sqrt{x^2-3x+2}$ 是由 $y=\sqrt{u}$，$u=x^2-3x+2$ 两个函数复合而成的.

(3) 函数 $y=[\ln(x+1)]^3$ 是由 $y=u^3$，$u=\ln v$，$v=x+1$ 三个函数复合而成的.

(4) 函数 $y=\sqrt[3]{\arctan\cos e^{2x}}$ 是由 $y=\sqrt[3]{u}$，$u=\arctan v$，$v=\cos w$，$w=e^z$ 和 $z=2x$ 五个函数复合而成的.

3. 初等函数

定义 1.1.7 由基本初等函数经过有限次的四则运算或有限次的函数复合所构成的、能够用一个式子表示的函数，称为初等函数.

例如，$y=\dfrac{1}{x^2}$，$y=\sqrt{x^2-3x+2}$，$y=\ln(x+\sqrt{a^2+x^2})$ 都是初等函数.

注 本课程所讨论的绝大多数函数都是初等函数.

4. 分段函数

定义 1.1.8 如果函数 $f(x)$ 在其定义域内的不同区间（或不同点）上要用不同的解析式来表示，那么 $f(x)$ 称为分段函数.

例如，符号函数

$$y=\begin{cases} -1, & x<0 \\ 0, & x=0 \\ 1, & x>0 \end{cases}$$

就是一个分段函数（如图 1.1.1 所示）.

分段函数若可以表示成一个解析式，则该分段函数是初等函数，否则该函数不是初等函数. 例如：分段函

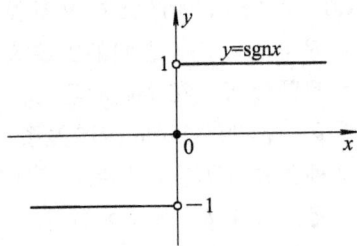

图 1.1.1

数 $y=\begin{cases}1-x, & x\leqslant0 \\ 1+x, & x>0\end{cases}$，因为它能表示成函数 $y=1+|x|=1+\sqrt{x^2}$，所以它是初等函数；

而 $y=\begin{cases}x+1, & x\geqslant0 \\ x^2+2, & x<0\end{cases}$ 则不能用一个解析式来表示，因此它不是初等函数.

　　用数学方法解决实际问题，通常要把实际问题转化成数学问题，也就是数学模型. 通俗来说，就是建立目标函数，即找出变量之间的关系，才能方便我们进行分析和计算.

案例分析

　　案例 1.1.1【生产利润】　某一玩具公司生产 x 件玩具将花费 $400+5\sqrt{x(x-4)}$ 元，如果每件玩具卖 48 元，求公司生产 x 件玩具获得的净利润.

　　解　依题意，公司生产 x 件玩具获得的净利润为

$$y=48x-\left[400+5\sqrt{x(x-4)}\right]\quad(x>0).$$

　　案例 1.1.2【个人所得税】　根据中华人民共和国新的《个人所得税法》规定，公民全月工薪不超过 5000 元的部分不必纳税，超过 5000 元的部分为全月应纳税所得额，相关税率如表 1.1.2 所示.

表 1.1.2　个人所得税税率表(个税起征点 5000 元)

级数全月应纳税所得额	税率(%)	速算扣除数
1. 不超过 3000 元的	3	0
2. 超过 3000 元至 12 000 元的部分	10	210
3. 超过 12 000 元至 25 000 元的部分	20	1410
4. 超过 25 000 元至 35 000 元的部分	25	2660
5. 超过 35 000 元至 55 000 元的部分	30	4410
6. 超过 55 000 元至 80 000 元的部分	35	7160
7. 超过 80 000 元的部分	45	15 160

　　设月工薪为 x 元($0<x\leqslant12\,000$)，应缴纳税金为 y 元，试写出 y 与 x 的函数关系式.

　　解　当 $0<x\leqslant5000$ 时，$y=0$；

　　当 $5000<x\leqslant8000$ 时，$y=(x-5000)\times3\%=0.03x-150$；

　　当 $8000<x\leqslant12\,000$ 时，$y=3000\times0.03+(x-8000)\times10\%=0.1x-710$.

　　因此应缴纳税金 y 元与月工薪 x 元之间的函数关系式为

$$y=\begin{cases}0, & 0<x\leqslant5000 \\ 0.03x-150, & 5000<x\leqslant8000 \\ 0.1x-710, & 8000<x\leqslant12\,000\end{cases}.$$

　　案例 1.1.3【劳动报酬】　为了鼓励小杰做家务，小杰每月的费用都是根据上个月他的家务劳动时间所得奖励加上基本生活费从父母那里获取的. 若设小杰每月的家务劳动时间

为 x 小时,该月可得(即下个月他可获得)的总费用为 y 元,则 y(元)和 x(小时)之间的函数图像如图 1.1.2 所示.

(1) 根据图像,请你写出小杰每月获得的总费用与家务劳动时间 x 小时的函数关系式;

(2) 若小杰 5 月份希望有 250 元费用,则小杰 4 月份需做家务多少时间?

解 (1) 根据图像可以得出小杰每月获得的总费用 y 与家务劳动时间 x 的函数关系式:

当 $0 \leqslant x < 20$ 时,

$$y = 150 + 2.5x,$$

当 $x \geqslant 20$ 时,

$$y = 200 + 4(x - 20)$$
$$= 120 + 4x,$$

因此小杰每月获得的总费用 y 与家务劳动时间 x 的函数关系式为

$$y = \begin{cases} 150 + 2.5x, & 0 \leqslant x < 20 \\ 120 + 4x, & x \geqslant 20 \end{cases}.$$

(2) 根据图像知,$250 = 4x + 120$,得 $x = 32.5$ 小时,即小杰 4 月份需做家务时间为 32.5 小时.

案例 1.1.4【景点门票收费】 某旅游景点的门票一张 110 元,如果一次买 10 张以上,则可以打 8 折.用 x 表示旅游团的人数,用 y 表示购买门票的费用.

(1) 用公式(函数解析式)法表示购买门票的费用 y 元与人数 x 之间的函数关系;

(2) 求出旅游团人数分别为 9 人、30 人时的门票.

解 (1) 由题意知,当 $0 < x \leqslant 10$ 时,

$$y = 110x,$$

当 $x > 10$ 时,

$$y = 110 \times 0.8x = 88x,$$

所以购买门票的费用 y 元与人数 x 之间的函数关系为

$$y = \begin{cases} 110x, & 0 < x \leqslant 10 \\ 88x, & x > 10 \end{cases}.$$

(2) 当 $x = 9$ 时,

$$y = 110 \times 9 = 990(元),$$

当 $x = 30$ 时,

$$y = 88 \times 30 = 2640(元).$$

案例 1.1.5【节能降耗】 为了鼓励节能降耗,某市规定如下用电收费标准:每户每月的用电量不超过 120 度时,电价为 a 元/度;超过 120 度时,不超过的部分仍然是 a 元/度,超过部分为 b 元/度.已知某用户五月份用电 115 度,交电费 69 元;六月份用电 140 度,交电费 94 元.

(1) 求限度内的电价和限度外的电价;

(2) 求应付电费为 y(元)与每月用电量 x(度)之间的函数关系;

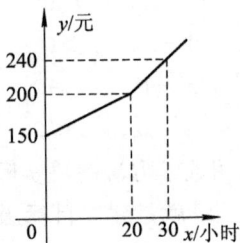

（3）若该用户计划七月份所付电费不超过 83 元，该用户七月份最多可用电多少度？

解　（1）根据题意，得

$$\begin{cases} 115a=69 \\ 120a+20b=94 \end{cases},$$

解方程组，得

$$\begin{cases} a=0.6 \\ b=1.1 \end{cases},$$

因此限度内的电价为 0.6 元/度，而限度外的电价为 1.1 元/度.

（2）依题意知，当 $0 \leqslant x \leqslant 120$ 时，

$$y=0.6x,$$

当 $x>120$ 时，

$$y=120 \times 0.6+1.1(x-120)=1.1x-60,$$

所以应付电费为 y(元)与每月用电量 x(度)之间的函数关系为

$$y=\begin{cases} 0.6x, & 0 \leqslant x \leqslant 120 \\ 1.1x-60, & x>120 \end{cases}.$$

（3）因为 $83>120 \times 0.6=72$，所以 y 与 x 之间的函数关系为 $y=1.1x-60$. 由题意知，$1.1x-60 \leqslant 83$，得 $x \leqslant 130$，即该用户七月份最多可用电 130 度.

【习题 1.1】

1. 求下列函数的定义域：

（1）$y=\sqrt{x+2}-\dfrac{1}{x-2}$；

（2）$y=\dfrac{\sqrt[3]{x+2}}{x+1}$；

（3）$y=\arcsin(x-1)$；

（4）$y=\dfrac{3x^2}{\sqrt{1-x}}+\lg(3x+1)$；

（5）$y=\sqrt{-x^2-3x+4}$；

（6）$y=\dfrac{1}{\ln(1-x)}$.

2. 设函数 $f(x)=x^2-4x+1$，求 $f(0)$、$f(-x)$、$f(x-2)$.

3. 设函数 $f(t)=t^2-2t$，$t=g(x)=\lg(1+x)$，求 $f[g(x)]$.

4. 判断下列函数是否相同：

（1）$f(x)=\sqrt{x^2}$，$g(x)=x$；

（2）$f(x)=1$，$g(x)=\sin^2 x+\cos^2 x$；

（3）$f(x)=\ln\sqrt{x-2}$，$g(x)=\dfrac{1}{2}\ln(x-2)$；

（4）$f(x)=1-x$，$g(x)=\dfrac{1-x^2}{1+x}$.

5. 判断下列函数的奇偶性：

（1）$f(x)=\dfrac{e^x-e^{-x}}{2}$；　（2）$f(x)=\dfrac{\sin x}{x^2}$；　（3）$f(x)=\dfrac{1}{x+2}$.

6. 下列函数是由哪些简单函数复合而成的：

（1）$y=(2x+4)^2$；

（2）$y=(1+\ln x)^5$；

(3) $y = e^{-x^2}$; (4) $y = \tan^2 \dfrac{x}{2}$;

(5) $y = \ln\tan \dfrac{x}{2}$; (6) $y = \arctan \dfrac{1}{x}$;

(7) $y = \cot \sqrt[3]{1+x^2}$; (8) $y = \sec^3(e^{2x})$.

习题 1.1 参考答案

1.2 极　　限

变量的变化是各种各样的，当建立了反映变量之间的函数关系之后，为了便于掌握变量之间的变化规律，需要进一步考察变量在某一个变化过程中的变化趋势和终极状态. 如果变量在变化的过程中逐步趋向于相对稳定的状态，也就是说，在变化的过程中无限地接近于某一确定的常数，这就是极限.

在微积分学中，极限是最基本的概念之一. 微积分的其他重要概念都是用极限来表述的，并且它们的主要性质和法则也是通过极限方法推导出来的. 因此，掌握极限的概念、性质和运算法则是学好微积分的基础.

1.2.1　数列的极限

引例 1.2.1【万世不竭】　战国时代哲学家庄周所著的《庄子·天下篇》引用过一句话："一尺之棰，日取其半，万世不竭."

问题分析　一根长为一尺的木棒，每天截去一半，这样的过程可以无限制地进行下去. 把每天截后剩下部分的长度记录如下（单位：尺）：

第一天剩下 $\dfrac{1}{2}$，第二天剩下 $\dfrac{1}{2^2}$，第三天剩下 $\dfrac{1}{2^3}$ ……第 n 天剩下 $\dfrac{1}{2^n}$，这样就得到一个数列：

$$\frac{1}{2}, \frac{1}{2^2}, \frac{1}{2^3}, \cdots, \frac{1}{2^n}, \cdots \text{ 或 } \left\{\frac{1}{2^n}\right\}.$$

引例 1.2.2【割圆术】　公元 3 世纪我国的刘徽注解《九章算术》，提出了"割圆术". 刘徽称"割之弥细，所失弥少，割之又割，以至不可割，则与圆周合体，而无所失亦".

问题分析　先作圆的内接正六边形，把它的面积记作 A_1，再作圆的内接正十二边形，把它的面积记作 A_2，再作圆的内接正二十四边形，把它的面积记作 A_3，照此下去，把圆的内接正 $6 \times 2^{n-1}$ 边形的面积记作 A_n，这样就得到一个数列

$$A_1, A_2, A_3, \cdots, A_n, \cdots \text{ 或 } \{A_n\}.$$

以上两个引例都包含了极限的思想，下面我们先来讨论数列的极限.

细心地观察引例 1.2.1，可以看到：随着天数无限增加（即 $n \to \infty$），剩下的木棒长度无限地接近于零. 对于引例 1.2.2，随着内接正多边形的边数无限增加（即 $n \to \infty$），内接正多边形的面积无限地接近于圆的面积. 即随 n 无限增大，数列 $\{x_n\}$ 和 $\{A_n\}$ 都无限地接近于某个确定的常数.

定义 1.2.1　给定一个数列 $\{x_n\}$，如果当 n 无限增大时，x_n 无限接近于某个确定的常数 A，则称 A 为数列 $\{x_n\}$ 的极限，记作

$$\lim_{n \to \infty} x_n = A \quad \text{或} \quad x_n \to A(n \to \infty),$$

此时，也称数列 $\{x_n\}$ 是**收敛**的，即当 $n\to\infty$ 时，数列 $\{x_n\}$ 收敛于 A，否则，就称数列 $\{x_n\}$ 是**发散**的.

根据极限的定义，引例 1.2.1 和引例 1.2.2 可分别表示为 $\lim\limits_{n\to\infty}\dfrac{1}{2^n}=0$ 和 $\lim\limits_{n\to\infty}A_n=A$（$A$ 是圆的面积）.

例题讲解

例 1.2.1　观察下列数列当 $n\to\infty$ 时是否有极限？有极限时指出其极限值：

(1) $\{x_n\}=\left\{\dfrac{n+1}{n+2}\right\}$；　　　　(2) $\{x_n\}=\left\{\dfrac{2n+(-1)^{n-1}}{n}\right\}$；

(3) $\{x_n\}=\{2^n\}$；　　　　(4) $\{x_n\}=\{(-1)^{n-1}\}$.

解　(1) $\lim\limits_{n\to\infty}\dfrac{n+1}{n+2}=\lim\limits_{n\to\infty}\left(1-\dfrac{1}{n+2}\right)=1$.

(2) $\lim\limits_{n\to\infty}\dfrac{2n+(-1)^{n-1}}{n}=\lim\limits_{n\to\infty}\left[2+\dfrac{(-1)^{n-1}}{n}\right]=2$.

(3) $\lim\limits_{n\to\infty}2^n=+\infty$.

(4) 数列 $\{x_n\}=\{(-1)^{n-1}\}$ 的每一项不是 1 就是 -1.

根据数列的极限定义，当 $n\to\infty$ 时，没有确定的常数与数列 $\{2^n\}$ 或 $\{(-1)^{n-1}\}$ 无限接近，所以这两个数列都是发散的.

下面给出收敛数列的相关性质（证明略）.

定理 1.2.1　收敛数列的极限唯一.

定理 1.2.2　收敛数列一定有界.

定理 1.2.3　单调有界数列必有极限.

1.2.2　函数的极限

引例 1.2.3【存款预测】　如果你希望五年后存款达到 30 万元，如何利用数学工具预测五年后能否实现存款计划？

问题分析　为了实现拟订的存款计划，可以先计算近几期的存款总额，得到当前的存款速度，然后分析存款额的变化趋势，根据变化趋势把这个量确定下来.这种从量变到质变的过程，就是函数极限的思想.

引例 1.2.4【野生动物数量的变化规律】　在某自然保护区生长的一群野生动物的群体数量，随时间推移会有怎样的变化规律？

问题分析　由于自然保护区内各种资源的限制，随着时间的推移，这一动物群体的数量不可能无限地增大，它应达到某一饱和状态.

注　饱和状态就是当时间 $t\to\infty$ 时野生动物群的数量.

以上两个引例说明：随着时间的推移，存款总额或野生动物群体的数量都与某个确定的常数无限接近.

现实生活中，类似这样的问题我们经常会遇到.例如，我国人口变化趋势、产品价格预测、库存成本预测等，这些问题都涉及函数的极限.本节将沿着数列极限的思路，讨论函数的极限.

1. 当 $x \to \infty$ 时,函数 $f(x)$ 的极限

如果我们把数列 $\{x_n\}$ 看成是自变量 n 依次取正整数的特殊函数 $y=f(n)$,那么函数 $y=f(x)(x\to\infty)$ 的极限就是数列极限的推广,只要将数列极限中的 n 改成 x,就得到下列函数极限的定义.

定义 1.2.2 当自变量 x 的绝对值无限增大(记作 $x\to\infty$)时,若函数 $f(x)$ 无限趋近于一个确定的常数 A,则称 A 为当 $x\to\infty$ 时 $f(x)$ 的极限,记作

$$\lim_{x\to\infty}f(x)=A \quad \text{或} \quad f(x)\to A(x\to\infty).$$

在定义 1.2.2 中,自变量 x 的绝对值无限增大(记作 $x\to\infty$),指的是 x 既可取正值无限增大(记作 $x\to+\infty$),同时也可取负值而绝对值无限增大(记作 $x\to-\infty$).

类似地,如果只考虑当 $x\to+\infty$ 时,函数 $f(x)$ 无限趋近于一个确定的常数 A,那么称 A 为当 $x\to+\infty$ 时 $f(x)$ 的极限,记作 $\lim\limits_{x\to+\infty}f(x)=A$ 或 $f(x)\to A(x\to+\infty)$.

如果只考虑当 $x\to-\infty$ 时,函数 $f(x)$ 无限趋近一个确定的常数 A,那么称 A 为当 $x\to-\infty$ 时 $f(x)$ 的极限,记作 $\lim\limits_{x\to-\infty}f(x)=A$ 或 $f(x)\to A(x\to-\infty)$.

例题讲解

例 1.2.2 考察函数 $f(x)=\dfrac{1}{x}$ 当 $x\to\infty$ 时的变化趋势.

解 函数 $f(x)=\dfrac{1}{x}$ 的图像如图 1.2.1 所示,当 $x\to+\infty$ 时,曲线 $f(x)=\dfrac{1}{x}$ 沿 x 轴的正向无限延伸,且与 x 轴越来越接近;当 $x\to-\infty$ 时,曲线 $f(x)=\dfrac{1}{x}$ 沿 x 轴的负向无限延伸,且与 x 轴越来越接近,因此当 $x\to\infty$ 时,$f(x)$ 的值呈现的变化趋势是无限趋近于常数 0.

例 1.2.3 函数 $f(x)=\arctan x$ 当 $x\to\infty$ 时极限是否存在?

解 函数 $f(x)=\arctan x$ 的图像如图 1.2.2 所示. 由此可知 $\lim\limits_{x\to-\infty}\arctan x=-\dfrac{\pi}{2}$,$\lim\limits_{x\to+\infty}\arctan x=\dfrac{\pi}{2}$,不满足函数极限的定义,所以 $\lim\limits_{x\to\infty}\arctan x$ 不存在.

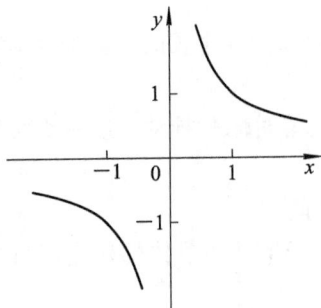

图 1.2.1

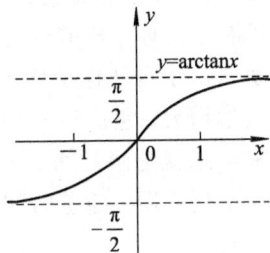

图 1.2.2

注 考察当 $x\to\infty$ 时函数 $f(x)$ 的变化趋势时,需要讨论当 $x\to+\infty$ 和 $x\to-\infty$ 时函数

的变化趋势. 当且仅当 $x \to +\infty$ 和 $x \to -\infty$ 时函数的变化趋势相同, 并且都是无限接近于同一常数 A 时, 函数的极限才存在. 因此得到如下结论.

当 $x \to \infty$ 时, 函数 $f(x)$ 的极限存在的充要条件是:
$$\lim_{x \to \infty} f(x) = A \Leftrightarrow \lim_{x \to -\infty} f(x) = \lim_{x \to +\infty} f(x) = A.$$

2. 当 $x \to x_0$ 时, 函数 $f(x)$ 的极限

上面讨论了当 $x \to \infty$ 时函数的极限, 那么当自变量 x 趋于一个有限值时, 函数 $f(x)$ 又有怎样的变化趋势呢?

引例 1.2.5【人影长度】　如图 1.2.3 所示, 观察一个人沿直线走向路灯的正下方时其影子长度的变化趋势.

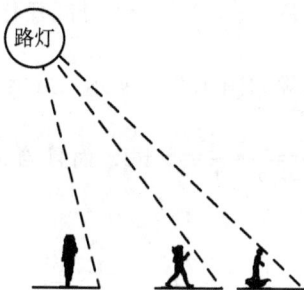

图 1.2.3

问题分析　设目标总是灯的正下方那一点, 灯与地面的垂直高度为 H. 由日常生活知识知道, 当此人走向目标时, 其影子长度 y 越来越短; 当人越来越接近目标 ($x \to 0$) 时, 其影子的长度越来越短, 逐渐趋于 0 ($y \to 0$).

定义 1.2.3　设函数 $f(x)$ 在点 x_0 的某邻域内有定义 (点 x_0 本身可除外), 当自变量 x 无限地趋近于常数 x_0 时, 如果函数 $f(x)$ 无限趋近于一个确定的常数 A, 则称 A 为当 $x \to x_0$ 时函数 $f(x)$ 的极限, 记作
$$\lim_{x \to x_0} f(x) = A \quad \text{或} \quad f(x) \to A \ (x \to x_0).$$

按照定义 1.2.3, 引例 1.2.5 可表示为
$$\lim_{x \to 0} y = 0.$$

上述极限定义中 $x \to x_0$ 是以任意方式趋近的, 可以称为双侧极限. 如果我们限制 x 趋近于 x_0 的方式, 例如从 x_0 的左侧或右侧向 x_0 趋近, 这时可以得出两种特殊的极限, 即左极限和右极限.

当 x 从 x_0 的左侧趋近于 x_0, 记作 $x \to x_0^-$.

当 x 从 x_0 的右侧趋近于 x_0, 记作 $x \to x_0^+$.

定义 1.2.4　如果 x 从左侧趋近于 x_0 时, 函数 $f(x)$ 无限趋近于一个确定的常数 A, 那么称 A 为当 $x \to x_0$ 时函数 $f(x)$ 的左极限, 记作
$$\lim_{x \to x_0^-} f(x) = A \quad \text{或} \quad f(x_0 - 0) = A.$$

如果 x 从右侧趋近于 x_0 时, 函数 $f(x)$ 无限趋近于一个确定的常数 A, 那么称 A 为当 $x \to x_0$ 时函数 $f(x)$ 的右极限, 记作

$$\lim_{x \to x_0^+} f(x) = A \quad 或 \quad f(x_0 + 0) = A.$$

3. 左极限、右极限与极限的关系

讨论分段函数 $f(x)$ 在分界点 x_0 处的极限时，如果分界点 x_0 左、右两侧 $f(x)$ 的解析式不同，则需要分别讨论函数 $f(x)$ 在点 x_0 的左极限和右极限. 当且仅当左极限和右极限存在并且相等时，$x \to x_0$ 时函数 $f(x)$ 的极限才存在，即

$$\lim_{x \to x_0} f(x) = A \Leftrightarrow \lim_{x \to x_0^+} f(x) = \lim_{x \to x_0^-} f(x) = A.$$

例题讲解

例 1.2.4 考察函数 $f(x) = \dfrac{x^2 - 1}{x - 1}$，当 $x \to 1$ 时的变化趋势.

解 函数 $f(x) = \dfrac{x^2 - 1}{x - 1}$ 的图像如图 1.2.4 所示. 虽然在 $x = 1$ 时 $f(x)$ 无定义，但是在 $x \to 1$ 的过程中 $x \neq 1$，于是 $f(x) = \dfrac{x^2 - 1}{x - 1} = x + 1$. 而且当 $x \to 1$ 时，函数 $f(x) = \dfrac{x^2 - 1}{x - 1}$ 与常数 2 无限接近.

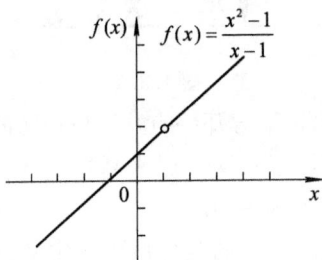

图 1.2.4

注 通过例 1.2.4，我们发现函数在一点是否有定义并不影响它在这点的极限存在与否.

例 1.2.5 求当 $x \to 2$ 时，下列函数的极限：

(1) $y = x$；   (2) $y = 3$.

解 (1) $\lim\limits_{x \to 2} x = 2$；   (2) $\lim\limits_{x \to 2} 3 = 3$.

注 ① $\lim\limits_{x \to x_0} x = x_0$；② $\lim\limits_{x \to x_0} C = C$.

例 1.2.6 求函数 $f(x) = \begin{cases} 2x + 1, & x \leqslant 0 \\ x^2 + 1, & x > 0 \end{cases}$，当 $x \to 0$ 时的极限.

解 由于函数 $f(x)$ 是分段函数，且在分段点 $x = 0$ 的两侧函数的表达式不同，所以必须求左、右极限，才能确定在分段点处的极限存在与否.

$$f(0 - 0) = \lim_{x \to 0^-} (2x + 1) = 1, \quad f(0 + 0) = \lim_{x \to 0^+} (x^2 + 1) = 1,$$

因为 $f(0 - 0) = f(0 + 0) = 1$，所以

$$\lim_{x \to 0} f(x) = 1.$$

【习题 1.2】

1. 当 $n \to \infty$ 时，指出下列数列中哪些数列有极限，哪些数列没有极限：

(1) $x_n = \dfrac{1 + (-1)^n}{n}$；　　　　(2) $x_n = \dfrac{3n - 2}{n}$；

(3) $x_n = 2 + \left(\dfrac{1}{5}\right)^n$；　　　　(4) $x_n = (-1)^n$.

2. 讨论下列各函数的极限：

(1) $\lim\limits_{x \to \infty} \dfrac{1}{1 + x}$；　　(2) $\lim\limits_{x \to -\infty} \left(\dfrac{1}{3}\right)^x$　　(3) $\lim\limits_{x \to -\infty} 10^x$；

(4) $\lim\limits_{x \to \infty} 5$；　　(5) $\lim\limits_{x \to \infty} \sin x$；　　(6) $\lim\limits_{x \to -\infty} \text{arccot} x$；

(7) $\lim\limits_{x \to 3} (3x + 1)$；　　(8) $\lim\limits_{x \to 2} \dfrac{x^2 - 4}{x - 2}$　　(9) $\lim\limits_{x \to 1} (x^2 + 1)$；

(10) $\lim\limits_{x \to 0^+} \sqrt{x}$；　　(11) $\lim\limits_{x \to 0} \cos x$；　　(12) $\lim\limits_{x \to 2} 3^x$.

3. 设函数 $f(x) = \begin{cases} x, & x < 3 \\ 2x - 1, & x \geqslant 3 \end{cases}$，求 $f(3+0)$ 和 $f(3-0)$.

4. 设函数 $f(x) = \begin{cases} 3x + 2, & x \leqslant 0 \\ x^2 + 1, & 0 < x \leqslant 1 \\ \dfrac{2}{x}, & x > 1 \end{cases}$，分别讨论当 $x \to 0$ 及 $x \to 1$

习题 1.2 参考答案

时 $f(x)$ 的极限是否存在.

1.3　无穷小量与无穷大量

无穷小量和无穷大量反映了自变量在某个变化过程中，函数的两种特殊的变化趋势，即绝对值无限减小和绝对值无限增大. 下面用极限来定义无穷小量和无穷大量这两种常用的变量.

1.3.1　无穷小量

引例 1.3.1【单摆振幅的变化趋势】　单摆离开竖直位置摆动时，由于空气阻力和摩擦力的作用，它的振幅 θ 随着时间的增加而逐渐减小，并趋近于 0.

引例 1.3.2【断电后扇叶转速的变化趋势】　当关掉电源时，电扇的扇叶转速 v 会逐渐慢下来，直至转速趋于 0，扇叶停止转动.

问题分析　从上面两个引例能观察到一个共同的现象是：随着时间的推移，单摆振幅 θ 或扇叶转速 v 逐渐减小并趋于 0. 像这种绝对值无限减小的变量就是无穷小量.

1. 无穷小量的概念

定义 1.3.1　如果在自变量的某个变化过程中，函数以零为极限，则称此函数在这个变化过程中是无穷小量，简称无穷小，记作

$$\lim_{\substack{x \to x_0 \\ (x \to \infty)}} f(x) = 0.$$

例如，因为 $\lim\limits_{x \to 0} \sin x = 0$，所以函数 $\sin x$ 是当 $x \to 0$ 时的无穷小量.

因为 $\lim\limits_{x \to \infty} \dfrac{1}{x} = 0$，所以函数 $\dfrac{1}{x}$ 是当 $x \to \infty$ 时的无穷小量.

注 （1）无穷小量表达的是量的变化状态，而不是量的大小. 因此，一个数不管有多小，都不能是无穷小量.

（2）零是唯一可以作为无穷小量的常数（因为 $\lim\limits_{\substack{x \to x_0 \\ (x \to \infty)}} 0 = 0$）. 但无穷小量不一定是常数零.

（3）无穷小量是相对于 x 的某个变化过程而言的，因此要称一个函数 $f(x)$ 是无穷小量，必须明确指出自变量的变化过程.

例如，因为 $\lim\limits_{x \to 2} \dfrac{1}{x} = \dfrac{1}{2}$，所以此时函数 $f(x) = \dfrac{1}{x}$ 就不是无穷小量.

2. 极限与无穷小量之间的关系

*定理 1.3.1　在自变量的同一变化过程 $x \to x_0$（或 $x \to \infty$）中，函数 $f(x)$ 以常数 A 为极限的充要条件是 $f(x)$ 可以表示为常数 A 与一个无穷小 $\alpha(x)$ 之和，即
$$\lim\limits_{x \to x_0} f(x) = A \Leftrightarrow f(x) = A + \alpha(x),$$
其中 $\alpha(x)$ 是 $x \to x_0$（或 $x \to \infty$）时的无穷小量.

证明　（必要性）　设 $\lim\limits_{x \to x_0} f(x) = A$，则 $\lim\limits_{x \to x_0} (f(x) - A) = 0$，即 $f(x) - A$ 是无穷小量.

令 $\alpha(x) = f(x) - A$，于是
$$f(x) = A + \alpha(x).$$

（充分性）　设 $f(x) = A + \alpha(x)$，其中 $\alpha(x)$ 是 $x \to x_0$ 时的无穷小量，则
$$\lim\limits_{x \to x_0} f(x) = \lim\limits_{x \to x_0} [A + \alpha(x)] = A.$$

这就证明了常数 A 是当 $x \to x_0$ 时函数 $f(x)$ 的极限. 类似地可证明当 $x \to \infty$ 时的情形.

3. 无穷小量的性质

（1）有限个无穷小量的代数和仍是无穷小量.

注　无穷多个无穷小量的代数和不一定是无穷小量. 例如，当 $n \to \infty$ 时 $\dfrac{1}{n}$ 是无穷小量，但 $\dfrac{1}{n} + \dfrac{1}{n} + \cdots + \dfrac{1}{n}$ 就不是无穷小量，这是因为 $\lim\limits_{n \to \infty} \left(\dfrac{1}{n} + \dfrac{1}{n} + \cdots + \dfrac{1}{n} \right) = 1$.

（2）有限个无穷小量之积仍为无穷小量.

（3）无穷小量与有界函数之积仍为无穷小量.

例题讲解

例 1.3.1　求 $\lim\limits_{x \to 0} x \sin \dfrac{1}{x}$.

解　因为当 $x \to 0$ 时，x 是无穷小量，$\sin \dfrac{1}{x}$ 是有界函数，所以 $x \sin \dfrac{1}{x}$ 是无穷小量. 根据无穷小量的性质，有
$$\lim\limits_{x \to 0} x \sin \dfrac{1}{x} = 0.$$

例 1.3.2　求 $\lim\limits_{x\to\infty}\dfrac{\arctan x}{x^2}$.

解　因为 $\lim\limits_{x\to\infty}\dfrac{1}{x^2}=0$，所以当 $x\to\infty$ 时 $\dfrac{1}{x^2}$ 是无穷小量；又因为 $|\arctan x|<\dfrac{\pi}{2}$，所以 $\arctan x$ 是有界函数.

根据无穷小量的性质，当 $x\to\infty$ 时 $\dfrac{1}{x^2}\cdot\arctan x$ 是无穷小量，于是

$$\lim_{x\to\infty}\frac{\arctan x}{x^2}=0.$$

1.3.2　无穷大量

引例 1.3.3【存款问题】　小王有本金 A 元，银行存款的年利率为 r，不考虑个人所得税，按复利(详见 1.6.3 节)计算，小王第一年末的本利和为 $A(1+r)$，第二年末的本利和为 $A(1+r)^2$……第 n 年末的本利和为 $A(1+r)^n$.

问题分析　显然，存款时间越长，本利和越多.当存款时间无限长时，本利和也无限增大.像这种绝对值无限增大的变量就是无穷大量.

定义 1.3.2　在自变量的某个变化过程中，绝对值无限增大的变量称为无穷大量，简称无穷大，记作

$$\lim_{\substack{x\to x_0\\(x\to\infty)}}f(x)=\infty.$$

若 $|f(x)|$ 无限增大且只取正值或负值，就记作

$$\lim_{\substack{x\to x_0\\(x\to\infty)}}f(x)=+\infty\quad\text{或}\quad\lim_{\substack{x\to x_0\\(x\to\infty)}}f(x)=-\infty.$$

例如，因为 $\lim\limits_{x\to0}\dfrac{1}{x}=\infty$，所以函数 $\dfrac{1}{x}$ 是当 $x\to0$ 时的无穷大量.

因为 $\lim\limits_{x\to0^+}\ln x=-\infty$，所以函数 $\ln x$ 是当 $x\to0^+$ 时的无穷大量.

注　① 无穷大量是变量，是针对具体变化过程而言的.

② 无穷大量一定是无界的，但无界变量却未必是无穷大量.例如，当 $x\to0$ 时，$y=\dfrac{1}{x}\sin\dfrac{1}{x}$ 是一个无界变量，但是却不是无穷大量(如图 1.3.1 所示).

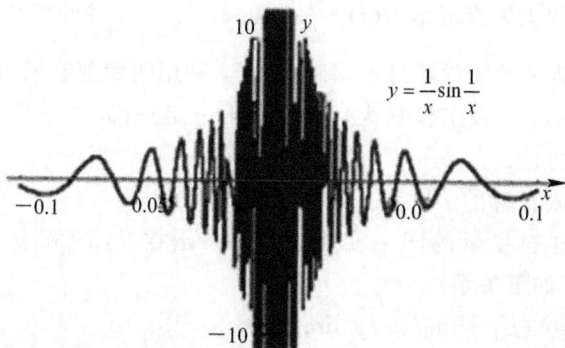

图 1.3.1

（3）一个函数为无穷大量，按极限的定义，极限是不存在的，记作

$$\lim_{x \to x_0} f(x) = \infty \qquad 或 \qquad \lim_{x \to \infty} f(x) = \infty.$$

1.3.3 无穷小量与无穷大量的关系

由无穷小量和无穷大量的定义，不难看出它们之间具有以下的倒数关系.

定理 1.3.2 在自变量的同一变化过程中，无穷大量的倒数为无穷小量；恒不为零的无穷小量的倒数为无穷大量.

可见，关于无穷大量的讨论都可归结为关于无穷小量的讨论.

例如，当 $x \to +\infty$ 时，$\lim\limits_{x \to +\infty} e^x = +\infty$，而 $\lim\limits_{x \to +\infty} e^{-x} = \lim\limits_{x \to +\infty} \dfrac{1}{e^x} = 0$，所以当 $x \to +\infty$ 时，e^x 是无穷大量，e^{-x} 是无穷小量.

【习题 1.3】

求下列函数的极限：

(1) $\lim\limits_{x \to \infty} \dfrac{\operatorname{arccot} x}{x}$；　　(2) $\lim\limits_{x \to \infty} \left(\dfrac{\sin x}{x} + 10 \right)$；　　(3) $\lim\limits_{x \to \infty} \left(\dfrac{x + \cos x}{x} \right)$；

(4) $\lim\limits_{x \to 0} x \sin \dfrac{1}{x}$；　　(5) $\lim\limits_{x \to 1} \dfrac{x+5}{x-1}$；　　(6) $\lim\limits_{x \to \infty} \dfrac{3}{x^2 - 4}$.

习题 1.3 参考答案

1.4　极限的运算

1.4.1　极限的四则运算

引例 1.4.1【库存成本预测】 原材料的库存管理是企业生产管理过程中的重要环节之一. 库存管理水平的高低，直接影响产品的生产成本. 若已知某种原材料平均每天的库存成本 $C(t)$ 为

$$C(t) = \frac{10}{t} + 0.2t,$$

其中 t（单位：天）表示采购周期，试分析 $t \to 7$ 时该原材料库存成本的变化趋势.

问题分析 为了探索库存成本 $C(t) = \dfrac{10}{t} + 0.2t$ 在 $t \to 7$ 时的变化趋势，可以利用函数的图像进行分析，但该函数图像不易做出. 这说明，利用图像观察函数的变化趋势，对于较复杂函数还是不方便的，不仅工作量大，而且也不一定正确. 因此要求我们具备直接利用解析式求函数极限的方法.

下面我们给出极限计算的法则和一些重要公式.

定理 1.4.1 设在自变量的同一变化过程中，函数 $f(x)$ 和 $g(x)$ 的极限 $\lim f(x)$，$\lim g(x)$ 都存在，则有如下关系：

(1) $\lim [f(x) \pm g(x)] = \lim f(x) \pm \lim g(x)$.

(2) $\lim [f(x) \cdot g(x)] = \lim f(x) \cdot \lim g(x)$.

(3) $\lim \dfrac{f(x)}{g(x)} = \dfrac{\lim f(x)}{\lim g(x)}$ $(\lim g(x) \neq 0)$.

记号"$\lim$"下面没有表明自变量的变化过程,是指对 $x \to x_0$ 和 $x \to \infty$ 以及单侧极限均成立,以后不再说明.

推论 1　若 $\lim [f(x) - A] = 0$,则 $\lim f(x) = A$.

推论 2　$\lim [C f(x)] = C \lim f(x)$($C$ 是常数).

推论 3　$\lim [f(x)]^n = [\lim f(x)]^n$($n$ 是正整数).

根据推论 3 知,$\lim\limits_{x \to x_0} x^n = (\lim\limits_{x \to x_0} x)^n = x_0^n$,即 $\lim\limits_{x \to x_0} x^n = x_0^n$.

$$\lim_{x \to \infty} \frac{1}{x^n} = \lim_{x \to \infty} \left(\frac{1}{x} \right)^n = \left(\lim_{x \to \infty} \frac{1}{x} \right)^n = 0^n = 0, \text{ 即 } \lim_{x \to \infty} \frac{1}{x^n} = 0.$$

例题讲解

例 1.4.1　求极限 $\lim\limits_{x \to 2} (x^2 + 3x)$.

解　$\lim\limits_{x \to 2} (x^2 + 3x) = \lim\limits_{x \to 2} x^2 + \lim\limits_{x \to 2} 3x = (\lim\limits_{x \to 2} x)^2 + 3 \lim\limits_{x \to 2} x = 2^2 + 3 \times 2 = 10$.

注　设 $P_n(x) = a_0 x^n + a_1 x^{n-1} + \cdots + a_n$,则有

$$\lim_{x \to x_0} P_n(x) = a_0 (\lim_{x \to x_0} x)^n + a_1 (\lim_{x \to x_0} x)^{n-1} + \cdots + a_n$$
$$= a_0 x_0^n + a_1 x_0^{n-1} + \cdots + a_n = P_n(x_0).$$

例 1.4.2　求极限 $\lim\limits_{x \to 1} \dfrac{2x^2 + x + 1}{x^3 + 2x^2 - 1}$.

解　$\lim\limits_{x \to 1} \dfrac{2x^2 + x + 1}{x^3 + 2x^2 - 1} = \dfrac{\lim\limits_{x \to 1}(2x^2 + x + 1)}{\lim\limits_{x \to 1}(x^3 + 2x^2 - 1)} = \dfrac{2 \times 1^2 + 1 + 1}{1^3 + 2 \times 1^2 - 1} = 2$.

注　设 $f(x) = \dfrac{P_n(x)}{Q_m(x)}$,其中

$$P_n(x) = a_0 x^n + a_1 x^{n-1} + \cdots + a_n,$$
$$Q_m(x) = b_0 x^m + b_1 x^{m-1} + \cdots + b_m \text{ 且 } Q_m(x_0) \neq 0,$$

则有

$$\lim_{x \to x_0} f(x) = \frac{\lim\limits_{x \to x_0} P_n(x)}{\lim\limits_{x \to x_0} Q_m(x)} = \frac{P_n(x_0)}{Q_m(x_0)} = f(x_0).$$

注　对于多项式函数或分母 $Q_m(x_0) \neq 0$ 的有理分式函数,在求 $x \to x_0$ 的极限时直接用 x_0 代替函数中的 x 即可,这种方法称为代值法.

例 1.4.3　求极限 $\lim\limits_{x \to 1} \dfrac{4x - 1}{x^2 + 2x - 3}$.

解　因为 $\lim\limits_{x \to 1}(x^2 + 2x - 3) = 0$,所以商的法则不能用.

又因为 $\lim\limits_{x \to 1}(4x - 1) = 3 \neq 0$,所以 $\lim\limits_{x \to 1} \dfrac{x^2 + 2x - 3}{4x - 1} = \dfrac{0}{3} = 0$.

由无穷小量与无穷大量的关系,得

$$\lim_{x \to 1} \frac{4x - 1}{x^2 + 2x - 3} = \infty.$$

注 此类型的极限式可简记为 $\dfrac{A}{0}$ 型 $(A\neq 0)$. 利用无穷小量与无穷大量的关系解之, 简称为倒数法.

例 1.4.4 求极限 $\lim\limits_{x\to 1}\dfrac{x^2-1}{x^2+2x-3}$.

解 当 $x\to 1$ 时, 分子和分母的极限都是零, 商的法则不能用. 在 $x\to 1$ 时, 其零因子 $x-1\neq 0$, 故可约去, 然后再求极限, 即

$$\lim_{x\to 1}\frac{x^2-1}{x^2+2x-3}=\lim_{x\to 1}\frac{(x+1)(x-1)}{(x+3)(x-1)}=\lim_{x\to 1}\frac{x+1}{x+3}=\frac{1}{2}.$$

例 1.4.5 求极限 $\lim\limits_{x\to 0}\dfrac{\sqrt{x+9}-3}{x}$.

解 当 $x\to 0$ 时, 分子和分母的极限都为零, 商的法则不能用. 但是这个分式含有无理式, 经有理化变形后, 可约去零因子 x 再求极限, 即

$$\lim_{x\to 0}\frac{\sqrt{x+9}-3}{x}=\lim_{x\to 0}\frac{(\sqrt{x+9}-3)\cdot(\sqrt{x+9}+3)}{x(\sqrt{x+9}+3)}=\lim_{x\to 0}\frac{1}{\sqrt{x+9}+3}=\frac{1}{6}.$$

注 此类型的极限可简记为 $\dfrac{0}{0}$ 型. 对于 $\dfrac{0}{0}$ 型的有理式极限, 如果能够分解出零因子, 可先约去零因子, 再求极限. 若分子或分母含有极限为 0 的无理式, 可以先对无理式进行有理化, 然后约去零因子再求极限. 这种方法简称为约去零因子法.

例 1.4.6 求极限 $\lim\limits_{x\to\infty}(7x^3+4x^2-1)$.

解 当 $x\to\infty$ 时, $7x^3$ 和 $4x^2$ 的极限都是无穷大, 和、差的极限法则不能用. 又因为

$$\lim_{x\to\infty}\frac{1}{7x^3+4x^2-1}=\lim_{x\to\infty}\frac{\dfrac{1}{x^3}}{7+\dfrac{4}{x}-\dfrac{1}{x^3}}=0,$$

所以由无穷小量与无穷大量的关系, 得

$$\lim_{x\to\infty}(7x^3+4x^2-1)=\infty.$$

例 1.4.7 求 $\lim\limits_{x\to\infty}\dfrac{2x^3+3x^2-5}{5x^3+4x+1}$.

解 当 $x\to\infty$ 时, 分子、分母的极限都是 ∞, 商的法则不能用. 将分子及分母同除以该式中的最高次幂 x^3 再求极限, 得

$$\lim_{x\to\infty}\frac{2x^3+3x^2-5}{5x^3+4x+1}=\lim_{x\to\infty}\frac{2+\dfrac{3}{x}-\dfrac{5}{x^3}}{5+\dfrac{4}{x^2}+\dfrac{1}{x^3}}=\frac{2}{5}.$$

注 当 $a_0\neq 0$, $b_0\neq 0$, m 和 n 为非负整数时, 有

$$\lim_{x\to\infty}\frac{a_0x^n+a_1x^{n-1}+\cdots+a_n}{b_0x^m+b_1x^{m-1}+\cdots+b_m}=\begin{cases}0, & n<m\\ \dfrac{a_0}{b_0}, & n=m.\\ \infty, & n>m\end{cases}$$

此类型极限可简记为 $\dfrac{\infty}{\infty}$ 型, 计算时用式子中 x 的最高次幂同除分子、分母, 以分出无

穷小量后再求极限. 此方法简称为无穷小分出法.

例 1.4.8　求极限 $\lim\limits_{x\to 1}\left(\dfrac{1}{1-x}-\dfrac{2}{1-x^2}\right)$.

解　当 $x\to 1$ 时，上式两项均为无穷大，因此不能用差的极限运算法则. 由于它是一个分式相减的形式，可先通分，得到 $\dfrac{1+x-2}{1-x^2}=\dfrac{x-1}{(1-x)(1+x)}$，约去零因子 $(x-1)$ 后再求极限. 具体解法如下：

$$\lim_{x\to 1}\left(\frac{1}{1-x}-\frac{2}{1-x^2}\right)=\lim_{x\to 1}\frac{1+x-2}{1-x^2}=-\lim_{x\to 1}\frac{1}{1+x}=-\frac{1}{2}.$$

注　此类型的极限可简记为 $\infty-\infty$ 型. 对于某些 $\infty-\infty$ 型的极限，可先通分，再求极限.

回到引例 1.4.1，应用极限的四则运算法则，引例 1.4.1 中的极限可以这样求：

$$\lim_{t\to 7}C(t)=\lim_{t\to 7}\left(\frac{10}{t}+0.2t\right)=\frac{99}{35}.$$

1.4.2　两个重要极限

1. 函数极限存在的夹逼准则

* **定理 1.4.2**　若函数 $f(x)$、$g(x)$、$h(x)$ 在点 x_0 的某去心邻域内满足条件：

(1) $g(x)\leqslant f(x)\leqslant h(x)$；

(2) $\lim\limits_{x\to x_0}g(x)=A$，$\lim\limits_{x\to x_0}h(x)=A$，

则 $\lim\limits_{x\to x_0}f(x)$ 也存在，且 $\lim\limits_{x\to x_0}f(x)=A$.

注　夹逼准则不仅给出了判断函数极限存在的一个方法，而且可以用这个方法来求极限. 作为应用的例子，我们一起来讨论两个重要极限之一的函数 $f(x)=\dfrac{\sin x}{x}$ 当 $x\to 0$ 时的极限.

2. 极限 $\lim\limits_{x\to 0}\dfrac{\sin x}{x}=1$

引例 1.4.2【函数的变化趋势】　用列表法，观察函数 $f(x)=\dfrac{\sin x}{x}$ 当 $x\to 0$ 时的变化趋势.

问题分析　通过计算函数 $f(x)=\dfrac{\sin x}{x}$ 在 $x=0$ 附近的函数值（如表 1.4.1 所示），可以看出当 x 越来越接近 0 时，函数 $f(x)=\dfrac{\sin x}{x}$ 的变化趋势.

表 1.4.1　函数 $f(x)=\dfrac{\sin x}{x}$ 的变化趋势

x	± 0.5	± 0.1	± 0.01	± 0.001	...
$\dfrac{\sin x}{x}$	0.958 851	0.998 334	0.999 983	0.999 999	...

从表 1.4.1 可以看出，当 $x\to 0$ 时，函数 $f(x)=\dfrac{\sin x}{x}$ 的值无限趋近于常数 1，即

$$\lim_{x \to 0} \frac{\sin x}{x} = 1.$$

注　利用夹逼准则,同样可以证明上述重要极限.

证　如图 1.4.1 所示,在直角三角形 OAB 中,取 $\angle AOB = x \left(\text{设 } 0 < x < \frac{\pi}{2}\right)$,底边长 $|OA| = 1$,以 OA 为半径作扇形 OAC,于是有

$$\overset{\frown}{OC} = x, \quad AB = \tan x,$$

则 $\triangle OAC$、扇形 OAC、$\triangle OAB$ 的面积的大小关系为

$$S_{\triangle OAC} < S_{\text{扇形}OAC} < S_{\triangle OAB},$$

因此

$$\frac{1}{2}\sin x < \frac{1}{2}x < \frac{1}{2}\tan x,$$

得

$$\sin x < x < \tan x,$$

不等号各边同时除以 $\sin x$,有 $\cos x < \frac{\sin x}{x} < 1$,从而

$$0 < 1 - \frac{\sin x}{x} < 1 - \cos x.$$

又因为 $\lim\limits_{x \to 0^+} 0 = 0$,$\lim\limits_{x \to 0^+}(1 - \cos x) = 0$,所以,当 $0 < x < \frac{\pi}{2}$ 时,由夹逼准则得

$$\lim_{x \to 0^+}\left(1 - \frac{\sin x}{x}\right) = 0,$$

即

$$\lim_{x \to 0^+} \frac{\sin x}{x} = 1.$$

由于 $\frac{\sin x}{x}$ 是偶函数,因此 $\lim\limits_{x \to 0} \frac{\sin x}{x} = 1$.

注　第一个重要极限有两个特征:一是它属于 $\frac{0}{0}$ 型的极限,二是它可以形象地表示为

$$\lim_{\square \to 0} \frac{\sin \square}{\square} = 1 \quad (\square \text{ 表示同一变量}).$$

例题讲解

例 1.4.9　求极限 $\lim\limits_{x \to 0} \dfrac{\tan x}{x}$.

解　$\lim\limits_{x \to 0} \dfrac{\tan x}{x} = \lim\limits_{x \to 0}\left(\dfrac{\sin x}{x} \cdot \dfrac{1}{\cos x}\right) = \lim\limits_{x \to 0} \dfrac{\sin x}{x} \cdot \lim\limits_{x \to 0} \dfrac{1}{\cos x} = 1 \times 1 = 1.$

例 1.4.10　求极限 $\lim\limits_{x \to 0} \dfrac{\sin 3x}{2x}$.

解　$\lim\limits_{x \to 0} \dfrac{\sin 3x}{2x} = \lim\limits_{x \to 0} \dfrac{\sin 3x}{3x} \cdot \dfrac{3}{2} = \dfrac{3}{2} \lim\limits_{x \to 0} \dfrac{\sin 3x}{3x} = \dfrac{3}{2}.$

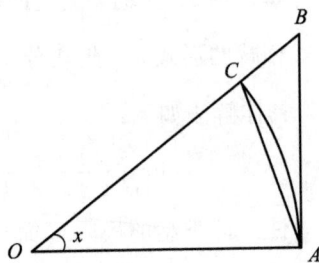

图 1.4.1

例 1.4.11 求极限 $\lim\limits_{x\to 0}\dfrac{\arcsin x}{x}$.

解 令 $\arcsin x=t$，则 $x=\sin t$，当 $x\to 0$ 时，$t\to 0$，于是

$$\lim_{x\to 0}\frac{\arcsin x}{x}=\lim_{t\to 0}\frac{t}{\sin t}=\lim_{t\to 0}\frac{1}{\dfrac{\sin t}{t}}=1.$$

例 1.4.12 求极限 $\lim\limits_{x\to 0}\dfrac{1-\cos x}{2x^2}$.

解
$$\lim_{x\to 0}\frac{1-\cos x}{2x^2}=\lim_{x\to 0}\frac{1-\cos^2 x}{2x^2(1+\cos x)}=\frac{1}{4}\lim_{x\to 0}\frac{\sin^2 x}{x^2}$$
$$=\frac{1}{4}\lim_{x\to 0}\left[\frac{\sin x}{x}\right]^2=\frac{1}{4}\left[\lim_{x\to 0}\frac{\sin x}{x}\right]^2=\frac{1}{4}.$$

3. $\lim\limits_{x\to\infty}\left(1+\dfrac{1}{x}\right)^x=\mathrm{e}$

引例 1.4.3【函数的变化趋势】 用列表法，观察函数 $f(x)=\left(1+\dfrac{1}{x}\right)^x$ 当 $x\to\infty$ 时的变化趋势.

问题分析 通过计算函数 $f(x)=\left(1+\dfrac{1}{x}\right)^x$ 的函数值（如表 1.4.2 所示），可以看出当 x 的绝对值无限增大时，函数 $f(x)=\left(1+\dfrac{1}{x}\right)^x$ 的变化趋势.

表 1.4.2 函数 $f(x)=\left(1+\dfrac{1}{x}\right)^x$ 的变化趋势

x	10	100	1000	10 000	100 000	1 000 000	…
$\left(1+\dfrac{1}{x}\right)^x$	2.593 74	2.704 81	2.716 92	2.718 15	2.718 27	2.718 28	…
x	−10	−100	−1000	−10 000	−100 000	−1 000 000	…
$\left(1+\dfrac{1}{x}\right)^x$	2.867 97	2.732 00	2.719 64	2.718 42	2.718 30	2.718 28	…

从表 1.4.2 可以看到，当 $x\to+\infty$ 及 $x\to-\infty$ 时，函数 $f(x)=\left(1+\dfrac{1}{x}\right)^x$ 的值都无限趋近于一个常数 2.718 281 828 …，它是自然常数，我们通常用字母 e 来表示，即

$$\lim_{x\to\infty}\left(1+\frac{1}{x}\right)^x=\mathrm{e}.$$

在 $\lim\limits_{x\to\infty}\left(1+\dfrac{1}{x}\right)^x=\mathrm{e}$ 中，令 $\dfrac{1}{x}=t$，则当 $x\to\infty$ 时，$t\to 0$，于是有

$$\lim_{t\to 0}(1+t)^{\frac{1}{t}}=\mathrm{e}.$$

这样我们就得到了此重要极限的另一种形式：

$$\lim_{x\to 0}(1+x)^{\frac{1}{x}}=\mathrm{e}.$$

注 第二个重要极限也有两个特征：一是它属于 1^∞ 型的极限，二是它可以形象地表

示为

$$\lim_{\square \to \infty} \left(1 + \frac{1}{\square}\right)^{\square} = e \quad (\square \text{ 表示同一变量}).$$

例题讲解

例 1.4.13　求极限 $\lim\limits_{x \to \infty} \left(1 + \frac{1}{x}\right)^{2x+3}$.

解　所求极限类型属于 1^{∞} 型，于是

$$\lim_{x \to \infty} \left(1 + \frac{1}{x}\right)^{2x+3} = \lim_{x \to \infty} \left[\left(1 + \frac{1}{x}\right)^{x}\right]^{2} \cdot \left[\left(1 + \frac{1}{x}\right)\right]^{3} = \left[\lim_{x \to \infty} \left(1 + \frac{1}{x}\right)^{x}\right]^{2} \times 1 = e^{2}.$$

例 1.4.14　求极限 $\lim\limits_{x \to 0} \left(1 - \frac{x}{3}\right)^{\frac{1}{x}}$.

解　所求极限类型属于 1^{∞} 型，于是

$$\lim_{x \to 0} \left(1 - \frac{x}{3}\right)^{\frac{1}{x}} = \lim_{x \to 0} \left[\left(1 + \frac{x}{-3}\right)^{\frac{-3}{x}}\right]^{-\frac{1}{3}} = \left[\lim_{x \to 0} \left(1 + \frac{x}{-3}\right)^{\frac{-3}{x}}\right]^{-\frac{1}{3}} = e^{-\frac{1}{3}}.$$

例 1.4.15　求极限 $\lim\limits_{x \to \infty} \left(\frac{x-1}{x+1}\right)^{2x}$.

解　方法一：所求极限类型属于 1^{∞} 型，于是

$$\lim_{x \to \infty} \left(\frac{x-1}{x+1}\right)^{2x} = \lim_{x \to \infty} \left(\frac{1 - \frac{1}{x}}{1 + \frac{1}{x}}\right)^{2x} = \lim_{x \to \infty} \frac{\left(1 - \frac{1}{x}\right)^{2x}}{\left(1 + \frac{1}{x}\right)^{2x}} = \frac{\left[\lim\limits_{x \to \infty} \left(1 + \frac{1}{-x}\right)^{-x}\right]^{-2}}{\left[\lim\limits_{x \to \infty} \left(1 + \frac{1}{x}\right)^{x}\right]^{2}} = e^{-4}.$$

方法二：令 $\frac{x-1}{x+1} = 1 + \frac{1}{t}$，解得 $x = -2t - 1$，当 $x \to \infty$ 时，$t \to \infty$，于是

$$\lim_{x \to \infty} \left(\frac{x-1}{x+1}\right)^{2x} = \lim_{t \to \infty} \left(1 + \frac{1}{t}\right)^{-4t-2} = \lim_{t \to \infty} \left[\left(1 + \frac{1}{t}\right)^{t}\right]^{-4} \cdot \left[\left(1 + \frac{1}{t}\right)\right]^{-2}$$

$$= \left[\lim_{t \to \infty} \left(1 + \frac{1}{t}\right)^{t}\right]^{-4} = e^{-4}.$$

1.4.3　无穷小的比较

从前面讨论的无穷小量的性质我们已经知道：两个无穷小量的和、差、积仍是无穷小量，那么两个无穷小量之商又会怎样呢？

引例 1.4.4【无穷小趋向于零的快慢】　观察表 1.4.3 易知，当 $x \to 0$ 时，x、$3x$、x^2 都是无穷小，思考它们之间有没有什么不同的地方呢？

表 1.4.3　两个无穷小的比较

x	1	0.5	0.1	0.01	…	0
$3x$	3	1.5	0.3	0.03	…	0
x^2	1	0.25	0.01	0.0001	…	0

问题分析　观察表 1.4.3 发现：当 $x \to 0$ 时，尽管 x、$3x$、x^2 都是无穷小，但是它们趋于 0 的"快慢"程度不同. 显然，在 $x \to 0$ 的过程中，$x^2 \to 0$ 快于 $3x \to 0$，反之 $3x \to 0$ 慢于

$x^2 \to 0$，$3x \to 0$ 和 $x \to 0$ 快慢差不多. 此时，两个无穷小的比值极限存在下面几种关系：

$$\lim_{x \to 0} \frac{x^2}{3x} = 0, \; \lim_{x \to 0} \frac{3x}{x^2} = \infty, \; \lim_{x \to 0} \frac{3x}{x} = 3.$$

显然，无穷小趋于零的快慢程度与无穷小的比的极限有关. 为了比较无穷小趋向于零的快慢差异，下面引入无穷小比较的概念.

1. 无穷小比较的概念

定义 1.4.1　设 α、β 都是在同一个自变量变化过程中的无穷小，且 $\beta \neq 0$.

（1）如果 $\lim \dfrac{\alpha}{\beta} = 0$，则称 α 是比 β 高阶的无穷小，记作 $\alpha = o(\beta)$.

（2）如果 $\lim \dfrac{\alpha}{\beta} = A(A \neq 0)$，则称 α 与 β 是同阶无穷小；特别地，如果 $\lim \dfrac{\alpha}{\beta} = 1$，称 α 与 β 是等价无穷小，记作 $\alpha \sim \beta$.

（3）如果 $\lim \dfrac{\alpha}{\beta} = \infty$，则称 α 是比 β 低阶的无穷小.

回到引例 1.4.4，根据定义 1.4.1 知，当 $x \to 0$ 时，x^2 是比 $3x$ 高阶的无穷小；$3x$ 是比 x^2 低阶的无穷小；$3x$ 和 x 是同阶但不等价的无穷小.

2. 常用等价无穷小关系

当 $x \to 0$ 时，有

$$\sin x \sim x, \; \tan x \sim x,$$

$$\arcsin x \sim x, \; \arctan x \sim x, \; 1 - \cos x \sim \frac{1}{2} x^2,$$

$$\ln(1+x) \sim x, \; e^x - 1 \sim x, \; a^x - 1 \sim x \ln a \; (a > 0),$$

$$(1+x)^\mu - 1 \sim \mu x \; (\mu \neq 0 \text{ 是常数}).$$

3. 等价无穷小在极限运算中的应用

等价无穷小在求两个无穷小之比的极限时有重要作用，为此我们给出下面的定理.

定理 1.4.3　设 α、α'、β、β' 都是在同一个自变量变化过程中的无穷小，如果 $\alpha \sim \alpha'$，$\beta \sim \beta'$ 且 $\lim \dfrac{\alpha'}{\beta'}$ 存在，则

$$\lim \frac{\alpha}{\beta} = \lim \frac{\alpha'}{\beta'}.$$

证　因为 $\alpha \sim \alpha'$，$\beta' \sim \beta'$，所以 $\lim \dfrac{\alpha}{\alpha'} = 1$，$\lim \dfrac{\beta'}{\beta} = 1$，于是

$$\lim \frac{\alpha}{\beta} = \lim \left(\frac{\alpha}{\alpha'} \cdot \frac{\alpha'}{\beta'} \cdot \frac{\beta'}{\beta} \right) = \lim \frac{\alpha}{\alpha'} \lim \frac{\alpha'}{\beta'} \lim \frac{\beta'}{\beta} = \lim \frac{\alpha'}{\beta'}.$$

例题讲解

例 1.4.16　求下列函数的极限：

（1）$\lim\limits_{x \to 0} \dfrac{\sin 3x}{\arcsin 2x}$；　　　　（2）$\lim\limits_{x \to 0} \dfrac{\ln(1+2x)}{e^{3x} - 1}$；　　　　（3）$\lim\limits_{x \to 0} \dfrac{\ln(1+xe^x)}{\sqrt{1+x} - 1}$.

解　（1）因为当 $x \to 0$ 时，$\sin 3x \sim 3x$，$\arcsin 2x \sim 2x$，所以

$$\lim_{x \to 0} \frac{\sin 3x}{\arcsin 2x} = \lim_{x \to 0} \frac{3x}{2x} = \frac{3}{2}.$$

（2）因为当 $x \to 0$ 时，$\ln(1+2x) \sim 2x$，$\mathrm{e}^{3x} - 1 \sim 3x$，所以

$$\lim_{x \to 0} \frac{\ln(1+2x)}{\mathrm{e}^{3x} - 1} = \lim_{x \to 0} \frac{2x}{3x} = \frac{2}{3}.$$

（3）因为当 $x \to 0$ 时，$\ln(1+x\mathrm{e}^x) \sim x\mathrm{e}^x$，$\sqrt{1+x} - 1 \sim \frac{1}{2}x$，所以

$$\lim_{x \to 0} \frac{\ln(1+x\mathrm{e}^x)}{\sqrt{1+x} - 1} = \lim_{x \to 0} \frac{x\mathrm{e}^x}{\frac{1}{2}x} = \lim_{x \to 0} 2\mathrm{e}^x = 2.$$

例 1.4.17 求 $\lim\limits_{x \to 0} \dfrac{\tan x - \sin x}{\sin^3 2x}$.

解 错解：因为当 $x \to 0$ 时，$\tan x \sim x$，$\sin x \sim x$，所以

$$\lim_{x \to 0} \frac{\tan x - \sin x}{\sin^3 2x} = \lim_{x \to 0} \frac{x - x}{(2x)^3} = 0.$$

正解：因为当 $x \to 0$ 时，$\sin 2x \sim 2x$，$\tan x - \sin x = \tan x(1 - \cos x) \sim \frac{1}{2}x^3$，所以

$$\lim_{x \to 0} \frac{\tan x - \sin x}{\sin^3 2x} = \lim_{x \to 0} \frac{\frac{1}{2}x^3}{(2x)^3} = \frac{1}{16}.$$

注 等价代换是对分子或分母的整体替换，或对分子、分母的因式进行替换，而对分子或分母中"＋""－"号连接的各部分不能分别作替换.

案例分析

案例 1.4.1【产品价格预测】 设某产品的价格满足 $p(t) = 20 - 20\mathrm{e}^{-0.5t}$（单位：元），如何对该产品的长期价格进行预测？

解 可通过求该产品价格在 $t \to +\infty$ 时的极限来预测长期价格. 因为

$$\lim_{t \to +\infty} p(t) = \lim_{t \to +\infty} (20 - 20\mathrm{e}^{-0.5t}) = \lim_{t \to +\infty} 20 - \lim_{t \to +\infty} 20\mathrm{e}^{-0.5t}$$
$$= 20 - 20 \lim_{t \to +\infty} \mathrm{e}^{-0.5t} = 20,$$

所以该产品的长期价格为 20 元.

案例 1.4.2【销售预测】 当一款新的手机游戏推出时，在短期内销售量会迅速增加，然后下降，其函数关系为 $y = \dfrac{200t}{t^2 + 100}$，如何对该产品的长期销售进行预测？

解 该产品的长期销售量为当 $t \to +\infty$ 时的销售量. 因为

$$\lim_{t \to +\infty} y = \lim_{t \to +\infty} \frac{200t}{t^2 + 100} = \lim_{t \to +\infty} \frac{\frac{200}{t^2}}{1 + \frac{100}{t}} = 0,$$

所以购买此游戏的人将越来越少，人们转向购买新的游戏.

案例 1.4.3【还贷问题】 某医院 2006 年 6 月 30 日从美国进口一台彩色超声波诊断仪，从银行贷款 20 万美元，约定以复利计息，年利率 4%，2016 年 6 月 29 日到期，一次还本付息. 试计算该笔贷款到期时的还款总额.

解　根据前面的分析，若一年分 m 期，则连续复利(详见 1.6.3 节)计息方式下，该笔贷款到期时的还款总额应为

$$F = \lim_{m \to +\infty} 20 \left(1 + \frac{4\%}{m}\right)^{10m} = \lim_{m \to +\infty} 20 \left(1 + \frac{4\%}{m}\right)^{\frac{m}{4\%} \times 0.4}$$

$$= \left[\lim_{m \to +\infty} 20 \left(1 + \frac{4\%}{m}\right)^{\frac{m}{4\%}}\right]^{0.4} = 20 e^{0.4}$$

一般地，本金为 A_0，年利率为 r，贷款年限为 t 年，连续复利情况下，t 年末的本利和为 $F = A_0 e^{rt}$；复利情况下，t 年末的本利和为 $F = A_0 (1+r)^t$.

【习题 1.4】

1. 求下列各极限：

(1) $\lim\limits_{x \to 2} \dfrac{x^2 - 4x + 1}{2x + 1}$；

(2) $\lim\limits_{x \to -2} \dfrac{x^2 - x - 2}{(x+3)(x^2+2)}$；

(3) $\lim\limits_{x \to 1} \dfrac{x^2 + x}{x^2 - 1}$；

(4) $\lim\limits_{x \to -2} \dfrac{x^2 + 5x + 6}{x^2 + x - 2}$；

(5) $\lim\limits_{x \to 2} \dfrac{x^2 + x - 6}{x - 2}$；

(6) $\lim\limits_{x \to 0} \dfrac{x}{\sqrt{1+x} - 1}$；

(7) $\lim\limits_{x \to 3} \sqrt{\dfrac{x-3}{x^2-9}}$；

(8) $\lim\limits_{x \to 0} \dfrac{(1+x)^2 - 1}{4x^2 - x}$；

(9) $\lim\limits_{x \to \infty} \dfrac{x^4 + 5x^3 - x^2}{4x^3 + 6x^2 + 3x}$；

(10) $\lim\limits_{x \to \infty} \sqrt[3]{\dfrac{2 + 3x - 5x^2}{1 + 8x^2}}$；

(11) $\lim\limits_{x \to 1} \left(\dfrac{1}{1-x} - \dfrac{3}{1-x^3}\right)$.

2. 求下列各极限：

(1) $\lim\limits_{x \to 0} \dfrac{\sin 3x}{\sin 5x}$；

(2) $\lim\limits_{x \to 0} \dfrac{\tan 2x}{5x}$；

(3) $\lim\limits_{x \to \infty} x \sin \dfrac{3}{x}$；

(4) $\lim\limits_{x \to 0} \dfrac{\arctan x}{x}$；

(5) $\lim\limits_{x \to 0} \dfrac{\sin x^2}{x^3}$；

(6) $\lim\limits_{x \to \infty} \left(1 - \dfrac{5}{x}\right)^{2x}$；

(7) $\lim\limits_{x \to 0} (1 + 3x)^{\frac{1}{x}}$；

(8) $\lim\limits_{x \to \infty} \left(1 - \dfrac{3}{x}\right)^{\frac{x}{3} - 2}$；

(9) $\lim\limits_{x \to +\infty} \left(1 - \dfrac{1}{x}\right)^{\sqrt{x}}$；

(10) $\lim\limits_{x \to \infty} \left(\dfrac{x+2}{x+1}\right)^{x+3}$.

3. 求下列各极限：

(1) $\lim\limits_{x \to 0} \dfrac{\sin 2x \tan 3x}{x^2}$；

(2) $\lim\limits_{x \to 0} \dfrac{x(1 - \cos x)}{\tan x^3}$；

(3) $\lim\limits_{x \to 0} \dfrac{(1+x^2)^{1/3} - 1}{\cos x - 1}$；

(4) $\lim\limits_{x \to 0} \dfrac{\sin x - \tan x}{x \ln(1 + x^2)}$.

习题 1.4 参考答案

1.5　函数的连续性与间断点

自然界中的许多现象和事物不仅是运动变化的，而且其运动变化的过程往往是连绵不断的，这样的实例可以举出很多，比如植物生长、物种变化、水的流动、飞船升空等，这些连续变化的事物在量的方面的数学体现，反映的就是函数的连续性.

1.5.1　函数的连续性

引例 1.5.1【身高的连续变化】　常听人说：这孩子一年没见长这么高了.这就是说，这人发现一年时间里，孩子的身高发生了变化.可是我们几乎没有听说过某人一天没见长高了，更没听说过，某人一小时没见长高了.试分析人的身高是怎样随时间而连续变化的.

问题分析　人的身高(特别是生长阶段的儿童)是连续不断变化的，只不过在很短的时间内，身高的变化很小.即时间的变化微小，身高的变化也很微小，这就是连续变化的本质.

为了更准确地刻画函数在一点处的连续性，下面先引入增量的概念.

定义 1.5.1　设变量 u 从它的一个初值 u_1 变化到终值 u_2，终值与初值的差 $u_2 - u_1$ 称为变量 u 的增量，记作 Δu，即

$$\Delta u = u_2 - u_1.$$

注　Δu 是一个整体不可分割的记号，它可正可负.

定义 1.5.2　设函数 $y = f(x)$ 在区间 (a, b) 内有定义，当 x 由 x_0 变到 x(其中 x_0，$x \in (a, b)$)时，称 $\Delta x = x - x_0$ 为自变量的增量.相应地，函数值由 $f(x_0)$ 变到 $f(x_0 + \Delta x)$，称

$$\Delta y = f(x_0 + \Delta x) - f(x_0)$$

为函数的增量.函数的增量可大于零，可小于零，也可等于零.

例 1.5.1　求函数 $y = 2x^2 + 1$ 在点 x_0 处产生一个增量 Δx 时，相应的函数增量 Δy 是多少？

解　$\Delta y = f(x_0 + \Delta x) - f(x_0) = 2(x_0 + \Delta x)^2 + 1 - (2x_0^2 + 1) = 4x_0 \Delta x + 2(\Delta x)^2.$

1. 函数在一点的连续性

定义 1.5.3　设函数 $y = f(x)$ 在点 x_0 的某邻域内有定义，若 $\lim\limits_{\Delta x \to 0} \Delta y = 0$，则称函数 $y = f(x)$ 在点 x_0 处连续.

若令 $x = x_0 + \Delta x$，则 $\Delta x \to 0 \Leftrightarrow x \to x_0$，$\Delta y \to 0 \Leftrightarrow f(x) \to f(x_0)$，于是得到在应用上更为方便的函数在一点处连续的等价定义.

定义 1.5.4　设函数 $y = f(x)$ 在点 x_0 的某邻域内有定义，若 $\lim\limits_{x \to x_0} f(x) = f(x_0)$，则称函数 $y = f(x)$ 在点 x_0 处连续.

由定义 1.5.4 可看出，函数 $f(x)$ 在点 x_0 处连续，必须同时满足以下三个条件：

(1) $f(x)$ 在点 x_0 的一个邻域内有定义；

(2) $\lim\limits_{x \to x_0} f(x)$ 存在；

(3) 上述极限值 $\lim\limits_{x \to x_0} f(x)$ 与函数值 $f(x_0)$ 相等.

类似于函数 $f(x)$ 在 $x \to x_0$ 时的极限定义，若限制 x 从 x_0 的左侧或右侧向 x_0 趋近，相应地可以定义函数 $f(x)$ 在点 x_0 处的左连续和右连续.

2. 左连续与右连续

定义 1.5.5　设函数 $y = f(x)$ 在点 x_0 的左侧某邻域内有定义，若 $\lim\limits_{x \to x_0^-} f(x) = f(x_0)$，则称函数 $y = f(x)$ 在点 x_0 处左连续，记作 $f(x_0 - 0)$.

设函数 $y=f(x)$ 在点 x_0 的右侧某邻域内有定义，若 $\lim\limits_{x\to x_0^+}f(x)=f(x_0)$，则称函数 $y=f(x)$ 在点 x_0 处右连续，记作 $f(x_0+0)$.

3. 函数 $f(x)$ 在点 x_0 处连续的充要条件

定理 1.5.1　函数 $f(x)$ 在点 x_0 处连续的充要条件是 $f(x)$ 在点 x_0 处既左连续又右连续.

例题讲解

例 1.5.2　讨论函数 $f(x)=\begin{cases}2x+1, & x\leqslant 1 \\ x^2+2, & x>1\end{cases}$ 在 $x=1$ 处的连续性.

解　$f(x)$ 在点 $x=1$ 处有定义，即 $f(1)=3$.

$f(1-0)=\lim\limits_{x\to 1^-}(2x+1)=3$，$f(1+0)=\lim\limits_{x\to 1^+}(x^2+2)=3$，则

$$\lim\limits_{x\to 1}f(x)=3.$$

因为 $\lim\limits_{x\to 1}f(x)=3=f(1)$，所以函数 $f(x)$ 在 $x=1$ 处连续.

例 1.5.3　讨论函数 $f(x)=\begin{cases}\dfrac{1-\cos x}{x^2}, & x<0 \\[2mm] \dfrac{1}{2}, & 0\leqslant x<1 \\[2mm] 1+x, & x\geqslant 1\end{cases}$ 在点 $x=0$ 和 $x=1$ 处的连续性.

解　$f(x)$ 在点 $x=0$ 处有定义，即 $f(0)=\dfrac{1}{2}$.

$$f(0-0)=\lim\limits_{x\to 0^-}\frac{1-\cos x}{x^2}=\lim\limits_{x\to 0^-}\frac{\frac{1}{2}x^2}{x^2}=\frac{1}{2},\ f(0+0)=\lim\limits_{x\to 0^+}\frac{1}{2}=\frac{1}{2},\ \text{则}$$

$$\lim\limits_{x\to 0}f(x)=\frac{1}{2}.$$

因为 $\lim\limits_{x\to 0}f(x)=\dfrac{1}{2}=f(0)$，所以函数 $f(x)$ 在点 $x=0$ 处连续.

$f(x)$ 在点 $x=1$ 处有定义，即 $f(1)=2$，

$$f(1-0)=\lim\limits_{x\to 1^-}\frac{1}{2}=\frac{1}{2},\ f(1+0)=\lim\limits_{x\to 1^+}(1+x)=2,$$

因为 $f(1-0)\neq f(1+0)$，所以函数 $f(x)$ 在点 $x=1$ 处不连续. 但因为 $\lim\limits_{x\to 1^+}f(x)=2=f(1)$，所以函数 $f(x)$ 在点 $x=1$ 处右连续.

4. 连续函数与连续区间

定义 1.5.6　如果函数 $f(x)$ 在开区间 (a,b) 内每一点都连续，则称函数 $f(x)$ 在开区间 (a,b) 内连续. 如果函数 $f(x)$ 在开区间 (a,b) 内连续，并且在左端点 $x=a$ 处有 $\lim\limits_{x\to a^+}f(x)=f(a)$，在右端点 $x=b$ 处有 $\lim\limits_{x\to b^-}f(x)=f(b)$，则称函数 $f(x)$ 在闭区间 $[a,b]$ 上连续.

如果函数 $f(x)$ 在区间 I 上连续，则称函数 $f(x)$ 是区间 I 上的连续函数，同时称 I 为

函数 $f(x)$ 的连续区间.

在几何上,连续函数的图形是一条连续而不间断的曲线.

1.5.2 函数的间断点及分类

定义 1.5.7 设函数 $y=f(x)$ 在点 x_0 的某去心邻域内有定义,如果函数 $f(x)$ 在点 x_0 处不连续,则称点 x_0 为函数 $f(x)$ 的一个间断点.

根据函数 $f(x)$ 在点 x_0 处连续的定义可知,间断点为下列三种情形之一:

(1) $f(x)$ 在点 x_0 处无定义,即 $f(x_0)$ 不存在;

(2) $f(x)$ 在点 x_0 处有定义,但 $\lim\limits_{x \to x_0} f(x)$ 不存在;

(3) $f(x)$ 在点 x_0 处有定义且 $\lim\limits_{x \to x_0} f(x)$ 存在,但 $\lim\limits_{x \to x_0} f(x) \neq f(x_0)$.

定义 1.5.8 设点 x_0 是函数 $f(x)$ 的间断点,若 $f(x_0-0)$ 和 $f(x_0+0)$ 都存在,则称 x_0 为 $f(x)$ 的第一类间断点.否则,称 x_0 为 $f(x)$ 的第二类间断点.

常见的第一类间断点有:

(1) 若 $\lim\limits_{x \to x_0} f(x)=A$,但 $\lim\limits_{x \to x_0} f(x)=A \neq f(x_0)$ 或 $f(x_0)$ 不存在,则称 x_0 为 $f(x)$ 的可去间断点;

(2) 若 $f(x_0-0) \neq f(x_0+0)$,则称 x_0 为 $f(x)$ 的跳跃间断点.

常见的第二类间断点有:

(1) 若 $\lim\limits_{x \to x_0} f(x)=\infty$,则称 x_0 为 $f(x)$ 的无穷间断点;

(2) 若 $\lim\limits_{x \to x_0} f(x)$ 振荡且无极限,则称 x_0 为 $f(x)$ 的振荡间断点.

例题讲解

例 1.5.4 求函数 $f(x)=\dfrac{x-1}{x^2-1}$ 的间断点并判断其类型.

解 因为函数 $f(x)$ 在 $x=1$ 和 $x=-1$ 处都没有定义,所以 $x=1$ 和 $x=-1$ 为 $f(x)$ 的间断点.

又因为 $\lim\limits_{x \to 1}\dfrac{x-1}{x^2-1}=\dfrac{1}{2}$,所以 $x=1$ 是 $f(x)$ 的第一类间断点,且为可去间断点.

又因为 $\lim\limits_{x \to -1}\dfrac{x-1}{x^2-1}=\infty$,所以 $x=-1$ 是 $f(x)$ 的第二类间断点,且为无穷间断点.

例 1.5.5 讨论函数 $f(x)=\begin{cases} 2\sqrt{x}, & 0 \leqslant x < 1 \\ 1, & x=1 \\ 1+x, & x>1 \end{cases}$ 在 $x=1$ 处的连续性.若是间断点,说明其类型.

解 因为 $f(1)=1$,$f(1-0)=2$,$f(1+0)=2$,所以 $\lim\limits_{x \to 1} f(x)=2 \neq f(1)$,即函数 $f(x)$ 在 $x=1$ 处不连续. $x=1$ 为第一类间断点,且为可去间断点.

注 对于可去间断点的情况,通过补充或改变定义,可以使函数连续.

如例 1.5.5 改变定义,令 $x=1$ 时,$f(1)=2$,则函数在 $x=1$ 处便是连续的.

例 1.5.6　讨论函数 $f(x) = \sin \dfrac{1}{x}$ 在 $x=0$ 处的连续性.

解　因为函数 $f(x)$ 在 $x=0$ 处没有定义，且 $\lim\limits_{x \to 0} \sin \dfrac{1}{x}$ 不存在，函数值在 -1 和 $+1$ 之间变动无限多次，所以 $x=0$ 为第二类间断点. 这种情况称为 $f(x)$ 的振荡间断点.

1.5.3　初等函数的连续性

1. 连续函数的和、差、积、商的连续性

利用连续性的定义和极限的运算法则不难证明连续函数的和、差、积、商的连续性.

定理 1.5.2　若函数 $f(x)$、$g(x)$ 在点 x_0 处连续，则 $f(x) \pm g(x)$、$f(x) \cdot g(x)$、$\dfrac{f(x)}{g(x)}$ $(g(x_0) \neq 0)$ 在点 x_0 处也连续.

2. 复合函数的连续性

定理 1.5.3　设有复合函数 $y = f[\varphi(x)]$，若 $\lim\limits_{x \to x_0} \varphi(x) = a$，而函数 $y = f(u)$ 在点 a 处连续，则 $y = f[\varphi(x)]$ 在点 x_0 处连续，且有

$$\lim_{x \to x_0} f[\varphi(x)] = f(a) = f[\lim_{x \to x_0} \varphi(x)].$$

注　定理 1.5.3 说明，求复合函数 $y = f[\varphi(x)]$ 的极限时，极限符号可以交换到内层函数前面去.

例题讲解

例 1.5.7　求极限 $\lim\limits_{x \to 0} \dfrac{\ln(1+x)}{x}$.

解　$\lim\limits_{x \to 0} \dfrac{\ln(1+x)}{x} = \lim\limits_{x \to 0} \ln(1+x)^{\frac{1}{x}} = \ln\left[\lim\limits_{x \to 0}(1+x)^{\frac{1}{x}}\right] = \ln \mathrm{e} = 1.$

例 1.5.8　计算 $\lim\limits_{x \to \infty} \dfrac{\sqrt[3]{8x^3 + 6x^2 + 5x + 1}}{3x - 2}$.

解　$\lim\limits_{x \to \infty} \dfrac{\sqrt[3]{8x^3 + 6x^2 + 5x + 1}}{3x - 2} = \lim\limits_{x \to \infty} \sqrt[3]{\dfrac{8x^3 + 6x^2 + 5x + 1}{(3x-2)^3}} = \sqrt[3]{\lim\limits_{x \to \infty} \dfrac{8x^3 + 6x^2 + 5x + 1}{(3x-2)^3}}$

$$= \sqrt[3]{\lim_{x \to \infty} \dfrac{\left(8 + \dfrac{6}{x} + \dfrac{5}{x^2} + \dfrac{1}{x^3}\right)}{\left(3 - \dfrac{2}{x}\right)^3}} = \sqrt[3]{\dfrac{8}{3^3}} = \dfrac{2}{3}.$$

3. 初等函数的连续性

根据连续函数的几何意义以及连续函数的四则运算和复合运算法则，易知下面定理成立.

定理 1.5.4　基本初等函数在其定义域内是连续的.

定理 1.5.5　一切初等函数在其定义区间内都是连续的.

注　这里的定义区间是指包含在定义域内的区间. 例如，函数 $f(x) = \sqrt{\dfrac{(x+3)^2}{1+x}}$ 的定

义域是$\{-3\}\bigcup\{x\mid-1<x<+\infty\}$，其中$(-1,+\infty)$是定义区间。因为$x=-3$是孤立点，函数在孤立点处无所谓连续性，所以函数$f(x)$的连续区间应该是$(-1,+\infty)$，因此"定义区间"不能换成"定义域"。

定理 1.5.5 的结论非常重要，因为微积分的研究对象主要是连续或分段连续的函数。而一般应用中所遇到的函数基本上是初等函数，其连续性的条件总是满足的，从而使微积分具有强大的生命力和广阔的应用前景。

📖 例题讲解

例 1.5.9 求下列极限：

(1) $\lim\limits_{x\to 2}\dfrac{e^x}{2x+1}$；　　(2) $\lim\limits_{x\to 4}\dfrac{x^2-3x-4}{x^2-10x+24}$；　　(3) $\lim\limits_{x\to\frac{\pi}{2}}\ln\sin x$。

解 (1) 因为函数 $f(x)=\dfrac{e^x}{2x+1}$ 是初等函数，且 $x_0=2$ 是其定义域 $\left(-\infty,-\dfrac{1}{2}\right)\bigcup$ $\left(-\dfrac{1}{2},+\infty\right)$内的点，所以 $f(x)=\dfrac{e^x}{2x+1}$ 在点 $x_0=2$ 处连续，故

$$\lim\limits_{x\to 2}\frac{e^x}{2x+1}=\frac{e^2}{2\times 2+1}=\frac{e^2}{5}.$$

(2) 函数 $f(x)=\dfrac{x^2-3x-4}{x^2-10x+24}$ 是初等函数，但 $x_0=4$ 不是其定义域 $(-\infty,4)\bigcup(4,6)\bigcup$ $(6,+\infty)$内的点，故

$$\lim\limits_{x\to 4}\frac{x^2-3x-4}{x^2-10x+24}=\lim\limits_{x\to 4}\frac{(x-4)(x+1)}{(x-4)(x-6)}=\lim\limits_{x\to 4}\frac{x+1}{x-6}=-\frac{5}{2}.$$

(3) 因为 $f(x)=\ln\sin x$ 是初等函数，且 $x_0=\dfrac{\pi}{2}$ 是其定义域内的点，所以 $f(x)=\ln\sin x$ 在点 $x_0=\dfrac{\pi}{2}$ 处连续，故

$$\lim\limits_{x\to\frac{\pi}{2}}\ln\sin x=\ln\left(\sin\frac{\pi}{2}\right)=\ln 1=0.$$

1.5.4 闭区间上连续函数的性质

关于闭区间上连续函数的性质，这里只给出结论不予证明。

性质 1(最值定理) 闭区间上的连续函数在该区间上一定有最大值和最小值。

需要注意的是：定理中"闭区间"和"连续函数"这两个条件。即如果函数在开区间内连续，或函数在闭区间上有间断点，那么函数在该区间上就不一定有最大值或最小值。

例如，$y=\cot x$ 在开区间$(0,\pi)$内连续，但它既无最大值也无最小值。

性质 2(介值定理) 如果函数 $f(x)$ 在闭区间$[a,b]$上连续，且 $f(a)\neq f(b)$，设 C 是介于 $f(a)$ 和 $f(b)$ 之间的任一值，则至少存在一点 $\xi\in(a,b)$ 使得 $f(\xi)=C$。

性质 3(根的存在定理) 如果函数 $f(x)$ 在闭区间$[a,b]$上连续，且 $f(a)\cdot f(b)<0$，那么至少存在一点 $\xi\in(a,b)$，使得 $f(\xi)=0$。

根的存在定理表明，若在区间端点处的函数值异号，则连续曲线 $y=f(x)$ 至少与 x 轴有一个交点。

例题讲解

例 1.5.10　证明方程 $x^5-3x-1=0$ 在区间 $(1,2)$ 内至少有一个根.

解　设 $f(x)=x^5-3x-1$，则 $f(x)$ 在 $[1,2]$ 上连续. 又

$$f(1)=-3<0,\ f(2)=25>0,$$

由根的存在定理知，在 $(0,2)$ 内至少有一点 ξ，使得

$$f(\xi)=\xi^5-3\xi-1=0,$$

即

$$\xi^5-3\xi-1=0,$$

这等式说明方程 $x^5-3x-1=0$ 在区间 $(1,2)$ 内至少有一个根是 ξ。

【习题 1.5】

1. 讨论函数 $f(x)=\begin{cases}x^2, & 0\leqslant x\leqslant 3\\ 12-x, & 3<x\leqslant 5\end{cases}$ 在 $x=3$ 处的连续性，并求出其连续区间.

2. 设函数 $f(x)=\begin{cases}5x+2k, & x\leqslant 0\\ e^x, & x>0\end{cases}$，问：常数 k 取什么值时，极限 $\lim\limits_{x\to 0}f(x)$ 存在?

3. 求下列函数的连续区间：

(1) $f(x)=\begin{cases}x-1, & x\leqslant 0\\ x^2, & x>0\end{cases}$；
(2) $f(x)=\dfrac{5}{x^2-1}$；

(3) $f(x)=\lg(3-x)$；
(4) $f(x)=\dfrac{x+2}{x^2-3x+2}$.

4. 求下列各极限：

(1) $\lim\limits_{x\to 0}\sqrt{x^2-2x+5}$；
(2) $\lim\limits_{x\to\frac{\pi}{6}}(\sin 2x)^4$；
(3) $\lim\limits_{x\to 4}\dfrac{\sqrt{x}-2}{x-4}$；

(4) $\lim\limits_{x\to 0}\ln\dfrac{\sin x}{x}$；
(5) $\lim\limits_{x\to 2}\left[e^x+\ln\left(\dfrac{1}{2}x\right)\right]$；
(6) $\lim\limits_{x\to 0}\left(3-\dfrac{1+x}{x-3}\right)$；

(7) $\lim\limits_{x\to+\infty}x[\ln(1+x)-\ln x]$；(8) $\lim\limits_{x\to+\infty}x[\ln(x+2)-\ln x]$.

5. 讨论函数 $f(x)=\begin{cases}x^2-1, & x\leqslant 0\\ x^2+1, & x>0\end{cases}$ 在 $x=0$ 处的连续性. 若是间断点，说明其类型.

6. 证明方程 $x^3-4x^2+1=0$ 在 $(0,1)$ 内至少有一个根.

习题 1.5 参考答案

1.6　常用经济函数

引例 1.6.1【项目投资分析】　某上市公司为寻求新的业绩增长点，拟投资一个新项目. 项目组成员经过市场调查等前期工作，向董事会提交了该项目包括风险评估、运营成本、预期收益、利润和投资回报等方面的报告. 董事会将根据这份报告，结合公司的经营

状况决定该项目是否启动.

问题分析 项目投资分析这类问题,可能涉及数学中常见的与经济问题相关的数学模型,为了简化这类问题,下面介绍几种常用的经济函数.

1.6.1 需求函数与供给函数

1. 需求函数

在经济学中,一种商品的需求量是指在某一时期、某种价格下,消费者愿意购买并且有能力购买的该商品的数量.假定其他因素(如消费者收入的增减、偏好和相关商品的价格等)不变,则决定某种商品需求量的因素就是这种商品自身的价格.此时,需求函数表示的就是商品需求量和价格这两个经济量之间的数量关系.

设 P 表示商品价格,Q 表示需求量,则需求函数为

$$Q=Q(P).$$

一般情况下,商品的价格越低,需求量越大;商品的价格越高,需求量越小.因此,需求函数是单调减少函数.商家可通过采取降低价格、增加商品的销售量(需求量)等营销策略来增加销售收入.

常用的需求函数有以下几种类型:

线性需求函数:$Q=a-bP$($a\geqslant0$,$b\geqslant0$ 且均为常数);

二次需求函数:$Q=a-bP-cP^2$($a\geqslant0$,$b\geqslant0$,$c>0$ 且均为常数);

指数需求函数:$Q=ae^{-bP}$($a>0$,$b>0$ 且均为常数).

其中最常见、最简单的需求函数是线性需求函数.

需求函数 $Q=Q(P)$ 的反函数,记作 $P=P(Q)$,称为价格函数,习惯上也将价格函数统称为需求函数.

2. 供给函数

供给是与需求相对的概念,需求是就消费者而言,供给是就生产者而言.

一种商品的供给量是指生产者在某一时期、某种价格下,愿意生产并且可供出售的该商品的数量.同样,影响供给量因素也很多.例如,商品自身的价格、生产要素的价格、其他商品的价格、生产工艺和技术以及其他生产者等.如果我们不考虑商品自身价格以外的其他因素,则供给量就是价格函数,这个函数称为供给函数.设 P 表示商品价格,S 表示供给量,则供给函数为 $S=S(P)$.

一般情况下,商品价格低,生产者不愿意生产,供给少;商品价格高,生产者愿意生产,能够向市场提供的商品多,因此供给函数是单调增加函数.

常用的供给函数是以下两种形式:

线性供给函数:$S=-a+bP$($a\geqslant0$,$b\geqslant0$ 且均为常数);

指数供给函数:$S=ae^{bP}$($a>0$,$b>0$ 且均为常数).

其中最常见、最简单的供给函数是线性供给函数.

3. 市场均衡

对一种商品而言,如果需求量等于供给量,则这种商品就达到了市场均衡.此时的商品价格称为均衡价格,商品数量称为均衡数量.由于需求函数是减函数,供给函数是增函

数，我们把它们的曲线画在同一坐标系中(如图 1.6.1 所示)，它们交于点(P_0, Q_0). 这里，P_0 就是市场均衡价格，它所对应的供给量 Q_0 就是市场均衡数量. 当市场价格高于均衡价格时，供给量将增加而需求量减少，将出现"供过于求"的现象，导致商品的价格下降；当市场价格低于均衡价格时，供给量将减少而需求量增加，此时出现"供不应求"的现象，导致商品的价格上升.

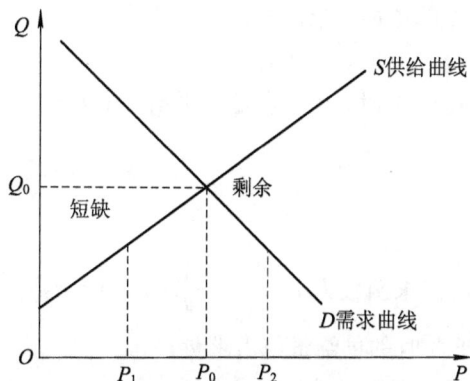

图 1.6.1

1.6.2　成本函数、收益函数与利润函数

1. 成本函数

产品成本是以货币形式表现的企业生产和销售产品的全部费用支出，在经济问题中，我们关注的成本函数是总成本函数和平均成本函数.

生产一定数量产品所需要的全部费用，称为总成本. 总成本可分为固定成本和可变成本两部分. 所谓固定成本，是指在一定时间内不随产量变化而变化的成本，如厂房、设备等固定资产折旧费，管理人员的工资等. 而可变成本是指随产量变化而变化的那部分成本，如原材料费用，能源、动力费用，生产工人的工资等. 若记产品的总成本为 C，固定成本为 C_0，可变成本为 $C_1(Q)$，产量为 Q，则以货币计值的总成本函数为

$$C = C(Q) = C_0 + C_1(Q),$$

其中，$C_0 \geqslant 0$，$Q > 0$.

显然，成本函数是单调增加函数，其图像称为成本曲线.

单从总成本无法看出生产者生产水平的高低，因此常用到平均成本的概念.

平均成本是指生产单位产品的成本. 若记产品的产量为 Q，产品的总成本为 $C(Q)$，平均成本为 $\overline{C}(Q)$，则平均成本函数为

$$\overline{C}(Q) = \frac{C(Q)}{Q} = \frac{C_0}{Q} + \frac{C_1(Q)}{Q}.$$

2. 总收益函数

收益是生产者销售某种产品的收入，总收益是生产者销售产品后的全部收入，取决于生产者销售某种产品的数量和价格. 若记产品的价格为 P，销售量为 Q，总收益为 R，则总收益函数为

$$R = R(Q) = P \cdot Q.$$

3. 总利润函数

生产一定数量产品的总收益扣去总成本，称为总利润. 若记产品的销售量为 Q，总利润为 L，则总利润函数为

$$L = L(Q) = R(Q) - C(Q).$$

当 $L(Q) = R(Q) - C(Q) > 0$ 时，生产者盈利；

当 $L(Q) = R(Q) - C(Q) < 0$ 时，生产者亏损；

当 $L(Q) = R(Q) - C(Q) = 0$ 时，生产者盈亏平衡，使 $L(Q) = 0$ 的点 Q_0 称为盈亏平衡点(又称为保本点).

例题讲解

例 1.6.1　设某商品的需求函数为 $D(P) = \dfrac{5600}{P}$，供给函数为 $S(P) = P - 10$.

(1) 求均衡价格，并求此时的供给量与需求量；

(2) 在同一坐标轴上画出供给曲线与需求曲线；

(3) 当 p 为何值时，供给曲线经过 P 轴，这一点的经济意义是什么？

解　(1) 令 $D(P) = S(P)$，则 $\dfrac{5600}{P} = P - 10$，解得 $P = 80$，即均衡价格为 80，此时的供给量和需求量均为 $\dfrac{5600}{80} = 70$.

(2) 在同一坐标轴下，供给曲线与需求曲线如图 1.6.2 所示.

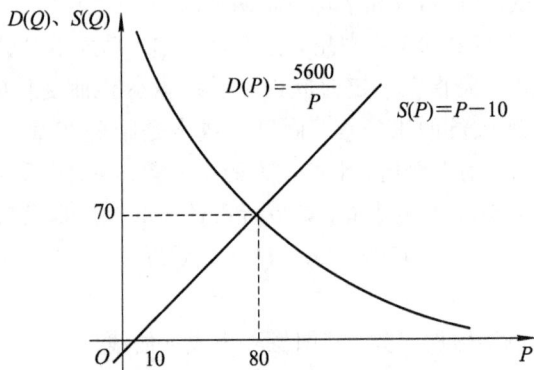

图 1.6.2

(3) 令 $S(P) = 0$，即 $P - 10 = 0$，因此当 $P = 10$ 时，供给曲线经过 P 轴. 这一点的经济意义是：当价格低于 10 时，无人供货.

例 1.6.2　设某企业生产某种产品的固定成本是 10 万元，每生产一件商品需增加 0.8 万元的成本，求总成本函数和平均成本函数.

解　依题意，固定成本 $C_0 = 10$，可变成本 $C_1(Q) = 0.8Q$，因此总成本函数为

$$C(Q) = C_0 + C_1(Q) = 10 + 0.8Q \quad (Q \in \mathbf{Z}^+),$$

平均成本函数为

$$\bar{C} = \frac{C(Q)}{Q} = \frac{10 + 0.8Q}{Q} \quad (Q \in \mathbf{Z}^+).$$

例 1.6.3　某工厂生产某产品年产量为 x 台，每台售价 500 元. 当年产量超过 800 台时，超过部分只能按 9 折出售，这样可多售出 200 台，如果再多生产，本年就销售不出去了. 试写出本年的收益（入）函数.

解　因为当产量超过 800 台时，售价要按 9 折出售；当超过 1000 台（即 800 台＋200 台）时，多余部分销售不出去，从而超出部分无收益. 因此，要把产量分三阶段来考虑. 依题意有

$$R(x) = \begin{cases} 500x, & 0 \leqslant x \leqslant 800 \\ 500 \times 800 + 0.9 \times 500(x-800), & 800 < x \leqslant 1000 \\ 500 \times 800 + 0.9 \times 500 \times 200, & x > 1000 \end{cases}$$

$$= \begin{cases} 500x, & 0 \leqslant x \leqslant 800 \\ 40\,000 + 450x, & 800 < x \leqslant 1000. \\ 490\,000, & x > 1000 \end{cases}$$

例 1.6.4　已知某工厂生产某种产品，每天的固定成本 2000 元，可变成本为 15 元，如果这种产品出厂价为 20 元.

（1）求利润函数；

（2）若不亏本，该厂每天至少生产多少单位这种产品.

解　（1）设每天生产 Q 单位这种产品，依题意得

$$C(Q) = 2000 + 15Q, \quad R(Q) = 20Q,$$

因为 $L(Q) = R(Q) - C(Q)$，所以

$$L(Q) = 20Q - (2000 + 15Q) = 5Q - 2000,$$

故利润函数为

$$L(Q) = 5Q - 2000$$

（2）若不亏本，则 $L(Q) = 0$，于是有 $5Q - 2000 = 0$，得 $Q = 400$，即该厂每天至少生产 400 单位这种产品.

*1.6.3　单利、复利模型

1. 单利模型

利息是指借款者向贷款者支付的报酬，它是根据本金的数额按一定比例计算出来的. 利息又有存款利息、贷款利息、债券利息、贴现利息等几种主要形式.

在金融活动中，获得的利息不计入本金的计息方法称为单利. 单利制计算简单，操作容易，也便于理解. 因此，我国银行存款计息以及到期一次还本付息的国债都采取单利计息的方式.

以银行存款为例，用 p 表示本金，r 表示年利率，n 表示计息期数，本利和即资金终值，用 F 表示，则

第一年末的本利和为 $F_1 = p + rp = p(1+r)$；

第二年末的本利和为 $F_2 = p(1+r) + rp = p(1+2r)$；

$$\vdots$$

第 n 年末的本利和，即单利制的终值公式为 $F_n = p(1+nr)$.

2. 复利模型

复利是指在金融活动中所获得的利息计入本金的计息方法.

以银行贷款为例，用 p 表示本金，r 表示年利率，n 表示计息期数，本利和即终值用 F 表示，则

第一个计息期末的本利和为 $F_1 = p + rp = p(1+r)$；

第二个计息期末的本利和为 $F_2 = F_1(1+r) = p(1+r)(1+r) = p(1+r)^2$；

第三个计息期末的本利和为 $F_3 = F_2(1+r) = p(1+r)^2(1+r) = p(1+r)^3$；

$$\vdots$$

第 n 个计息期末的本利和，即复利制的终值公式为 $F = F_n = p(1+r)^n$.

3. 多次付息

在现实借贷过程中，利率的单位并不一定都是以年为单位的，有时涉及到季利率、月利率、日利率，甚至更小单位的利率. 若年利率为 r，一年分为 m 期，则每期的期利率为 $\dfrac{r}{m}$，如月利率为 $\dfrac{r}{12}$，日利率为 $\dfrac{r}{360}$ 等.

1）单利模型

设初始本金为 p，年利率为 r，若一年分 m 次付息，因每次的利息都不计入本金，故年末的本利和为

$$F = p\left(1 + m \cdot \frac{r}{m}\right) = p(1+r),$$

即单利制下，年末的本利和与支付利息的次数无关.

2）复利模型

设初始本金为 p，年利率为 r，若一年分 m 次付息，则一年末的本利和为

$$F = p\left(1 + \frac{r}{m}\right)^m.$$

易见，本利和随付息次数 m 的增加而增加.

而第 n 年末的本利和为

$$F_n = p\left(1 + \frac{r}{m}\right)^{mn},$$

即复利制下，年末的本利和与支付利息的次数是有关系的.

3）连续复利模型

还有一种计息方式称为连续复利. 这种计息方式将计息期缩短为一个瞬间，即此刻的利息在下一刻马上计入本金，产生利息.

设某笔贷（存）款本金为 p，年利率为 r，投资年限为 n，一年分为 m 期，每期结算一次. 按复利方式，n 年末到期后的本利和为

$$F_n = p\left(1 + \frac{r}{m}\right)^{mn}.$$

由于连续复利的计息期无限缩短，即每年的计息期数 $m \to \infty$，则 n 年末的本利和为

$$F = \lim_{n \to \infty} p \left(1 + \frac{r}{m}\right)^{mn} = p \left[\lim_{n \to \infty} \left(1 + \frac{r}{m}\right)^{\frac{m}{r}}\right]^{rn} = p \mathrm{e}^{rn}.$$

*1.6.4　资金的终值、现值与贴现

1. 资金的终值与现值

钱存在银行里可以获得利息，如果不考虑贬值因素，那么若干年后的本利和就高于本金. 如果考虑贬值的因素，则在若干年后使用的终值就有一个较低的现值.

如果你今年将 10 000 元钱存入银行，年利率为 2‰，用单利制计算，那么一年以后 10 000 元将变成 10 200 元. 这里的 10 200 元就是 10 000 元现金在一年后的终值. 反过来，10 000 元就是资金的现值，这就是所谓的"贴现"问题. 现值是指在给定的利率水平下，未来某一时刻的资金折算到现在时刻的价值. 此时，利率 r 称为贴现率. 前面已经分别给出了不同计息方式下的终值公式，下面讨论资金的现值公式.

若某张票据 n 年后价值为 F_n 元，假设在这 n 年之间年利率 r 不变，则

（1）按单利模型计算，该票据的现值 P 为

$$P = \frac{F_n}{1 + rn};$$

（2）按年复利模型计算，该票据的现值 P 为

$$P = \frac{F_n}{(1 + r)^n};$$

（3）按连续复利模型计算，该票据的现值 P 为

$$P = F_n \mathrm{e}^{-rn}.$$

2. 贴现

在经济活动中，资金流转出现问题往往需要将一定时期后一定价值的票据提前兑换成现金，这类问题涉及到贴现的概念.

票据持有人，为了在票据到期以前获得资金，从票面金额中扣除未到期期间的利息后，得到剩余的现金. 这种银行向持有票人的融资方式，称为贴现.

设 F_n 表示第 n 年后到期的票据金额，r 表示贴现利率，P 表示进行票据转让时银行现在付给的贴现金额，则贴现计算公式为

$$P = \frac{F_n}{(1 + r)^n} = F_n (1 + r)^{-n},$$

其中，贴现利率和存款利率有所不同，它是由双方协商确定，但最高不能超过现行的贷款利率. 票据也和通常的存单不同，票据到期后只领取票面金额，没有利息，而存单到期除领取存款外，还要领取相应的利息.

📖 例题讲解

例 1.6.5　某人把 1000 元存入银行，存款利率为 5‰，问：

（1）按单利计算，2 年末的本利和是多少？利息为多少？

(2) 按复利计算,2 年末的本利和为多少? 利息为多少?

解 由题意知 $p=1000$, $r=0.05$, $n=2$.

(1) 根据单利终值公式,可得

$$F_2=p(1+2r)=1000\times(1+2\times0.05)=1100(元),$$

利息为

$$I_2=prn=1000\times0.05\times2=100(元),$$

故 2 年末的本利和是 1100 元,利息为 100 元.

(2) 根据复利终值公式,可得

$$F_2=p(1+r)^2=1000\times(1+0.05)^2\approx1102.5(元),$$

利息为

$$I=1102.5-1000=102.5(元),$$

故 2 年末的本利和是 1102.5 元,利息为 102.5 元.

可见,复利的利息比单利多.当期数越来越大时,其差值更明显.

例 1.6.6 设 5 年贷款期限的年利率为 5.5%,如果你想贷款 20 万元购买一辆轿车,5 年末还款的本利和是多少?

(1) 按每年 4 期的复利方式计息;

(2) 按连续复利计息.

解 (1) 按每年 4 期的复利方式计息,5 年计息期数为 4×5 期,期利率 $r=\dfrac{5.5\%}{4}$,因此,第 5 年末的本利和为

$$F=P\left(1+\frac{r}{m}\right)^{mn}=20\left(1+\frac{5.5\%}{4}\right)^{4\times5}=26.2813(万元).$$

(2) 按连续复利计息,第 5 年末的本利和为

$$F=Pe^{rn}=20e^{0.055\times5}=26.3306(万元).$$

例 1.6.7 如果你每年年末存入银行 1000 元,若年复利率为 5%,30 年后的本利和是多少?

解 依题意,$P=1000$, $r=5\%$, $n=30$,根据复利终值公式可得

$$F=P(1+r)^n=1000\times(1+5\%)^{30}=66\ 438.8(元),$$

即 30 年后的本利和是 66 438.8 元.

例 1.6.8 某企业计划发行公司债券,规定以年利率 6.5% 的连续复利计算利息,10 年后每份债券一次偿还本息 1000 元,问每份债券发行时的价格应定为多少元?

解 依题意,$F=1000$, $r=6.5\%$, $n=10$,根据连续复利的现值公式得

$$P=Fe^{-rn}=1000\times e^{-6.5\%\times10}\approx522.05(元),$$

即每份债券发行时的价格应定为 522.05 元.

案例分析

案例 1.6.1【生产经济指标】 某产品的需求函数为 $Q=200-4P$,总成本函数为 $C(Q)=1000+6Q$,试建立该产品的总利润函数,并求出该产品产量 $Q=100$ 时的平均成本.

解 由需求函数知,该产品的价格函数为

$$P = 50 - \frac{1}{4}Q,$$

收入函数为

$$R(Q) = P \cdot Q = 50Q - \frac{1}{4}Q^2,$$

则总利润函数为

$$L(Q) = -\frac{1}{4}Q^2 + 44Q - 1000.$$

因为该产品的平均成本函数为

$$\overline{C}(Q) = \frac{1000}{Q} + 6,$$

所以，当 $Q=100$ 时的平均成本为 $\overline{C}(100) = \frac{1000}{100} + 6 = 16$.

案例 1.6.2【资金终值】 某人用分期付款的方式购买一套价值为 80 万元的商品房，设贷款期限为 10 年，年利率为 6%，试计算第 10 年末还款的本利和.

(1) 按每年 12 期的复利方式计算；

(2) 按连续复利计算.

解 (1) 按每年 12 期的复利方式计息，10 年计息期数为 12×10 期，期利率 $r = \frac{6\%}{12}$，因此，第 10 年末的本利和为

$$F = P\left(1 + \frac{r}{m}\right)^{mn} = 80\left(1 + \frac{6\%}{12}\right)^{12 \times 10} = 145.5517 F = P\left(1 + \frac{r}{m}\right)^{mn} (万元).$$

(2) 按连续复利计算，第 10 年末的本利和为

$$F = Pe^{rn} = 80e^{0.06 \times 10} = 145.7695 (万元).$$

案例 1.6.3【资金现值】 某人将一笔资金存入银行，年利率为 3.00%. 双方约定，如果一年到期后不取款，则由银行将上一年的本金和利息一起自动转存为一年期的定期存款. 他在第 3 年末总共取得本利和 10 927.27 元，问他最初存入的资金数额是多少？

解 由题意可知应该以复利方式计息. 因为 $F = 10\,927.27$，$r = 3.00\%$，$n = 3$，所以

$$P = \frac{F}{(1+r)^n} = \frac{10\,927.27}{(1+3.00\%)^3} = 10\,000 (元),$$

即他最初存入的资金是 10 000 元.

案例 1.6.4【贴现金额】 某人手中有三张票据，其中一年后到期的票据金额是 500 元，两年后到期的金额是 800 元，五年后到期的金额是 2000 元，已知银行的贴现率为 6%. 现将三张票据向银行作一次性的转让，试计算银行的贴现金额.

解 由贴现计算公式知，贴现金额为

$$P = \frac{F_1}{1+r} + \frac{F_2}{(1+r)^2} + \frac{F_5}{(1+r)^5} = \frac{500}{1+6\%} + \frac{800}{(1+6\%)^2} + \frac{2000}{(1+6\%)^5} \approx 2678.21 (元),$$

即银行的贴现金额为 2678.21 元.

【习题 1.6】

1. 某种商品的需求函数为 $Q = 200 - 5P$，供给函数为 $Q = 25P - 10$，求该商品的均衡

价格和均衡商品量.

2. 某公司生产小游戏机，每台可卖 110 元，固定成本为 7500 元，可变成本为每台 60 元. 试问：

(1) 需卖多少台游戏机，公司才能无盈亏？

(2) 要获得 1250 元的利润，需要卖出多少台？

3. 将 1 万元资金存入银行，年利率为 3.2%，分别按单利方式、复利方式和连续复利分别计息，计算 10 年后的本利和.

习题 1.6 参考答案

1.7　本章小结与拓展提高

1. 本章的重点与难点

本章的重点是函数的概念与性质，定义域的求法，复合函数的概念与分解，极限的概念，函数连续的概念，极限的四则运算法则，两个重要极限及求极限的求法.

本章的难点是极限的概念，无穷小与无穷大的概念，极限的求法，连续函数的概念及实际问题中函数关系的建立.

特别是复合函数的分解和求极限的方法既是重点又是难点，要掌握这部分知识，务必多做练习并总结提高.

2. 学法建议

(1) 本章的概念较多，且相互联系. 如极限、无穷小、无穷大和连续等，只有明确它们之间的联系，才能对它们有深刻的理解. 因此，掌握这些概念是学好经济数学的关键.

(2) 无穷小是一种特殊而又重要的极限为零的变量，在后面的学习中会看到它的重要作用，务必理解无穷小的定义、性质以及与无穷大的关系.

(3) 两个重要极限有其自身独立存在的价值，理解和掌握这两个重要极限的深刻内涵，对于我们解决与三角函数和反三角函数有关的"$\frac{0}{0}$"型和"1^{∞}"型这两类极限问题尤为重要.

(4) 在求极限的问题中，比较困难的是"$\frac{0}{0}$"型和"$\frac{\infty}{\infty}$"型及有关的一些极限，这类问题在第 3 章中会有专门研究. 在本章中，对于"$\frac{0}{0}$"型极限，我们只能用因式分解法或有理化法去掉零因子，对于"$\frac{\infty}{\infty}$"型，也可先通过适当恒等变形再求极限.

(5) 在微积分的学习中，连续函数是主要的研究对象，从几何直观上很容易理解连续函数（图像是一条连续不断的曲线）. 不过，当判断函数在一点处尤其是分段函数在分段点的连续性时，千万不要求到极限就下连续的结论. 因为函数在一点处连续是指极限值等于函数值，这点很重要，一定要牢牢记住.

3. 拓展提高

* **例 1.7.1**　把下列复合函数分解成简单函数：

(1) $y=\ln^3 \ln^2 \ln(1-x)$；　　　(2) $y=\sqrt[3]{\arctan \cos^2 e^{-x}}$.

解　(1) 所给函数是由 $y=u^3$，$u=\ln v$，$v=w^2$，$w=\ln z$，$z=\ln t$，$t=1-x$ 六个函数复

合而成的.

（2）所给函数是由 $y=\sqrt[3]{u}$，$u=\arctan v$，$v=w^2$，$w=\cos z$，$z=\mathrm{e}^t$，$t=\mathrm{e}^{-x}$ 六个函数复合而成的.

*例 1.7.2　设 $a_n=\dfrac{2^n+3^{n+1}}{3^n}$，求 $\lim\limits_{n\to\infty}a_n$.

解
$$\lim_{n\to\infty}a_n=\lim_{n\to\infty}\frac{2^n+3^{n+1}}{3^n}=\lim_{n\to\infty}\left[\left(\frac{2}{3}\right)^n+3\right]=3.$$

*例 1.7.3　求 $\lim\limits_{x\to\infty}\dfrac{(3x+1)^{20}\cdot(2x-1)^{30}}{(5x-2)^{50}}$.

解
$$\lim_{x\to\infty}\frac{(3x+1)^{20}\cdot(2x-1)^{30}}{(5x-2)^{50}}=\lim_{x\to\infty}\frac{(3x)^{20}\left(1+\frac{1}{3x}\right)^{20}\cdot(2x)^{30}\left(1-\frac{1}{2x}\right)^{30}}{(5x)^{50}\left(1-\frac{2}{5x}\right)^{50}}$$
$$=\frac{3^{20}\cdot2^{30}}{5^{50}}.$$

*例 1.7.4　已知 a、b 为常数且 $\lim\limits_{x\to1}\dfrac{x^2+ax+b}{x-1}=5$，试确定常数 a 和 b.

解　由 $\lim\limits_{x\to1}\dfrac{x^2+ax+b}{x-1}=5$ 及 $\lim\limits_{x\to1}(x-1)=0$，得
$$\lim_{x\to1}(x^2+ax+b)=0,$$

即
$$a+b+1=0.$$

又
$$\lim_{x\to1}\frac{x^2+ax+b}{x-1}=\lim_{x\to1}(2x+a)=5,$$

即
$$2+a=5,$$

故
$$a=3,\ b=-4.$$

*例 1.7.5　确定常数 a、b，使得 $\lim\limits_{x\to\infty}\left(ax+b-\dfrac{8x^3+6x^2+1}{2x^2+1}\right)=2$.

解　由 $\lim\limits_{x\to\infty}\left(ax+b-\dfrac{8x^3+6x^2+1}{2x^2+1}\right)=\lim\limits_{x\to\infty}\dfrac{(2a-8)x^3+(2b-6)x^2+ax+b-1}{2x^2+1}=2,$

得
$$2a-8=0,\ 2b-6=4,$$

故
$$a=4,\ b=5.$$

*例 1.7.6　求 $\lim\limits_{x\to+\infty}\arccos(\sqrt{x+1}-\sqrt{x})$.

解
$$\lim_{x\to+\infty}\arccos(\sqrt{x+1}-\sqrt{x})=\arccos\left[\lim_{x\to+\infty}(\sqrt{x+1}-\sqrt{x})\right]$$
$$=\arccos\left(\lim_{x\to+\infty}\frac{1}{\sqrt{x+1}+\sqrt{x}}\right)=\arccos0=\frac{\pi}{2}.$$

例 1.7.7 求 $\lim\limits_{x\to\infty}\dfrac{x+2}{x^2-3}(3+\cos x)$.

解 因为 $\lim\limits_{x\to\infty}\dfrac{x+2}{x^2-3}=0$，而 $2\leqslant(3+\cos x)\leqslant 4$，所以 $\dfrac{x+2}{x^2-3}$ 是 $x\to\infty$ 时的无穷小.

又因为 $(3+\cos x)$ 是有界函数，所以根据无穷小与有界函数的积仍是无穷小的性质，得

$$\lim_{x\to\infty}\frac{x+2}{x^2-3}(3+\cos x)=0.$$

例 1.7.8 设函数 $f(x)=\begin{cases}\dfrac{\ln(1-3x)}{bx}, & x<0 \\ 2, & x=0 \\ \dfrac{\sin ax}{x}, & x>0\end{cases}$，试确定常数 a、b，使 $f(x)$ 在 $x=0$ 处连续.

解 因为 $f(x)$ 在 $x=0$ 处连续，所以 $\lim\limits_{x\to 0}f(x)=f(0)=2$. 又

$$\lim_{x\to 0^-}f(x)=\lim_{x\to 0^-}\frac{\ln(1-3x)}{bx}=\lim_{x\to 0^-}\frac{-3x}{bx}=\frac{-3}{b}=2,$$

得

$$b=-\frac{3}{2},$$

$$\lim_{x\to 0^+}f(x)=\lim_{x\to 0^+}\frac{\sin ax}{x}=\lim_{x\to 0^+}\frac{ax}{x}=a=2.$$

故

$$a=2,\ b=-\frac{3}{2}.$$

自 测 题 1

A 组（基础练习）

一、判断题

(   )1. 函数 $f(x)=x^0$ 与 $g(x)=1$ 是相同的函数.

(   )2. 初等函数是由基本初等函数和常数经过四则运算和有限次复合而构成的函数.

(   )3. $\lim\limits_{x\to\infty}\dfrac{1}{x}\sin\dfrac{1}{x}=1$.

(   )4. 函数 $y=\sqrt{2e}$ 是复合函数.

(   )5. 若函数 $f(x)$ 在点 x_0 处没有定义，则函数 $f(x)$ 在点 x_0 处不连续.

二、填空题

1. 函数 $f(x)=\lg(4x-3)-\arcsin(2x-1)$ 的定义域为 _____.

2. 若函数 $f(x)=\begin{cases} \dfrac{\sin 2x}{x}, & x<0 \\ 3x^2-2x+k, & x\geqslant 0 \end{cases}$ 在 $x=0$ 处连续，则 $k=$ _____.

3. $\lim\limits_{x\to 0}\dfrac{\sin x^2}{\sin^2 x}=$ _____.

4. 复合函数 $y=\mathrm{e}^{\lg\arccos^2 x}$ 的复合过程是 _____.

5. 函数 $y=\dfrac{x-3}{x^2-9}$ 的间断点有 _____ 个.

三、单项选择题

1. 函数 $y=\sqrt{36-x^2}+\dfrac{1}{\ln(x-1)}$ 的定义域是(　　).

A. $(1, 2)$ B. $(1, 2)\cup(2, 6)$

C. $(1, 6)$ D. $(1, 2)\cup(2, 6]$

2. 下列各组函数相同的是(　　).

A. $y=4^{3x}$ 与 $y=8^{2x}$ B. $y=(\sqrt{x+1})^4$ 与 $y=\sqrt{(x+1)^4}$

C. $y=\dfrac{x^2-16}{x+4}$ 与 $y=x-4$ D. $y=\ln x^4$ 与 $y=4\ln x$

3. 下列函数不是基本初等函数的是(　　).

A. $y=\sqrt[3]{x^2}$ B. $y=\dfrac{1}{x^2}$

C. $y=\cos\dfrac{1}{x}$ D. $y=\sqrt{2\mathrm{e}}$

4. 下列函数是初等函数的是(　　).

A. $y=\begin{cases} x+1, & x<1 \\ x-1, & x>1 \end{cases}$ B. $y=\begin{cases} \dfrac{x^2-3}{2x-1}, & x\neq 1 \\ 2, & x=1 \end{cases}$

C. $y=\sqrt{-2-\cos x}$ D. $y=|x^2-2|$

5. 下列函数为复合函数的是(　　).

A. $y=\lg(-x^2)$ B. $y=x^{\sqrt{2}-1}$

C. $y=\left(\dfrac{1}{\mathrm{e}}\right)^x$ D. $y=\sqrt{-x}\,(x\leqslant 0)$

6. 下列变量在给定的变化过程中为无穷小量的是(　　).

A. $\mathrm{e}^{-x}+1\ (x\to 0)$ B. $x\arcsin x\ (x\to 0)$

C. $\mathrm{e}^x+1\ (x\to +\infty)$ D. $\dfrac{x}{x^2}\ (x\to 0)$

7. $\lim\limits_{x\to\infty}\left(x\sin\dfrac{1}{x}+\dfrac{1}{x}\sin x\right)=$(　　).

A. 0   B. 1   C. 2   D. 没有极限

8. 函数 $y=\dfrac{x^2-1}{x^2-3x+2}$ 的连续区间是(　　).

A. $(-\infty, 2)$ B. $(1, +\infty)$

C. $(-\infty, 1)\bigcup(1, 2)\bigcup(2, +\infty)$ D. $(2, +\infty)$

9. 函数 $y=\dfrac{\sin x}{x^2-1}$ 的间断点为（　　）.

A. $x=1$ 和 $x=-1$ B. 仅有 $x=1$

C. $x=1$ 或 $x=-1$ D. $x=1$ 和 $x=-1$ 和 $x=0$

10. $\lim\limits_{n\to\infty}\left(1-\dfrac{4}{n}\right)^{2n+1}=$（　　）.

A. e^{-4} B. e^4

C. e^8 D. e^{-8}

四、计算题

1. $\lim\limits_{x\to1}\dfrac{\sqrt{x}-1}{x-1}$.

2. $\lim\limits_{x\to2}\dfrac{x^2+x-6}{x^2-4}$.

3. $\lim\limits_{x\to\infty}\dfrac{x^4+3x^2+5}{(x+2)^5}$.

4. $\lim\limits_{x\to0}\left(x\sin\dfrac{1}{2x}\right)$.

5. $\lim\limits_{x\to0}\dfrac{\sin3x}{\sin4x}$.

6. $\lim\limits_{x\to0}(1-9x)^{\frac{1}{x}}$.

7. $\lim\limits_{x\to+\infty}\dfrac{\sqrt[4]{1+x^3}}{1+x}$.

8. $\lim\limits_{x\to0}\dfrac{x^2\sin\dfrac{1}{x}}{\sin x}$.

9. $\lim\limits_{x\to1}\dfrac{\sin(1-x)}{1-x^2}$.

10. $\lim\limits_{x\to1}\left(\dfrac{1}{x-1}-\dfrac{3}{x^2-1}\right)$.

五、应用题

1. 已知需求函数为 $Q=\dfrac{100}{3}-\dfrac{2}{3}P$，供给函数 $S=-20+10P$，求市场均衡价格 P_0.

2. 某水果店销售的苹果，每千克售价 6 元. 某日搞促销活动：5 千克以上至 10 千克打 8 折，超过 10 千克的部分 7 折优惠.

(1) 请写出销售收入 R 与销售量 Q 之间的函数关系；

(2) 某人用 75 元能买多少这种水果？

B 组（拓展练习）

一、判断题

(　　)1. 分段函数一定不是初等函数.

(　　)2. 如果函数 $\lim\limits_{x\to x_0}f(x)=A$，则 $f(x)$ 在点 x_0 处一定有意义.

(　　)3. 无穷小的倒数是无穷大.

(　　)4. 如果 $\lim\limits_{x\to x_0}f(x)=A$，则 $f(x_0-0)=A$.

(　　)5. 如果函数 $f(x)$ 在点 x_0 的某个邻域内有定义，且 $\lim\limits_{x\to x_0}f(x)=A$，则 $f(x)$ 在点 x_0 处连续.

二、填空题

1. $\lim\limits_{x\to\infty}\left(\dfrac{x}{x+1}\right)^{2x}=$ _____ .

2. 如果 $\lim\limits_{x\to-3}\dfrac{x^2+2x+k}{x+3}=-4$，则常数 $k=$_____.

3. 设 $f(x)=\dfrac{x-4}{1+x}$，当 $x\to$_____ 时，$f(x)$ 为无穷大；当 $x\to$_____ 时，$f(x)$ 为无穷小.

4. 生产轻便鞋的可变成本是每双 15 元，每天的固定成本为 2000 元. 若每双鞋的销售价为 20 元，则该厂每天生产 600 双鞋的利润是_____元，盈亏点是_____.

5. 函数 $f(x)=\dfrac{1}{\ln(x-2)}$ 的连续区间是_____.

三、单选题

1. 下列函数的图像关于坐标原点对称的是（　　）.

A. $y=\dfrac{1-x^2}{\cos x}$ 　　　　　　B. $y=\sin x-\cos x$

C. $y=\sin(x^2+1)$ 　　　　　　D. $y=\dfrac{10^x-10^{-x}}{2}$

2. 下列各组函数为同一函数的是（　　）.

A. $f(x)=\dfrac{x}{x}$ 与 $g(x)=1$ 　　　　B. $f(x)=x$ 与 $g(x)=\sqrt{x^2}$

C. $f(x)=\lg x^4$ 与 $g(x)=4\lg x$ 　　D. $f(x)=1$ 与 $g(x)=\sin^2 x+\cos^2 x$

3. 下列函数有界的是（　　）.

A. $y=\cos(x!)$ 　　　　　　B. $y=\dfrac{1}{x}$（$x>0$）

C. $y=2^x$ 　　　　　　D. $y=\lg x$

4. 下列函数为复合函数的是（　　）.

A. $y=10^x$ 　　　　　　B. $y=\sqrt{2-\cos x}$

C. $y=x^4+1$ 　　　　　　D. $y=x^{e-\frac{1}{2}}$

5. 已知 $f(x)=\begin{cases}5-5x,& x<0\\3,& x=0,\\5+5x,& x>0\end{cases}$ 则 $\lim\limits_{x\to 0}f(x)$ 等于（　　）.

A. 0 　　　　B. 3 　　　　C. 5 　　　　D. 不存在

6. 下列函数在 $x=0$ 处连续的是（　　）.

A. $y=|x|$ 　　　　　　B. $y=\ln x$

C. $y=\dfrac{1}{x}$ 　　　　　　D. $y=\begin{cases}-1,& x<0\\1,& x\geqslant 0\end{cases}$

7. 函数 $y=\dfrac{x^2-4}{x^2-5x+6}$ 的间断点为（　　）.

A. 仅有 $x=3$ 　　　　　　B. $x=2$ 或 $x=3$

C. $x=2$ 和 $x=3$ 　　　　　　D. $x=2$ 和 $x=3$ 和 $x=-2$

8. 当 $x\to 1$ 时，下列变量中不是无穷小量的是（　　）.

A. $2x^2-x-1$ 　　　　　　B. $\dfrac{x^2-x}{x-1}$

C. $\ln x$ D. $\sin\dfrac{\pi}{2}-x$

9. 设 $\lim\limits_{x\to 0}f(x)=\infty$，则当 $x\to 0$ 时，下列变量中必为无穷大量的是( ).

A. $xf(x)$ B. $\dfrac{f(x)}{x}$

C. $\dfrac{x}{f(x)}$ D. $f(x)-\dfrac{1}{x}$

10. 函数 $y=\dfrac{x^2-1}{x-1}$ 在点 $x=1$ 处( ).

A. 有定义且有极限 B. 无定义且无极限

C. 无定义但有极限 D. 有定义但无极限

四、计算题

1. $\lim\limits_{x\to\infty}\dfrac{(x-1)(x-2)(x-3)}{(1-2x)^3}$.　　2. $\lim\limits_{x\to 3}\dfrac{(x+1)(x+2)-20}{(x-3)(2x+3)}$.

3. $\lim\limits_{x\to+\infty}\sqrt{x}\left(\sqrt{x+1}-\sqrt{x}\right)$.　　4. $\lim\limits_{x\to\pi}\dfrac{\sin x}{x-\pi}$.

5. $\lim\limits_{x\to 0}x\cot 2x$.　　6. $\lim\limits_{x\to 0}\dfrac{\tan^5 x}{(\arcsin x)^2(1-\cos x)}$.

7. 设函数 $f(x)=\begin{cases}\left(\dfrac{1-x}{1+x}\right)^{\frac{1}{x}}, & x>0 \\ a, & x=0 ，若 f(x) 在点 x=0 处连续，求 a 与 k 的值. \\ \dfrac{\sin kx}{x}, & x<0 \end{cases}$

五、应用题

1. 某商品的单价为 100 元，单位成本为 60 元，商家为了促销，规定：凡是购买超过 200 个单位时，对超过部分按单价的九五折出售，求利润函数.

2. 设银行存款的年利率为 3%，每年结算一次，所得本利和仍存入银行，那么一笔现金存入银行后，多少年才能翻一番?

自测题 1 参考答案

阅 读 资 料

函数、极限与连续的思想

一、函数的思想

法国数学家笛卡儿(Descartes)最先提出了"变量"的概念，他在《几何学》中不仅引入了坐标，而且也引入了变量. 他在指出 x、y 是变量的同时，还注意到 y 依赖于 x 而变化，这正是函数思想的萌芽.

牛顿出生于 1642 年，他向伽利略和笛卡儿学习，深刻地认识到："曲线是由于点的连续运动"，即曲线是动点的轨迹. 动点的位置 $(x，y)$ 是时间的函数 $x=x(t)$、$y=y(t)$. 牛顿创立微积分的时候，用"流数"（Fluent）一词表示变量间的关系. 1673 年，莱布尼茨（Leibniz）第一次使用了"function"一词来表示随着曲线上一点的变动而变动的量，如曲线上一点的坐标、切线、法线的长度等，这可以看成是函数的几何起源. 17 世纪，数学家、物理学家们的函数思想还处于萌芽时期，他们一般用几何方法来研究函数，把函数看作曲线. 后来，许多数学家分别给出以"变量"为基础的函数概念. 从 18 世纪开始，数学家们的函数思想逐步脱离了几何的束缚，他们常常将函数看作解析表达式，从分析的角度来研究函数. 从 19 世纪 70 年代开始，德国数学家康托尔、美国数学家维布伦给出以"集合"为基础的函数概念. 直到 20 世纪初，特别是在六十年代以后，广泛采用只涉及"集合"这一概念的函数定义.

二、极限的思想

极限的思想是近代数学的一种重要思想，它揭示了变量与常量、无限与有限的对立统一关系，是唯物辩证法的对立统一规律在数学领域中的应用. 借助极限思想，人们可以从有限认识无限，从不变认识变，从直线形认识曲线形，从量变认识质变，从近似认识精确. 例如，在《庄子·天下篇》中有"一尺之棰，日取其半，万世不竭"之说，这就是说，一尺长的木棒，每日截取原来的一半，虽然随着天数的不断增多，所剩的木棒越来越短，但永远也截不完. 这个剩余木棒的长度是一个变量，它是天数的函数，在"天数不断增多"的变化过程中，它的变化趋势是"无限接近零". 显然，只有无穷运算才会产生极限问题，极限总是和某一个无限变化过程相联系的.

三、连续的思想

连续思想的产生来源于客观世界的许多现象和事物. 它们不仅是运动变化的而且其运动变化的过程往往是连绵不断的，比如日月行空、岁月流逝、植物生长、物种变化等，这些连绵不断发展变化的事物在量的方面的反映就是连续函数. 连续函数就是刻画变量连续变化的数学模型. 16、17 世纪微积分的酝酿和产生，直接开始于对物体的连续运动的研究. 像伽利略所研究的落体运动、开普勒所研究的绕日运转的行星所扫描的扇形面积、牛顿所研究的"流"等都是连续变化的量. 这个时期以及 18 世纪的数学家，虽然已经大张旗鼓地研究了连续变化的量，即连续函数，但仍停留在几何直观的层面上，即把能一笔画成的曲线所对应的函数叫作连续函数. 直到 19 世纪中叶，在柯西以及维尔斯特拉斯等数学家建立起来严格的极限理论之后，才对连续函数做出了严格的数学表述.

第2章　导数与微分

○ 知识学习目标

　　1. 理解导数的概念及其几何意义，会求在曲线上某一点的切线方程；

　　2. 熟练掌握基本初等函数的求导公式和导数的四则运算法则；

　　3. 熟练掌握复合函数求导法，了解隐函数求导法和对数求导法；

　　4. 了解微分及高阶导数的概念，掌握二阶导数的求法.

○ 能力培养目标

　　1. 会用导数与微分的概念和方法解释经济管理问题中的概念和原理；

　　2. 会用导数描述和解决一些简单的实际问题；

　　3. 会利用微分近似求解一些实际问题.

　　微积分包括微分学与积分学. 微分学的基本概念是导数与微分. 在解决实际问题时，除了需要了解变量之间的函数关系外，经常还要考察一个函数的因变量随自变量变化的快慢程度. 例如，物体运动的速度、城市人口增长率等. 导数概念就是从这类问题中抽象出来的. 而微分与导数密切相关，它指明了当自变量有微小改变时，函数大体上改变了多少.

　　本章主要讨论导数与微分的概念、导数与微分的相关运算，为后面的学习奠定基础.

2.1　导数的概念

2.1.1　引例

　　引例 2.1.1【变速直线运动的瞬时速度问题】　设有一辆汽车作变速直线运动，如何计算汽车在某一时刻的瞬时速度呢？

　　问题分析　以汽车运动的直线为数轴，则在汽车运动的过程中，对于每一时刻 t，汽车的相应位置可以用数轴上的一个坐标点 s 表示，即 s 与 t 之间存在函数关系 $s = s(t)$. 现在来考察汽车行驶到时刻 t_0 时的瞬时速度.

　　设在 t_0 时刻汽车的位置为 $s(t_0)$，从 t_0 到 $t_0 + \Delta t$ 时，汽车所经过的路程为

$$\Delta s = s(t_0 + \Delta t) - s(t_0).$$

　　汽车在 Δt 这段时间内的平均速度为

$$\bar{v} = \frac{s(t_0 + \Delta t) - s(t_0)}{\Delta t}.$$

当 $|\Delta t|$ 充分小时，汽车在 Δt 这段时间内的运动状态就越接近 t_0 时刻的运动状态，平均速度 $\bar{v}$ 也就越接近 t_0 时刻的瞬时速度.

因此，当 $\Delta t \to 0$ 时，如果极限 $\lim\limits_{\Delta t \to 0} \frac{\Delta s}{\Delta t}$ 存在，则称此极限值为汽车在时刻 t_0 时的瞬时速度 $v(t_0)$，即

$$v(t_0) = \lim_{\Delta t \to 0} \bar{v} = \lim_{\Delta t \to 0} \frac{s(t_0 - \Delta t) - s(t_0)}{\Delta t} = \lim_{\Delta t \to 0} \frac{\Delta s}{\Delta t}.$$

引例 2.1.2【切线斜率问题】 如何求曲线 $y = f(x)$ 上在点 $M(x_0, y_0)$ 处的切线斜率？

问题分析 要回答这个问题，需先定义曲线的切线.

设点 M 是曲线 $y = f(x)$ 上的一点（如图 2.1.1 所示），点 M_1 是曲线上与点 M 邻近的一点，作割线 MM_1. 当点 M_1 沿着曲线趋于点 M 时，割线 MM_1 绕着点 M 转动. 如果当点 M_1 无限趋于点 M 时，割线 MM_1 的极限位置是 MT，则称直线 MT 为曲线 $y = f(x)$ 在点 M 处的切线. 简言之，割线的极限位置就是切线.

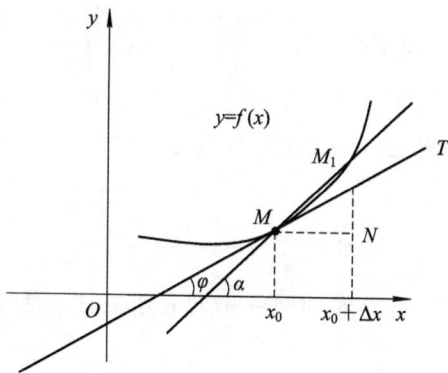

图 2.1.1

要求曲线 $y = f(x)$ 上点 $M(x_0, y_0)$ 处的切线斜率，首先考虑横坐标从 x_0 改变到 $x_0 + \Delta x$，这时纵坐标相应地从 y_0 改变到 $y_0 + \Delta y$，这样在曲线 $y = f(x)$ 上就得到了 M 的邻近点 $M_1(x_0 + \Delta x, y_0 + \Delta y)$. 设割线的倾斜角为 α，则割线 MM_1 的斜率为

$$k = \tan\alpha = \tan\angle M_1 MN = \frac{M_1 N}{MN} = \frac{f(x_0 + \Delta x) - f(x_0)}{\Delta x} = \frac{\Delta y}{\Delta x}.$$

用割线的斜率表示切线的斜率这是近似值. 显然，Δx 越小，即点 M_1 沿曲线越接近于点 M，这种近似程度就越高.

当点 $M_1(x_0 + \Delta x, y_0 + \Delta y)$ 沿曲线移动并无限趋向于点 $M(x_0, y_0)$，即 $\Delta x \to 0$ 时，割线 MM_1 达到其极限位置，成为切线 MT，因此割线 MM_1 的斜率的极限就是曲线 $y = f(x)$ 上点 $M(x_0, y_0)$ 处的切线斜率，即

$$k_{切} = \lim_{M_1 \to M} k_{割} = \lim_{\Delta x \to 0} \frac{\Delta y}{\Delta x} = \lim_{\Delta x \to 0} \frac{f(x_0 + \Delta x) - f(x_0)}{\Delta x}.$$

类似于上面的问题，在自然科学和经济学中还有很多. 尽管它们的具体含义不同，但抛开这些问题的具体意义，抽象出它们的数量共性，会发现其数学模型完全相同，均可归

结为函数的增量与自变量的增量之比当自变量的增量趋于零时的极限. 正是这种共性的抽象，引出了函数的导数概念.

2.1.2 导数的定义

1. 函数在某一点处的导数的定义

定义 2.1.1 设函数 $y=f(x)$ 在点 x_0 的某一邻域内有定义，当自变量 x 在点 x_0 处有增量 Δx(点 $x_0+\Delta x$ 仍在该邻域内)时，函数相应的增量为 $\Delta y=f(x_0+\Delta x)-f(x_0)$，如果极限

$$\lim_{\Delta x \to 0}\frac{\Delta y}{\Delta x}=\lim_{\Delta x \to 0}\frac{f(x_0+\Delta x)-f(x_0)}{\Delta x}$$

存在，则称函数 $y=f(x)$ 在点 x_0 处可导，并称此极限值为函数 $y=f(x)$ 在点 x_0 处的导数，记作

$$f'(x_0)=\lim_{\Delta x \to 0}\frac{\Delta y}{\Delta x}=\lim_{\Delta x \to 0}\frac{f(x_0+\Delta x)-f(x_0)}{\Delta x}, \tag{2.1.1}$$

也可记作

$$f'(x_0),\ y'\big|_{x=x_0},\quad \frac{\mathrm{d}y}{\mathrm{d}x}\Big|_{x=x_0}\text{或}\frac{\mathrm{d}f(x)}{\mathrm{d}x}\Big|_{x=x_0}.$$

如果上述极限不存在，则称函数 $f(x)$ 在点 x_0 处不可导.

如果令 $x=x_0+\Delta x$，则有 $\Delta x=x-x_0$，且当 $\Delta x \to 0$ 时，有 $x \to x_0$. 于是，函数 $f(x)$ 在点 x_0 处的导数又可以写成

$$f'(x)=\lim_{x \to x_0}\frac{f(x)-f(x_0)}{x-x_0}. \tag{2.1.2}$$

式(2.1.1)和式(2.1.2)是导数的两种不同表示方法，使用时可根据实际情况进行选择.

有了导数概念，前面两个引例可以重述为

(1) 变速直线运动在时刻 t_0 的瞬时速度 $v(t_0)$ 就是位置函数 $s(t)$ 在 t_0 时刻对时间 t 的导数，即

$$v(t_0)=\lim_{\Delta t \to 0}\frac{\Delta s}{\Delta t}=s'(t_0).$$

(2) 平面曲线的切线斜率 k 就是函数 $f(x)$ 在点 x_0 处的导数，即

$$k=\lim_{\Delta x \to 0}\frac{\Delta y}{\Delta x}=f'(x_0).$$

例题讲解

例 2.1.1 根据导数的定义求函数 $y=x^2$ 在点 $x=3$ 处的导数.

解 当自变量 x 在 $x=3$ 处产生增量 Δx 时，函数增量为

$$\Delta y=(3+\Delta x)^2-3^2=6\Delta x+(\Delta x)^2,$$

因此

$$\frac{\Delta y}{\Delta x}=6+\Delta x,$$

故

$$f'(3) = \lim_{\Delta x \to 0}(6 + \Delta x) = 6.$$

2. 导函数的定义

定义 2.1.2　如果函数 $f(x)$ 在区间 (a, b) 内的每一点都可导，则在区间 (a, b) 内都有一个确定的导数值 $f'(x)$ 与之相对应，且为 x 的函数，称为函数 $y = f(x)$ 的导函数. 在不易混淆的情况下也简称为导数，记作

$$f'(x),\ y',\ \frac{\mathrm{d}y}{\mathrm{d}x} \text{ 或 } \frac{\mathrm{d}f(x)}{\mathrm{d}x},$$

即

$$f'(x) = \lim_{\Delta x \to 0}\frac{\Delta y}{\Delta x} = \lim_{\Delta x \to 0}\frac{f(x + \Delta x) - f(x)}{\Delta x}. \tag{2.1.3}$$

由式 (2.1.1) 和式 (2.1.3) 可知，函数 $f(x)$ 在点 x_0 处的导数 $f'(x_0)$，正是导函数 $f'(x)$ 在点 x_0 处的函数值 $f'(x_0)$，即

$$f'(x_0) = f'(x)\big|_{x=x_0}.$$

注　利用导数的定义求导数 $f'(x)$ 的步骤：

① 求增量：$\Delta y = f(x + \Delta x) - f(x)$；

② 算比值：$\dfrac{\Delta y}{\Delta x} = \dfrac{f(x + \Delta x) - f(x)}{\Delta x}$；

③ 取极限：$y' = f'(x) = \lim\limits_{\Delta x \to 0}\dfrac{\Delta y}{\Delta x} = \lim\limits_{\Delta x \to 0}\dfrac{f(x + \Delta x) - f(x)}{\Delta x}$.

例题讲解

例 2.1.2　根据导数的定义推导常函数 $y = C$（C 是常数）的导数.

解　(1) 求增量：$\Delta y = 0$；

(2) 算比值：$\dfrac{\Delta y}{\Delta x} = 0$；

(3) 取极限：

$$y' = \lim_{\Delta x \to 0}\frac{\Delta y}{\Delta x} = \lim_{\Delta x \to 0}0 = 0,$$

即

$$(C)' = 0.$$

例 2.1.3　设 $f(x) = x^3$，根据导数的定义求 $f'(x)$.

解　根据导数的定义式 (2.1.3) 可知

$$\lim_{\Delta x \to 0}\frac{\Delta y}{\Delta x} = \lim_{\Delta x \to 0}\frac{(x + \Delta x)^3 - x^3}{\Delta x} = \lim_{\Delta x \to 0}\left[3x^2 + 3x\Delta x + (\Delta x)^2\right] = 3x^2,$$

所以

$$f'(x) = 3x^2.$$

一般地，$(x^\alpha)' = \alpha x^{\alpha-1}$（$\alpha$ 为任意实数）.

试一试　利用导数的定义求函数 $y = \sqrt{x}$ 的导数.

例 2.1.4　求指数函数 $y = \mathrm{e}^x$ 的导数.

解　因为

$$\Delta y = e^{x+\Delta x} - e^x,$$

$$\frac{\Delta y}{\Delta x} = \frac{e^{x+\Delta x} - e^x}{\Delta x} = \frac{e^x(e^{\Delta x} - 1)}{\Delta x},$$

所以

$$y' = \lim_{\Delta x \to 0} \frac{\Delta y}{\Delta x} = \lim_{\Delta x \to 0} \frac{e^{x+\Delta x} - e^x}{\Delta x} = \lim_{\Delta x \to 0} \frac{e^x(e^{\Delta x} - 1)}{\Delta x} = e^x,$$

即

$$(e^x)' = e^x.$$

例 2.1.5　求对数函数 $y = \log_a x (a>0,\ a \neq 1,\ x>0)$ 的导数.

解　将对数函数 $y = \log_a x$ 换为以 e 为底的自然对数, 即

$$y = \log_a x = \frac{\ln x}{\ln a},$$

因为

$$\Delta y = \frac{1}{\ln a}[\ln(x+\Delta x) - \ln x] = \frac{1}{\ln a}\ln\left(\frac{x+\Delta x}{x}\right) = \frac{1}{\ln a}\ln\left(1 + \frac{\Delta x}{x}\right),$$

$$\frac{\Delta y}{\Delta x} = \frac{1}{\ln a}\frac{1}{\Delta x}\ln\left(1 + \frac{\Delta x}{x}\right),$$

所以

$$\lim_{\Delta x \to 0} \frac{\Delta y}{\Delta x} = \lim_{\Delta x \to 0} \frac{1}{\ln a} \cdot \frac{1}{\Delta x}\ln\left(1 + \frac{\Delta x}{x}\right) = \frac{1}{\ln a}\lim_{\Delta x \to 0}\ln\left(1 + \frac{\Delta x}{x}\right)^{\frac{1}{\Delta x}}$$

$$= \frac{1}{\ln a}\lim_{\Delta x \to 0}\ln\left[\left(1 + \frac{\Delta x}{x}\right)^{\frac{x}{\Delta x}}\right]^{\frac{1}{x}} = \frac{1}{x\ln a},$$

即

$$(\log_a x)' = \frac{1}{x\ln a}.$$

特别地, 有

$$(\ln x)' = \frac{1}{x}.$$

类似地, 还可以推导出 $(\sin x)' = \cos x$, $(\cos x)' = -\sin x$.

3. 导数的几何意义

由导数的定义可知, 曲线 $f(x)$ 在点 $M_0(x_0,\ y_0)$ 处的切线斜率即为 $f(x)$ 在横坐标 $x = x_0$ 处的导数 $f'(x_0)$, 记作

$$k_{切} = f'(x_0),$$

这就是导数的几何意义.

利用直线的点斜式方程可以求出该曲线 $f(x)$ 在点 $M(x_0,\ y_0)$ 处的切线方程为

$$y - y_0 = f'(x_0)(x - x_0).$$

特别地, 如果 $f'(x_0) = 0$, 则切线平行于 x 轴, 其方程为 $y = f(x_0)$.

如果 $f'(x_0) = \infty$, 则切线垂直于 x 轴, 其方程为 $x = x_0$.

如果 $f'(x_0) \neq 0$, 则在点 $M(x_0,\ y_0)$ 处的法线方程为

$$y - y_0 = -\frac{1}{f'(x_0)}(x - x_0).$$

例题讲解

例 2.1.6　求曲线 $y = \cos x$ 在点 $x = \frac{\pi}{3}$ 处的切线方程和法线方程.

解　当 $x = \frac{\pi}{3}$ 时，$y = \cos\frac{\pi}{3} = \frac{1}{2}$，由于

$$y' = (\cos x)' = -\sin x,$$

根据导数的几何意义可知，所求切线方程的斜率为

$$k_{切} = y'\mid_{x=\frac{\pi}{3}} = -\sin\frac{\pi}{3} = -\frac{\sqrt{3}}{2},$$

因此所求切线方程为

$$y - \frac{1}{2} = -\frac{\sqrt{3}}{2}\left(x - \frac{\pi}{3}\right),$$

即

$$3x + 2\sqrt{3}\,y - \sqrt{3} - \pi = 0.$$

所求法线方程的斜率为

$$k_{法} = \frac{2\sqrt{3}}{3},$$

于是所求法线方程为

$$y - \frac{1}{2} = \frac{2\sqrt{3}}{3}\left(x - \frac{\pi}{3}\right),$$

即

$$12x - 6\sqrt{3}\,y + 3\sqrt{3} - 4\pi = 0.$$

2.1.3　可导与连续的关系

1. 左、右导数

如果当 x 仅从 x_0 的左侧趋于 x_0（记作 $\Delta x \to 0^-$ 或 $x \to x_0^-$）时，极限 $\lim\limits_{\Delta x \to 0^-}\frac{\Delta y}{\Delta x}$ 存在，则称之为函数 $f(x)$ 在点 x_0 处的左导数，记作 $f'_-(x_0)$，即

$$f'_-(x_0) = \lim_{\Delta x \to 0^-}\frac{\Delta y}{\Delta x} = \lim_{\Delta x \to 0^-}\frac{f(x_0 + \Delta x) - f(x_0)}{\Delta x} = \lim_{x \to x_0^-}\frac{f(x) - f(x_0)}{x - x_0}.$$

类似地，可定义函数 $f(x)$ 在点 x_0 处的右导数，记作 $f'_+(x_0)$，即

$$f'_+(x_0) = \lim_{\Delta x \to 0^+}\frac{\Delta y}{\Delta x} = \lim_{\Delta x \to 0^+}\frac{f(x_0 + \Delta x) - f(x_0)}{\Delta x} = \lim_{x \to x_0^+}\frac{f(x) - f(x_0)}{x - x_0}.$$

函数在一点处的左导数和右导数与函数在该点处的导数之间有如下关系.

2. 可导的充分必要条件

定理 2.1.1　函数 $y = f(x)$ 在点 x_0 处的左、右导数存在且相等是函数 $f(x)$ 在点 x_0 处

可导的充分必要条件，即
$$f'(x_0) = A \Leftrightarrow f'_-(x_0) = f'_+(x_0) = A$$

通常定理 2.1.1 可用来判断分段函数在分段点处的可导性.

例题讲解

例 2.1.7 讨论分段函数

$$f(x) = \begin{cases} x^2, & x < 1 \\ 2x-1, & x \geqslant 1 \end{cases}$$

在点 $x=1$ 处的连续性和可导性.

解 首先讨论连续性.

函数 $f(x)$ 在 $x=1$ 处有定义，且 $f(1)=1$. 又

$$\lim_{x \to 1^-} f(x) = \lim_{x \to 1^-} x^2 = 1, \ \lim_{x \to 1^+} f(x) = \lim_{x \to 1^+} (2x-1) = 1,$$

即

$$\lim_{x \to 1} f(x) = 1,$$

因为 $\lim\limits_{x \to 1} f(x) = f(1)$，所以 $f(x)$ 在点 $x=1$ 处连续.

其次讨论可导性.

依题意有

$$f'_-(1) = \lim_{x \to 1^-} \frac{f(x)-f(1)}{x-1} = \lim_{x \to 1^-} \frac{x^2-1}{x-1} = 2,$$

$$f'_+(1) = \lim_{x \to 1^+} \frac{f(x)-f(1)}{x-1} = \lim_{x \to 1^+} \frac{(2x-1)-1}{x-1} = \lim_{x \to 1^+} \frac{2(x-1)}{x-1} = 2,$$

因为 $f'_-(1) = f'_+(1) = 2$，所以函数 $f(x)$ 在 $x=1$ 处可导，且 $f'(1)=2$.

3. 可导与连续的关系

定理 2.1.2 如果函数 $y=f(x)$ 在点 x_0 处可导，那么它在点 x_0 处一定连续.

注 定理 2.1.2 的逆命题不一定成立，即如果函数 $y=f(x)$ 在点 x_0 处连续，那么它在该点处未必可导.

例题讲解

例 2.1.8 讨论绝对值函数 $f(x)=|x|$ 在点 $x=0$ 处的可导性.

解 因为 $f(x) = |x| = \begin{cases} x, & x>0 \\ 0, & x=0 \\ -x, & x<0 \end{cases}$ 的图像如图 2.1.2 所

示，所以

$$f'_-(0) = \lim_{x \to 0^-} \frac{f(x)-f(0)}{x-0} = \lim_{x \to 0^-} \frac{-x}{x} = -1,$$

$$f'_+(0) = \lim_{x \to 0^+} \frac{f(x)-f(0)}{x-0} = \lim_{x \to 0^+} \frac{x}{x} = 1.$$

图 2.1.2

又因为 $f'_-(0) \neq f'_+(0)$，所以函数 $f(x)$ 在点 $x=0$ 处不可导.

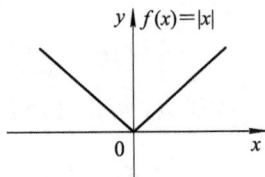

注　一般地，曲线 $y=f(x)$ 的图像上出现尖点的地方，导数都是不存在的. 因此，如果函数在一个区间内可导，则其图像是一条连续的光滑曲线.

思考题　连续是可导的必要条件还是充分条件？

【习题 2.1】

1. 选择题：

（1）下列结论正确的是（　　　）.

A. $f'(x)=f'(x_0)$

B. $f'(x_0)=[f(x_0)]'$

C. 若导数 $f'(x_0)$ 不存在，则函数 $f(x)$ 在点 x_0 处无切线

D. 若导数 $f'(x_0)=0$，则函数 $f(x)$ 在点 x_0 处的切线平行于 x 轴

（2）若函数 $f(x)$ 在点 x_0 处不连续，则（　　　）.

A. $\lim\limits_{x \to x_0} f(x)$ 必存在　　　　　　　B. $\lim\limits_{x \to x_0} f(x)$ 必不存在

C. $f'(x_0)$ 必存在　　　　　　　　　　D. $f'(x_0)$ 必不存在

（3）函数 $y=|x-1|$ 在点 $x=1$ 处（　　　）.

A. 无极限　　　　　　　　　　　　　B. 不连续

C. 可导　　　　　　　　　　　　　　D. 不可导

（4）若函数 $f(0)=0$，且极限 $\lim\limits_{x \to 0} \dfrac{f(x)}{x}$ 存在，则 $\lim\limits_{x \to 0} \dfrac{f(x)}{2x}=$（　　　）.

A. $f'(x)$　　　　　　　　　　　　　B. $f'(0)$

C. $\dfrac{1}{2} f'(0)$　　　　　　　　　　　D. $2f'(0)$

（5）若函数 $f(x)$ 在点 x_0 处可导，则以下极限中（　　　）等于 $f'(x_0)$.

A. $\lim\limits_{\Delta x \to 0} \dfrac{f(x_0)-f(x_0-\Delta x)}{\Delta x}$　　　　B. $\lim\limits_{\Delta x \to 0} \dfrac{f(x_0)-f(x_0+\Delta x)}{\Delta x}$

C. $\lim\limits_{\Delta x \to 0} \dfrac{f(x_0+\Delta x)-f(x_0-\Delta x)}{\Delta x}$　　　D. $\lim\limits_{\Delta x \to 0} \dfrac{f(x_0+\Delta x)-f(x_0-2\Delta x)}{\Delta x}$

2. 根据导数定义，求函数 $y=\dfrac{1}{x}$ 的导数.

3. 试求过点 $(3,8)$ 且与曲线 $y=x^2-1$ 相切的直线方程.

4. 求下列函数在指定点处的切线方程与法线方程：

习题 2.1 参考答案

（1）$y=\dfrac{1}{x}$，$(1,1)$；

（2）$y=x^{\frac{1}{3}}$，$(8,2)$；

（3）$y=\sin x$，$\left(\dfrac{\pi}{6}, \dfrac{1}{2}\right)$；

（4）$y=\mathrm{e}^x$，$(0,1)$.

5. 讨论函数 $f(x)=\begin{cases} x^2+1, & 0 \leqslant x < 1 \\ 3x-1, & x \geqslant 1 \end{cases}$ 在点 $x=1$ 处的连续性及可导性.

2.2 函数的求导法则

导数的定义阐明了导数的实质,也给出了导数的计算方法.但对于比较复杂的函数,如果用定义去求它们的导数往往十分繁杂和困难,有时甚至是不可能的.下面介绍的一些求导数的基本法则,能够帮助我们比较方便地求出常见初等函数的导数.

2.2.1 基本初等函数的导数公式

由于基本初等函数的导数是进行导数运算的基础,因此以下基本初等函数的导数公式务必熟记于心,才能够熟练应用于计算中.

(1) $(C)' = 0 (C$ 为常数$)$.

(2) $(x^\alpha)' = \alpha x^{\alpha-1} (\alpha$ 为任意实数$)$. 特别地, $(x)' = 1$, $(\sqrt{x})' = \dfrac{1}{2\sqrt{x}}$, $\left(\dfrac{1}{x}\right)' = -\dfrac{1}{x^2}$.

(3) $(a^x)' = a^x \ln a (a>0, a \neq 1)$.

(4) $(e^x)' = e^x$.

(5) $(\log_a x)' = \dfrac{1}{x \ln a} (a>0, a \neq 1)$.

(6) $(\ln x)' = \dfrac{1}{x}$.

(7) $(\sin x)' = \cos x$.

(8) $(\cos x)' = -\sin x$.

(9) $(\tan x)' = \sec^2 x = \dfrac{1}{\cos^2 x}$.

(10) $(\cot x)' = -\csc^2 x = -\dfrac{1}{\sin^2 x}$.

(11) $(\sec x)' = \sec x \tan x$.

(12) $(\csc x)' = -\csc x \cot x$.

(13) $(\arcsin x)' = \dfrac{1}{\sqrt{1-x^2}} (-1<x<1)$.

(14) $(\arccos x)' = -\dfrac{1}{\sqrt{1-x^2}} (-1<x<1)$.

(15) $(\arctan x)' = \dfrac{1}{1+x^2}$.

(16) $(\text{arccot} x)' = -\dfrac{1}{1+x^2}$.

2.2.2 函数的四则运算法则

定理 2.2.1 设函数 $u = u(x)$, $v = v(x)$ 在点 x 处都可导,则函数 $u(x) \pm v(x)$, $u(x)v(x)$, $\dfrac{u(x)}{v(x)} (v(x) \neq 0)$ 在点 x 处也可导,并且满足以下运算法则:

(1) $(u \pm v)' = u' \pm v'$.

推广：设函数 $u_1 = u_1(x)$，$u_2 = u_2(x)$，$\cdots$，$u_n = u_n(x)$ 均可导，则 $(u_1 \pm u_2 \pm \cdots \pm u_n)' = u_1' \pm u_2' \pm \cdots \pm u_n'$.

（2）$(uv)' = u'v + uv'$.

特别地，$(Cu)' = Cu'$（C 为常数）.

推广：设函数 $u_1 = u_1(x)$，$u_2 = u_2(x)$，$\cdots$，$u_n = u_n(x)$ 均可导，则 $(u_1 u_2 \cdots u_n)' = u_1' u_2 \cdots u_n + u_1 u_2' \cdots u_n + \cdots + u_1 u_2 \cdots u_n'$.

（3）$\left(\dfrac{u}{v}\right)' = \dfrac{u'v - uv'}{v^2}$ $(v \neq 0)$.

特别地，$\left(\dfrac{1}{v}\right)' = -\dfrac{v'}{v^2}$.

例题讲解

例 2.2.1 求下列函数的导数：

（1）$y = \sqrt[3]{x}$；　　　　　　　　　（2）$y = x\sqrt{x}$.

解 根据 $(x^a)' = a x^{a-1}$，可得

（1）$y' = (\sqrt[3]{x})' = (x^{\frac{1}{3}})' = \dfrac{1}{3} x^{\frac{1}{3}-1} = \dfrac{1}{3} x^{-\frac{2}{3}} = \dfrac{1}{3 \cdot \sqrt[3]{x^2}}$.

（2）$y' = (x\sqrt{x})' = (x^{\frac{3}{2}})' = \dfrac{3}{2} x^{\frac{3}{2}-1} = \dfrac{3}{2} x^{\frac{1}{2}} = \dfrac{3}{2}\sqrt{x}$.

例 2.2.2 求函数 $y = 2^x + \sqrt{2x} + \ln x - \sin \dfrac{\pi}{6}$ 的导数.

解
$$
\begin{aligned}
y' &= \left(2^x + \sqrt{2x} + \ln x - \sin \frac{\pi}{6}\right)' \\
&= (2^x)' + (\sqrt{2x})' + (\ln x)' - \left(\sin \frac{\pi}{6}\right)' \\
&= (2^x)' + \sqrt{2}(\sqrt{x})' + (\ln x)' - \left(\sin \frac{\pi}{6}\right)' \\
&= 2^x \ln 2 + \frac{\sqrt{2}}{2\sqrt{x}} + \frac{1}{x} - 0 \\
&= 2^x \ln 2 + \frac{\sqrt{2}}{2\sqrt{x}} + \frac{1}{x}.
\end{aligned}
$$

例 2.2.3 求函数 $y = x^2 \sin x$ 的导数.

解 $\quad y' = (x^2)' \sin x + x^2 (\sin x)' = 2x \sin x + x^2 \cos x$.

例 2.2.4 证明：$(\tan x)' = \sec^2 x$.

证明
$$
\begin{aligned}
y' &= (\tan x)' = \left(\frac{\sin x}{\cos x}\right)' = \frac{(\sin x)' \cos x - \sin x (\cos x)'}{\cos^2 x} \\
&= \frac{\cos^2 x + \sin^2 x}{\cos^2 x} = \frac{1}{\cos^2 x} = \sec^2 x,
\end{aligned}
$$

即

$$
(\tan x)' = \frac{1}{\cos^2 x} = \sec^2 x.
$$

类似地，可以证明

$$(\cot x)' = \left(\frac{\cos x}{\sin x}\right)' = -\frac{1}{\sin^2 x} = -\csc^2 x,$$

$$(\sec x)' = \left(\frac{1}{\cos x}\right)' = \sec x \cdot \tan x,$$

$$(\csc x)' = \left(\frac{1}{\sin x}\right)' = -\csc x \cdot \cot x.$$

例 2.2.5 已知函数 $y = \frac{\ln x}{x+3}$，求 $y'|_{x=1}$.

解 因为

$$y' = \left(\frac{\ln x}{x+3}\right)' = \frac{(\ln x)'(x+3) - \ln x (x+3)'}{(x+3)^2}$$

$$= \frac{\frac{1}{x}(x+3) - \ln x}{(x+3)^2},$$

所以

$$y'|_{x=1} = \frac{1 \times (1+3) - \ln 1}{(1+3)^2} = \frac{1}{4}.$$

2.2.3 反函数的求导法则

根据反函数的定义，若函数 $y = f(x)$ 为单调连续函数，则它的反函数为 $y = f^{-1}(x)$. 下面我们给出反函数的求导法则.

定理 2.2.2 若函数 $x = f(y)$ 在某区间 I_y 内单调、可导，且 $f'(y) \neq 0$，则它的反函数 $y = f^{-1}(x)$ 在对应区间 $I_x = \{x \mid x = f(y), y \in I_y\}$ 内也可导，并且

$$[f^{-1}(x)]' = \frac{1}{f'(y)}.$$

注 定理 2.2.2 可简单地说成：反函数的导数等于直接函数导数的倒数.

例题讲解

例 2.2.6 求函数 $y = \arcsin x$ 的导数.

解 因为 $x = \sin y$ 在 $\left(-\frac{\pi}{2}, \frac{\pi}{2}\right)$ 内单调、可导，且 $(\sin y)'_y = \cos y > 0$，所以在对应区间 $(-1, 1)$ 内，其反函数 $y = \arcsin x$ 也可导，则

$$y' = (\arcsin x)' = \frac{1}{(\sin y)'_y} = \frac{1}{\cos y} = \frac{1}{\sqrt{1 - \sin^2 y}} = \frac{1}{\sqrt{1 - x^2}}.$$

同理可得

$$(\arccos x)' = -\frac{1}{\sqrt{1 - x^2}},$$

$$(\arctan x)' = \frac{1}{1 + x^2},$$

$$(\text{arccot} x)' = -\frac{1}{1 + x^2}.$$

2.2.4　复合函数的求导法则

利用基本初等函数的求导公式和四则运算的求导法则,我们可以解决一些比较复杂的初等函数的导数.但是,初等函数的构成除了四则运算外,还有复合运算.因此,下面介绍的复合函数求导法则是解决初等函数求导时不可或缺的工具.

定理 2.2.3　设函数 $y=f[\varphi(x)]$ 是由函数 $y=f(u)$ 及 $u=\varphi(x)$ 复合而成,如果函数 $u=\varphi(x)$ 在点 x 处可导,而 $y=f(u)$ 在相应点 $u=\varphi(x)$ 处也可导,那么复合函数 $y=f[\varphi(x)]$ 在点 x 处可导,且其导数为

$$[f(\varphi(x))]' = f'[\varphi(x)]\varphi'(x),$$

简写为

$$y'_x = y'_u u'_x \quad 或 \quad \frac{\mathrm{d}y}{\mathrm{d}x} = \frac{\mathrm{d}y}{\mathrm{d}u} \cdot \frac{\mathrm{d}u}{\mathrm{d}x},$$

其中 y'_x 表示复合函数 y 对自变量 x 的导数, y'_u 表示外层函数 y 对中间变量 u 的导数, u'_x 表示中间变量 u 对自变量 x 的导数.

📖 例题讲解

例 2.2.7　求函数 $y=\ln\sin x$ 的导数.

解　设 $y=\ln u$, $u=\sin x$,则

$$y'_x = y'_u u'_x = \frac{1}{u} \cdot \cos x = \frac{\cos x}{\sin x} = \cot x.$$

例 2.2.8　求函数 $y=(2x+1)^{30}$ 的导数.

解　设 $y=u^{30}$, $u=2x+1$,则

$$y'_x = y'_u u'_x = 30u^{29} \cdot 2 = 60u^{29} = 60(2x+1)^{29}.$$

在计算复合函数的导数时,关键是要分清楚复合函数的复合结构层,并由外向内逐层求导.熟练了之后,计算时就不必将中间变量写出来.

例 2.2.9　求函数 $y=\dfrac{1}{\sqrt[3]{1-x^2}}$ 的导数.

解　因为 $y=\dfrac{1}{\sqrt[3]{1-x^2}}=(1-x^2)^{-\frac{1}{3}}$,所以

$$y' = -\frac{1}{3}(1-x^2)^{-\frac{4}{3}}(1-x^2)' = -\frac{1}{3}(1-x^2)^{-\frac{4}{3}}(-2x) = \frac{2}{3}x(1-x^2)^{-\frac{4}{3}}.$$

复合函数的求导法则还可以推广到多个中间变量的情形.以两个中间变量为例,设函数 $y=f(u)$, $u=\varphi(v)$, $v=\psi(x)$,则复合函数 $y=f\{\varphi[\psi(x)]\}$ 的导数为

$$\frac{\mathrm{d}y}{\mathrm{d}x} = \frac{\mathrm{d}y}{\mathrm{d}u} \cdot \frac{\mathrm{d}u}{\mathrm{d}v} \cdot \frac{\mathrm{d}v}{\mathrm{d}x}.$$

例 2.2.10　函数 $y=\sin^2\dfrac{1}{x}$,求 $\dfrac{\mathrm{d}y}{\mathrm{d}x}$.

解

$$\frac{\mathrm{d}y}{\mathrm{d}x} = \left(\sin^2\frac{1}{x}\right)' = 2\sin\frac{1}{x} \cdot \left(\sin\frac{1}{x}\right)' = 2\sin\frac{1}{x} \cdot \cos\frac{1}{x} \cdot \left(\frac{1}{x}\right)'$$

$$= 2\sin\frac{1}{x} \cdot \cos\frac{1}{x} \cdot \left(-\frac{1}{x^2}\right) = -\frac{1}{x^2}\sin\frac{2}{x}.$$

例 2.2.11 已知函数 $f(u)$ 可导，求函数 $y=f(\tan x)$ 的导数.

解 $y'=[f(\tan x)]'=f'(\tan x)\cdot(\tan x)'=f'(\tan x)\sec^2 x.$

注 求此类含抽象函数的导数时，应特别注意区分导数记号表示的真实含义. 例 2.2.11 中，$f'(\tan x)$ 表示对 $\tan x$ 求导，而 $[f(\tan x)]'$ 则表示对 x 求导.

【习题 2.2】

1. 选择题：

(1) 下列式子中正确的是（　　）.

A. $(3^x)'=x\cdot 3^{x-1}$

B. $(x\sin x)'=x'(\sin x)'=\cos x$

C. $(\log_3 x)'=\dfrac{1}{x}\ln 3$

D. $(\log_3 x)'=\dfrac{1}{x\ln 3}$

(2) 下列函数在点 $x=0$ 处不可导的是（　　）.

A. $y=x^2$

B. $y=2^x$

C. $y=\cos x$

D. $y=\sqrt{x}$

(3) 已知函数 $f'(x)=\dfrac{1}{2}\sin 2x$，则 $f(x)\neq$（　　）.

A. $\dfrac{1}{2}\sin^2 x$

B. $-\dfrac{1}{4}\cos 2x$

C. $\dfrac{1}{2}\cos^2 x$

D. $1-\dfrac{1}{4}\cos 2x$

2. 填空题：

(1) $(x^e)'=$ _____.

(2) $\left(\dfrac{1}{x}\right)'=$ _____.

(3) $(\ln 3x)'=$ _____.

(4) 设函数 $y=\dfrac{1-x}{1+x}$，则 $y'=$ _____.

(5) 设函数 $f(x)=e^x+e^{-x}$，则 $f'(0)=$ _____.

(6) 设函数 $f(x)=x^3\ln x$，则 $f'(e)=$ _____.

3. 求下列函数的导数：

(1) $y=\sqrt[3]{x^2}$；

(2) $y=\dfrac{1}{\sqrt[4]{x}}$；

(3) $y=\dfrac{x\cdot\sqrt[3]{x}}{\sqrt{x}}$；

(4) $y=\sqrt{x\sqrt{x\sqrt{x}}}$.

4. 求下列函数的导数：

(1) $y=\dfrac{1}{1+2x}$；

(2) $y=\ln\ln x$；

(3) $y=\sqrt{1-x^2}$；

(4) $y=\cos^3 x$；

(5) $y=2^{\sec x}$；

(6) $y=3e^{3x^2-x+1}$；

(7) $y=\sin x^2$；

(8) $y=(3x^2+1)^2$；

(9) $y=\sqrt{1+e^x}$；

(10) $y=(1+\sin x)^3$；

(11) $y=e^{\sin 2x}$；

(12) $y=\ln\ln(x^2+1)$；

(13) $y=\sqrt{\sin 2x}$；

(14) $y=e^{\sqrt{2x+1}}$；

(15) $y=(1+e^{2x})^2$；

(16) $y=(\cos e^x)^2$；

(17) $y=\ln^2(x^2+1)$；

(18) $y=\ln^2(\sin x+1)$．

5. 求下列函数的导数：

(1) $y=\arctan\dfrac{1}{x}$；

(2) $y=\sin^2 x+\cos x^2$；

(3) $y=\sqrt{\ln x}-\ln\sqrt{x}$；

(4) $y=e^x\sin 5x$；

(5) $y=e^{x^2}+e^{-2x}$；

(6) $y=x\operatorname{arccot}\dfrac{x}{6}$．

习题 2.2 参考答案

2.3　隐函数求导法和对数求导法

2.3.1　隐函数求导法

1. 隐函数的定义

前面我们所碰到的函数，例如 $y=\ln(1+\sqrt{1-x^2})$，$y=\cos x$，$y=e^{\sin x}$ 等都可以表示为形如 $y=f(x)$ 的形式．这类表达式清晰地反映了变量 y 与 x 之间的关系，这种函数称为**显函数**．但是，在实际问题中，我们有时也会遇到变量 y 与 x 的函数关系隐藏在方程中的情形，例如方程 $x+y^3-1=0$，$e^y+xy-e=0$ 等，这里的 y 没有解出来或根本解不出来．像这种由方程 $F(x,y)=0$ 所确定的函数，称为隐函数．把一个隐函数化成显函数，叫作隐函数的显化．

当一个隐函数的显化比较困难或不能显化时，如何求它的导数呢？

2. 隐函数求导法

为了求隐函数的导数，只须将方程 $F(x,y)=0$ 视为关于 x 的恒等式，即 $F(x,y)=F(x,f(x))\equiv 0$，两边同时对 x 求导，视 y 为中间变量，得到一个关于 y' 的一次方程，然后解方程，求出 y'，就得到隐函数的导数．

注　求导过程中，遇到 y 时，视 y 为 x 的函数；遇到 y 的函数时，视其为 x 的复合函数，y 为中间变量．

下面举例说明这种方法．

例题讲解

例 2.3.1　求方程 $x^2+y^2=1$ 所确定的隐函数的导数．

解　方程两边对 x 求导，得

$$(x^2)'_x+(y^2)'_x=1'_x,$$

即

$$2x+2y\cdot y'=0,$$

解出 y'，得

$$y' = -\frac{x}{y}.$$

注 用隐函数求导法得到的 y' 中既含有自变量 x，也含有因变量 y.

例 2.3.2 由方程 $y = 3 + xe^y$ 所确定的 y 是 x 的函数，求 $y'|_{x=0}$.

解 方程两边对 x 求导，得

$$
\begin{aligned}
y' &= (3)' + (x)'e^y + x(e^y)' \\
&= e^y + xe^y y',
\end{aligned}
$$

把 $x=0$ 代入原方程，得 $y=3$. 再将 $x=0$，$y=3$ 代入上式，得

$$y'|_{x=0} = y'|_{\substack{x=0 \\ y=3}} = e^3.$$

2.3.2 对数求导法

引例 2.3.1【对数求导法的函数结构特征】 函数 $y = \dfrac{(x+1)\sqrt[3]{x-1}}{(x+4)^2 e^x}$ 和 $y = x^{\sin x}$ 的构成有何特点？如何求导？

问题分析 从结构上看：这两个函数或者是多个函数的积、商、乘方和开方构成；或者是形如 $y = u(x)^{v(x)}$ 的函数，称为幂指函数.

幂指函数的导数，不能直接利用公式及导数的运算法则求出导数. 而多个函数的积、商、乘方和开方构成的函数，直接求导则很烦琐.

对于这两类函数的求导，可以先在函数两边取以 e 为底的对数，然后按隐函数求导法，在等式两边同时对自变量 x 求导，最后解出所求导数 y'，这种方法称为对数求导法.

例题讲解

例 2.3.3 求函数 $y = x^x$ 的导数.

解 将 $y = x^x$ 两边取以 e 为底的对数，得

$$\ln y = x\ln x,$$

两边对 x 求导，得

$$\frac{1}{y} \cdot y' = \ln x + x \cdot \frac{1}{x},$$

即

$$y' = y(\ln x + 1) = x^x(\ln x + 1).$$

例 2.3.4 求函数 $y = \sqrt{\dfrac{(x-1)(x-2)}{x-3}}$ 的导数.

解 对原式两边取对数，得

$$\ln y = \frac{1}{2}\left[\ln(x-1) + \ln(x-2) - \ln(x-3)\right],$$

两边对 x 求导，得

$$\frac{1}{y}y' = \frac{1}{2}\left(\frac{1}{x-1} + \frac{1}{x-2} - \frac{1}{x-3}\right),$$

即

$$y' = \frac{1}{2} \sqrt{\frac{(x-1)(x-2)}{x-3}} \left(\frac{1}{x-1} + \frac{1}{x-2} - \frac{1}{x-3} \right).$$

【习题 2.3】

1. 下列各方程中 y 是 x 的函数，求 y'：

(1) $x\mathrm{e}^y + \cos y = 2$；

(2) $\dfrac{x^2}{a^2} + \dfrac{y^2}{b^2} = 1$；

(3) $y^2 - 2xy + 9 = 0$；

(4) $x^3 + y^3 - 3xy = 0$.

习题 2.3 参考答案

2. 利用对数求导法求下列函数的导数：

(1) $y = x^\alpha$（α 是任意实数）；

(2) $y = \dfrac{\sqrt{(x-3)^5}}{(x+3)(x^2-1)}$；

(3) $y = (\ln x)^x$；

(4) $x^y = y^x$.

3. 验证函数 $y = \mathrm{e}^x \sin x$ 满足 $y'' - 2y' + 2y = 0$.

2.4　高阶导数

定义 2.4.1　若函数 $y = f(x)$ 的一阶导数 $f'(x)$ 对 x 仍可导，则把一阶导数 $f'(x)$ 的导数 $[f'(x)]'$ 称为函数 $y = f(x)$ 的二阶导数，记作

$$y'', \quad f''(x), \quad \frac{\mathrm{d}^2 y}{\mathrm{d}x^2} \quad 或 \quad \frac{\mathrm{d}^2 f(x)}{\mathrm{d}x^2}.$$

类似地，二阶导数 y'' 的导数称为函数 $y = f(x)$ 的三阶导数，记作

$$y''', \quad f'''(x), \quad \frac{\mathrm{d}^3 y}{\mathrm{d}x^3} \quad 或 \frac{\mathrm{d}^3 f(x)}{\mathrm{d}x^3}.$$

一般地，函数 $y = f(x)$ 的 $(n-1)$ 阶导数的导数称为函数 $y = f(x)$ 的 n 阶导数，记作

$$y^{(n)}, \quad f^{(n)}(x), \quad \frac{\mathrm{d}^n y}{\mathrm{d}x^n} \quad 或 \quad \frac{\mathrm{d}^n f(x)}{\mathrm{d}x^n},$$

即

$$y^{(n)} = \left[y^{(n-1)} \right]'.$$

注　① 二阶和二阶以上的导数统称为高阶导数.

② 与一、二及三阶导函数的记号不同，四阶及四阶以上的导函数记号是在上标位置用圆括号内加阶数来表示.

③ 由高阶导数的概念可知，求一个函数的高阶导数就是反复逐次地对函数 $y = f(x)$ 求导，即反复求导法.

④ 函数 $f(x)$ 的 n 阶导数在 $x = x_0$ 处的导数值，记作

$$y^{(n)} \big|_{x=x_0}, \quad f^{(n)}(x_0), \quad \frac{\mathrm{d}^n y}{\mathrm{d}x^n} \big|_{x=x_0} 或 \frac{\mathrm{d}^n f(x_0)}{\mathrm{d}x^n}.$$

例题讲解

例 2.4.1　已知函数 $y = x\sin x$，求 y''.

解
$$y' = (x\sin x)' = (x)'\sin x + x(\sin x)' = \sin x + x\cos x,$$

$$y'' = (y')' = (\sin x + x\cos x)' = (\sin x)' + (x\cos x)'$$
$$= \cos x + \cos x - x\sin x = 2\cos x - x\sin x.$$

例 2.4.2 求函数 $y = \ln(x+1)$ 的 n 阶导数.

解
$$y' = [\ln(x+1)]' = \frac{1}{x+1},$$

$$y'' = (y')' = \left(\frac{1}{x+1}\right)' = -\frac{1}{(x+1)^2},$$

$$y''' = (y'')' = \left[-\frac{1}{(x+1)^2}\right]' = \frac{1 \times 2}{(x+1)^3} = \frac{2}{(x+1)^3},$$

$$y^{(4)} = (y''')' = \left[\frac{2}{(x+1)^3}\right]' = -\frac{1 \times 2 \times 3}{(x+1)^4} = -\frac{6}{(x+1)^4},$$

$$\vdots$$

所以
$$y^{(n)} = (-1)^{n-1} \frac{(n-1)!}{(1+x)^n}.$$

【习题 2.4】

1. 求下列函数的二阶导数:

(1) $y = \tan x + 2x$; 　　　　　　(2) $y = \sin^2 \ln x$;

(3) $y = 4x^2 + \ln x$; 　　　　　　(4) $y = \cos(x^2 + 1)$.

2. 求下列函数的 n 阶导数:

习题 2.4 参考答案

(1) $y = x e^x$; 　　　　　　　　(2) $y = e^{2x}$.

2.5　函数的微分

引例 2.5.1【面积改变量的近似估算】 一块正方形金属薄片受温度变化的影响,其边长由 x 变到 $x + \Delta x$(如图 2.5.1 所示),问此薄片的面积改变了多少?

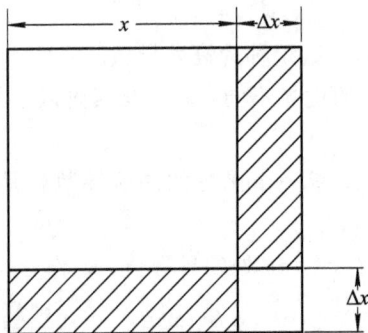

图 2.5.1

问题分析 要求薄片面积改变量的近似值,可以先试着求其精确值,再分析如何快捷求其近似值.

设此薄片面积用 S 表示,显然,金属薄片的原面积为 $S = x^2$. 当边长由 x 变到 $x + \Delta x$

时，面积 S 的增量为

$$\Delta S = (x + \Delta x)^2 - x^2 = 2x\Delta x + (\Delta x)^2,$$

从上式可以看出，ΔS 由两部分组成：第一部分是 $2x\Delta x = S'(x)\Delta x$；第二部分是 $(\Delta x)^2$. 可见，第二部分比第一部分小得多，因此当 $|\Delta x|$ 很小时，薄片面积的改变量 ΔS 可近似地用第一部分代替，即

$$\Delta S \approx S'(x)\Delta x.$$

上式所表示的简单关系可以拓展到一般可导函数近似值的计算问题.

已知函数 $y = f(x)$ 在点 x 有增量 Δx，欲求其相应 y 的增量 Δy. 若 $f'(x)$ 存在，则

$$\Delta y \approx f'(x)\Delta x \quad (\Delta x \to 0),$$

从而引入微分学中的又一基本概念，即微分.

2.5.1　微分的定义

定义 2.5.1　如果函数 $y = f(x)$ 在点 x_0 处的导数 $f'(x_0)$ 存在，则称 $f'(x_0)\Delta x$ 为函数在点 x_0 处的微分，记作 $\mathrm{d}y$，即

$$\mathrm{d}y = f'(x_0)\Delta x.$$

通常把自变量的增量 Δx 称为自变量的微分，记作 $\mathrm{d}x$. 因此函数 $y = f(x)$ 在点 x_0 处的微分一般记为

$$\mathrm{d}y = f'(x_0)\mathrm{d}x.$$

注　① 对于可导函数 $y = f(x)$，当 $|\Delta x|$ 很小时，微分是计算函数增量 Δy 的近似值的简便方法.

② 用 $\mathrm{d}y$ 近似代替 Δy 须满足两个条件：

· $\mathrm{d}y$ 是 Δx 的线性函数，这保证了计算的简便性；

· $\mathrm{d}y$ 与 Δy 相差很小，这保证了近似程度好.

如果函数 $y = f(x)$ 在区间 (a, b) 内任意一点 x 处的微分都存在，则称该函数在区间 (a, b) 内可微，记作

$$\mathrm{d}y = f'(x)\mathrm{d}x,$$

对上式变形，有 $f'(x) = \dfrac{\mathrm{d}y}{\mathrm{d}x}$. 也就是说，函数 $y = f(x)$ 的导数 $f'(x)$ 等于函数的微分 $\mathrm{d}y$ 与自变量的微分 $\mathrm{d}x$ 之商. 因此导数也称为微商.

例题讲解

例 2.5.1　函数 $y = x^2$ 在 $x_0 = 1$，$\Delta x = 0.01$ 时的增量和微分.

解　函数在 $x_0 = 1$ 处的增量为

$$\Delta y = (x_0 + \Delta x)^2 - x_0^2 = (1 + 0.01)^2 - 1^2 = 0.0201.$$

因为

$$y' = (x^2)' = 2x,$$

所以函数在任意点 x 的微分为

$$\mathrm{d}y = f'(x_0)\Delta x = 2x_0\Delta x,$$

再求函数当 $x_0 = 1$，$\Delta x = 0.01$ 时微分

$$\mathrm{d}y\Big|_{\substack{x_0=1\\ \Delta x=0.01}} = 2 \times 1 \times 0.01 = 0.02.$$

要学会利用函数的微分进行近似计算，前提是我们必须熟悉函数微分的计算方法，根据上述微分定义，函数 $y = f(x)$ 的微分 $\mathrm{d}y$ 可用以下两种方法来计算．

第一种方法：可先求函数的导数 $y' = f'(x)$，然后再表示为 $\mathrm{d}y = f'(x)\mathrm{d}x$．

第二种方法：直接计算 $\mathrm{d}y = \mathrm{d}[f(x)] = f'(x)\mathrm{d}x$．

例 2.5.2 设函数 $y = 3^x - \ln x + \ln 3$，求 $\mathrm{d}y$．

解 方法一：先求出导数为

$$y' = 3^x \ln 3 - \frac{1}{x},$$

于是，该函数的微分为

$$\mathrm{d}y = \left(3^x \ln 3 - \frac{1}{x}\right)\mathrm{d}x.$$

方法二：

$$\mathrm{d}y = \mathrm{d}(3^x - \ln x + \ln 3) = (3^x - \ln x + \ln 3)'\mathrm{d}x = \left(3^x \ln 3 - \frac{1}{x}\right)\mathrm{d}x.$$

2.5.2 微分的几何意义

在直角坐标系中，函数 $y = f(x)$ 的图形是一条曲线，对于某一固定的 x_0 值，曲线上有一个确定点 $M(x_0, y_0)$，当自变量 x 有微小增量 Δx 时，就得到曲线上另一点 $M_1(x_0 + \Delta x, y_0 + \Delta y)$（如图 2.5.2 所示），于是

$$MN = \Delta x, \quad M_1 N = \Delta y.$$

过点 M 作曲线 MT，它的倾斜角为 α，则

$$PN = \tan\alpha \cdot MN = \Delta x f'(x_0),$$

即

$$\mathrm{d}y = PN.$$

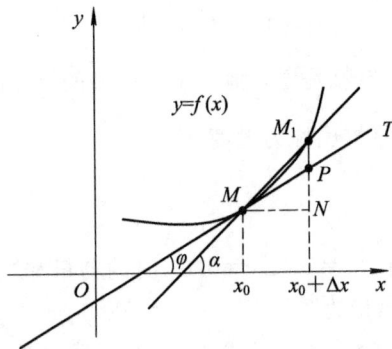

图 2.5.2

因此，在几何上，$\mathrm{d}y$ 表示曲线 $y = f(x)$ 上点 $M(x_0, f(x_0))$ 处的切线 MT 的纵坐标对应于 Δx 的增量 Δy．根据微分的几何意义，曲线段 MM_1 由直线 MP 来近似表示，这就是微积分中的"以直代曲"的思想．

2.5.3 基本初等函数的微分公式与微分运算法则

从函数的微分的表达式 $\mathrm{d}y = f'(x)\mathrm{d}x$ 可以看出，要计算函数的微分，只要计算函数的导数，再乘以自变量的微分，因此，可得如下的微分公式和微分运算法则.

1. 基本初等函数的微分公式

由基本初等函数的导数公式，可以直接写出基本初等函数的微分公式，为了便于对照，列表如下(如表 2.5.1 所示).

表 2.5.1 导数与微分的基本公式

导数的基本公式	微分的基本公式
$C' = 0$	$\mathrm{d}(C) = 0$
$(x^a)' = ax^{a-1}$ 特别地，$(\sqrt{x})' = \dfrac{1}{2\sqrt{x}}$	$\mathrm{d}(x^a) = ax^{a-1}\mathrm{d}x$ 特别地，$\mathrm{d}(\sqrt{x}) = \dfrac{1}{2\sqrt{x}}\mathrm{d}x$
$\left(\dfrac{1}{x}\right)' = -\dfrac{1}{x^2}$	$\mathrm{d}\left(\dfrac{1}{x}\right) = -\dfrac{1}{x^2}\mathrm{d}x$
$(a^x)' = a^x\ln a$ 特别地，$(\mathrm{e}^x)' = \mathrm{e}^x$	$\mathrm{d}(a^x) = a^x\ln a\,\mathrm{d}x$ 特别地，$\mathrm{d}(\mathrm{e}^x) = \mathrm{e}^x\mathrm{d}x$
$(\log_a x)' = \dfrac{1}{x}\log_a \mathrm{e} = \dfrac{1}{x\ln a}$ 特别地，$(\ln x)' = \dfrac{1}{x}$	$\mathrm{d}(\log_a x) = \dfrac{1}{x}\log_a \mathrm{e}\,\mathrm{d}x = \dfrac{\mathrm{d}x}{x\ln a}$ 特别地，$\mathrm{d}(\ln x) = \dfrac{1}{x}\mathrm{d}x$
$(\sin x)' = \cos x$	$\mathrm{d}(\sin x) = \cos x\mathrm{d}x$
$(\cos x)' = -\sin x$	$\mathrm{d}(\cos x) = -\sin x\mathrm{d}x$
$(\tan x)' = \dfrac{1}{\cos^2 x} = \sec^2 x$	$\mathrm{d}(\tan x) = \dfrac{\mathrm{d}x}{\cos^2 x} = \sec^2 x\mathrm{d}x$
$(\cot x)' = -\dfrac{1}{\sin^2 x} = -\csc^2 x$	$\mathrm{d}(\cot x)' = -\dfrac{\mathrm{d}x}{\sin^2 x} = -\csc^2 x\mathrm{d}x$
$(\sec x)' = \sec x \cdot \tan x$	$\mathrm{d}(\sec x) = \sec x \cdot \tan x\mathrm{d}x$
$(\csc x)' = -\csc x \cdot \cot x$	$\mathrm{d}(\csc x) = -\csc x \cdot \cot x\mathrm{d}x$
$(\arcsin x)' = \dfrac{1}{\sqrt{1-x^2}}$	$\mathrm{d}(\arcsin x) = \dfrac{\mathrm{d}x}{\sqrt{1-x^2}}$
$(\arccos x)' = -\dfrac{1}{\sqrt{1-x^2}}$	$\mathrm{d}(\arccos x) = -\dfrac{\mathrm{d}x}{\sqrt{1-x^2}}$
$(\arctan x)' = \dfrac{1}{1+x^2}$	$\mathrm{d}(\arctan x) = \dfrac{\mathrm{d}x}{1+x^2}$
$(\operatorname{arccot}x)' = -\dfrac{1}{1+x^2}$	$\mathrm{d}(\operatorname{arccot}x) = -\dfrac{\mathrm{d}x}{1+x^2}$

2. 微分的四则运算法则

由函数和、差、积、商的求导法则，可推出相应的微分法则. 为了方便对照，列表如下（如表 2.5.2 所示，表中 $u=u(x)$ 和 $v=v(x)$ 都可导）.

表 2.5.2　导数与微分的四则运算法则

导数的四则运算法则	微分的四则运算法则
$(u\pm v)'=u'\pm v'$	$\mathrm{d}(u\pm v)=\mathrm{d}u\pm\mathrm{d}v$
$(uv)'=u'v+uv'$	$\mathrm{d}(uv)=v\mathrm{d}u+u\mathrm{d}v$
$(Cu)'=Cu'$	$\mathrm{d}(Cu)=C\mathrm{d}u$
$\left(\dfrac{u}{v}\right)'=\dfrac{u'v-uv'}{v^2}\ (v\neq0)$	$\mathrm{d}\left(\dfrac{u}{v}\right)=\dfrac{v\mathrm{d}u-u\mathrm{d}v}{v^2}\ (v\neq0)$

例题讲解

例 2.5.3　设函数 $y=\mathrm{e}^x\cos x$，求 $\mathrm{d}y$.

解
$$\mathrm{d}y=\mathrm{d}(\mathrm{e}^x\cos x)=\cos x\mathrm{d}\mathrm{e}^x+\mathrm{e}^x\mathrm{d}\cos x$$
$$=\mathrm{e}^x\cos x\mathrm{d}x-\mathrm{e}^x\sin x\mathrm{d}x=\mathrm{e}^x(\cos x-\sin x)\mathrm{d}x.$$

例 2.5.4　设函数 $y=\ln(1-x^2)$，求 $\mathrm{d}y$.

解　因为 $y'=[\ln(1-x^2)]'=\dfrac{1}{1-x^2}\cdot(1-x^2)'=\dfrac{-2x}{1-x^2}$，所以该函数的微分为
$$\mathrm{d}y=\frac{-2x}{1-x^2}\mathrm{d}x.$$

3. 复合函数的微分法则——微分形式不变性

设函数 $y=f(u)$，当 u 是自变量时，函数 $y=f(u)$ 的微分是 $\mathrm{d}y=f'(u)\mathrm{d}u$. 如果 u 不是自变量，而是 x 的可导函数 $\varphi(x)$ 时，即 $u=\varphi(x)$ 是中间变量，则复合函数 $y=f[\varphi(x)]$ 的导数为 $y'=f'(u)\varphi'(x)$，于是复合函数 $y=f[\varphi(x)]$ 的微分为
$$\mathrm{d}y=f'(u)\varphi'(x)\mathrm{d}x=f'(u)\mathrm{d}\varphi(x)=f'(u)\mathrm{d}u,$$
即
$$\mathrm{d}y=f'(u)\mathrm{d}u.$$

由此可见，对于函数 $y=f(u)$ 来说，无论 u 是自变量还是中间变量，都有 $\mathrm{d}y=f'(u)\mathrm{d}u$，即 $\mathrm{d}f[\varphi(x)]=f'[\varphi(x)]\mathrm{d}\varphi(x)$ 这一微分形式成立，这一性质称为微分形式不变性.

例题讲解

例 2.5.5　设函数 $y=\sin(3x-1)$，求 $\mathrm{d}y$.

解　设 $u=3x-1$，则 $y=\sin u$，故
$$\mathrm{d}y=\mathrm{d}(\sin u)=(\sin u)'_u\mathrm{d}u=\cos u\mathrm{d}u$$
$$=\cos(3x-1)\mathrm{d}(3x-1)=3\cos(3x-1)\mathrm{d}x.$$

例 2.5.6　设函数 $y=\arctan\sqrt{1+x^2}$，求 $\mathrm{d}y$.

解
$$dy = d(\arctan \sqrt{1+x^2}) = \frac{1}{2+x^2}d\sqrt{1+x^2}$$
$$= \frac{1}{2+x^2}\frac{1}{2}\frac{1}{\sqrt{1+x^2}}d(1+x^2) = \frac{x}{(2+x^2)\sqrt{1+x^2}}dx.$$

例 2.5.7　设函数 $y = \ln\sin2x$，求 dy.

解　$dy = d(\ln\sin2x) = \frac{1}{\sin2x}d(\sin2x) = \frac{\cos2x}{\sin2x}d(2x) = 2\cot2x dx.$

例 2.5.8　在下列括号中填入适当的函数，使等式成立.

(1) $x^2 dx = d(\quad)$;　　　　　(2) $\cos3x dx = d(\quad)$.

解　(1) 因为
$$d(x^3) = 3x^2 dx,$$
所以
$$x^2 dx = \frac{1}{3}d(x^3) = d\left(\frac{x^3}{3}\right) = d\left(\frac{x^3}{3} + C\right),$$
因此括号内填入 $\frac{x^3}{3}+C$（C 为任意常数）.

(2) 因为
$$d(\sin3x) = (\sin3x)'dx = 3\cos3x dx,$$
所以
$$\cos3x dx = \frac{1}{3}d(\sin3x) = d\left(\frac{\sin3x}{3}\right) = d\left(\frac{1}{3}\sin3x + C\right),$$
因此括号内填入 $\frac{1}{3}\sin3x+C$（C 为任意常数）.

*2.5.4　微分在近似计算中的应用

从微分的定义可知，当 $|\Delta x|$ 很小时，函数 $y=f(x)$ 在点 x_0 处的增量 Δy 可用函数的微分 dy 近似代替，即 $\Delta y = f(x_0 + \Delta x) - f(x_0) \approx f'(x_0)\Delta x$，于是得到近似公式
$$f(x_0 + \Delta x) \approx f(x_0) + f'(x_0)\Delta x.$$
在上式中，若令 $x = x_0 + \Delta x$，则有
$$f(x) \approx f(x_0) + f'(x_0)(x - x_0).$$

例题讲解

*例 2.5.9　求 $\sqrt{1.05}$ 的近似值.

解　我们发现用计算的方法特别麻烦，为此将其转化为求微分的问题.

设 $y = f(x) = \sqrt{x}$，$x=1.05$，$x_0=1$，$x-x_0=0.05$，则
$$f'(x_0) = \frac{1}{2\sqrt{x_0}} = \frac{1}{2},$$
由近似公式可知
$$\sqrt{1.05} \approx \sqrt{1} + \frac{1}{2}\times 0.05 = 1.025,$$
故其近似值为 1.025（精确值为 1.024 695）.

【习题 2.5】

1. 填空题：

(1) $2\mathrm{d}x=\mathrm{d}(\quad)$；

(2) $x\mathrm{d}x=\mathrm{d}(\quad)$；

(3) $\dfrac{1}{x^2}\mathrm{d}x=\mathrm{d}(\quad)$；

(4) $\cos x\mathrm{d}x=\mathrm{d}(\quad)$；

(5) $\dfrac{1}{\sqrt{x}}\mathrm{d}x=\mathrm{d}(\quad)$；

(6) $\mathrm{e}^x\mathrm{d}x=\mathrm{d}(\quad)$.

2. 设函数 $y=x^2-x$，求当 $x=2$，Δx 分别为 1 和 0.01 时的 Δy 和 $\mathrm{d}y$.

3. 求下列各函数的微分：

(1) $y=\sin x+\log_a x+5$；

(2) $y=\sqrt{x}+2\mathrm{e}^x-\ln5$；

(3) $y=2\cos x-x^3$；

(4) $y=x^2+\ln x$；

(5) $y=x\mathrm{e}^x$；

(6) $y=x\cos x+\log_2 3$；

(7) $y=\mathrm{e}^{\sin x}$；

(8) $y=\ln(1+x+x^2)$；

(9) $y=\dfrac{\sin2x}{x^2}$；

(10) $y=\mathrm{e}^x\cos(3x-2)$.

4. 求下列各函数的微分：

(1) $y=\dfrac{2\sqrt{x^3}+1}{x}$；

(2) $y=(\mathrm{e}^x-\mathrm{e}^{-x})^2$；

(3) $y=\mathrm{e}^x\sin3x$；

(4) $y=\arcsin\sqrt{x}$；

(5) $y=[\ln(1-x)]^2$；

(6) $y=\dfrac{x}{1-x^2}$.

习题 2.5 参考答案

2.6 本章小结与拓展提高

1. 本章的重点与难点

本章的重点是导数和微分的定义及几何意义，可导与连续的关系，导数的计算方法，微分的计算方法. 本章的难点是复合函数求导法和隐函数求导法.

2. 学法建议

(1) 要正确理解导数与微分的概念，弄清各概念之间的区别与联系. 例如，可导必连续，反之，不一定成立. 可导与可微是等价的. 这里等价的含义是，若函数在某一点处可导，则必定得出此函数在该点可微；反之，若函数在某一点处可微，则必能推出此函数在该点可导. 但是，并不意味着可导和可微是同一概念. 因为导数是函数改变量与自变量改变量之比的极限，微分是函数增量的线性主部，在概念上两者有着本质的区别.

(2) 复合函数求导法既是重点，又是难点，不易掌握. 要达到事半功倍的效果，首先要熟记求导的基本公式，理解公式的结构内涵. 其次，在求复合函数的导数时，要分清函数的复合层次，然后从外向里，逐层推进求导，不要遗漏，也不要重复. 在求导的过程中，始终要明确所求的导数是哪个函数对哪个变量(不管是自变量还是中间变量)的导数. 在开始时可以先设中间变量，一步一步去做. 熟练之后，中间变量可以省略不写，只把中间变量看在眼里，记在心上，直接把表示中间变量的部分写出来，整个过程一气呵成.

另外，要想既迅速又准确地求导，必须多做题. 更不要以为有了基本初等函数的求导公式及求导法则后，求导时仅仅利用这些公式与法则的某种运算，而忘记导数的本质是增量之比的极限.

（3）利用导数解决实际问题. 若是求切线，其关键是求出切线斜率及切点的坐标；若是求变化率，首先要弄清是对哪个变量的变化率；对于微分的近似计算，解决这类问题的关键是，选择合适的函数关系，以及正确选取 x_0 及 Δx.

3. 拓展提高

*例 2.6.1　设 $f'(a) = m$，求极限 $\lim\limits_{x \to 0} \dfrac{f(a+x) - f(a-x)}{x}$.

解　$\lim\limits_{x \to 0} \dfrac{f(a+x) - f(a-x)}{x} = \lim\limits_{x \to 0} \left[\dfrac{f(a+x) - f(a)}{x} + \dfrac{f(a-x) - f(a)}{-x} \right]$

$$= f'(a) + f'(a) = 2f'(a) = 2m.$$

*例 2.6.2　设函数 $f(x) = \begin{cases} x^2, & x \leqslant 1 \\ ax+b, & x > 1 \end{cases}$，试确定 a、b 的值，使 $f(x)$ 在点 $x=1$ 处可导.

解　依题意知，$f(1) = 1$. 若函数 $f(x)$ 在点 $x=1$ 处可导，则 $f'_-(1) = f'_+(1)$，因为

$$f'_-(1) = \lim\limits_{x \to 1^-} \frac{f(x) - f(1)}{x - 1} = \lim\limits_{x \to 1^-} \frac{x^2 - 1}{x - 1} = 2,$$

$$f'_+(1) = \lim\limits_{x \to 1^+} \frac{f(x) - f(1)}{x - 1} = \lim\limits_{x \to 1^+} \frac{ax + b - 1}{x - 1} = \lim\limits_{x \to 1^+} \frac{(ax + b - 1)'}{(x - 1)'} = a,$$

所以

$$a = 2.$$

由可导与连续的关系，函数 $f(x)$ 在点 $x=1$ 处连续，则 $\lim\limits_{x \to 1} f(x)$ 存在，于是

$$\lim\limits_{x \to 1^-} f(x) = \lim\limits_{x \to 1^+} f(x),$$

因为

$$\lim\limits_{x \to 1^-} f(x) = \lim\limits_{x \to 1^-} x^2 = 1, \quad \lim\limits_{x \to 1^+} f(x) = \lim\limits_{x \to 1^+} (ax + b) = a + b,$$

所以

$$a + b = 1,$$

将 $a=2$ 代入上式，得 $b=-1$.

*例 2.6.3　设函数 $f(x) = x(x-1)(x-2)\cdots(x-100) + x^2 \arcsin(x-1)$，求 $f'(1)$.

解　显然 $f(1) = 0$，故

$$f'(1) = \lim\limits_{x \to 1} \frac{f(x) - f(1)}{x - 1} = \lim\limits_{x \to 1} \frac{x(x-1)(x-2)\cdots(x-100) + x^2 \arcsin(x-1)}{x - 1}$$

$$= \lim\limits_{x \to 1} [x(x-2)\cdots(x-100)] + \lim\limits_{x \to 1} \frac{x^2 \cdot (x-1)}{x - 1}$$

$$= [1 \times (-1) \times (-2) \times \cdots \times (-99)] + 1 = -99! + 1.$$

*例 2.6.4　设函数 $\varphi(x)$ 在 $x=a$ 处连续且函数 $f(x) = (x^2 - a^2)\varphi(x)$，求 $\mathrm{d}f(x)\big|_{x=a}$.

解 显然 $f(a)=0$，而

$$f'(a) = \lim_{x \to a} \frac{f(x) - f(a)}{x - a}$$

$$= \lim_{x \to a} \frac{(x^2 - a^2)\varphi(x)}{x - a} = \lim_{x \to a}(x + a)\varphi(x),$$

因为 $\varphi(x)$ 在 $x=a$ 处连续，所以 $\lim\limits_{x \to a}(x+a)\varphi(x)=2a\varphi(a)$，即

$$f'(a) = 2a\varphi(a),$$

故 $\mathrm{d}f(x)\big|_{x=a}=f'(a)\mathrm{d}x=2a\varphi(a)\mathrm{d}x.$

*例 2.6.5 已知方程 $\sqrt[x]{y} = \sqrt[y]{x}$ 确定函数 $y=f(x)$，求 y'.

解 对方程 $\sqrt[x]{y} = \sqrt[y]{x}$（即 $y^{\frac{1}{x}}=x^{\frac{1}{y}}$）两边取对数，得

$$\frac{1}{x}\ln y = \frac{1}{y}\ln x,$$

整理得

$$y\ln y = x\ln x,$$

两边对 x 求导，得

$$(\ln y + 1)y' = (\ln x + 1),$$

故

$$y' = \frac{\ln x + 1}{\ln y + 1}.$$

*例 2.6.6 设函数 $y=a^{x^a}+x^x$，求 y'.

解 因为 $y=a^{x^a}+x^x=a^{x^a}+\mathrm{e}^{x\ln x}$，所以

$$y' = a^{x^a}\ln a \cdot (x^a)' + \mathrm{e}^{x\ln x}(x\ln x)'$$

$$= a^{x^a}\ln a \cdot ax^{a-1} + \mathrm{e}^{x\ln x}(\ln x + 1)$$

$$= a^{x^a}\ln a \cdot ax^{a-1} + x^x(\ln x + 1).$$

*例 2.6.7 设函数 $f(x)=\begin{cases} g(x)\sin\dfrac{1}{x}, & x \neq 0 \\ 0, & x = 0 \end{cases}$，且 $g(0)=g'(0)=0$，证明：$f'(0)=0$.

证明 由导数的定义知

$$f'(0) = \lim_{x \to 0} \frac{f(x) - f(0)}{x - 0} = \lim_{x \to 0} \frac{g(x)\sin\dfrac{1}{x}}{x},$$

因为 $g'(0)=\lim\limits_{x \to 0}\dfrac{g(x)-g(0)}{x-0}=\lim\limits_{x \to 0}\dfrac{g(x)}{x}=0$，且 $\left|\sin\dfrac{1}{x}\right| \leqslant 1$，所以

$$\lim_{x \to 0} \frac{g(x)\sin\dfrac{1}{x}}{x} = 0,$$

故

$$f'(0) = 0.$$

*例 2.6.8 若函数 $f(x)$ 存在二阶导数，求函数 $y=f(\ln x)$ 的二阶导数.

解
$$y' = f'(\ln x) \cdot (\ln x)' = \frac{f'(\ln x)}{x},$$

$$y'' = \left[\frac{f'(\ln x)}{x} \right]' = \frac{f''(\ln x)(\ln x)' \cdot x - f'(\ln x) \cdot 1}{x^2}$$

$$= \frac{f''(\ln x) - f'(\ln x)}{x^2}.$$

*例 2.6.9 设函数 $y = f(x)$ 是由方程 $x e^y - \ln y + 2 = 0$ 所确定的隐函数，求 dy.

解 对方程两边求微分，得
$$d(x e^y - \ln y + 2) = 0,$$
利用微分形式不变性，得
$$x d(e^y) + e^y dx - d(\ln y) + d(2) = 0,$$
即
$$x e^y dy + e^y dx - \frac{1}{y} dy = 0,$$
解得
$$dy = \frac{y e^y}{1 - x y e^y} dx.$$

注 求函数的微分可以利用微分的定义、微分的运算法则和微分形式不变性等. 利用微分形式不变性时，因为不需要考虑变量之间的复合关系，所以有时利用这种方法求微分更方便.

*例 2.6.10 设曲线 C 的方程为 $x^3 + y^3 = 3xy$，求在 C 上点 $\left(\frac{3}{2}, \frac{3}{2} \right)$ 处的切线方程，并证明曲线 C 在该点的法线通过原点.

解 方程两边对 x 求导，得
$$3x^2 + 3y^2 y' = 3y + 3xy',$$
于是
$$y' = \frac{y - x^2}{y^2 - x},$$

$$y' \bigg|_{\left(\frac{3}{2}, \frac{3}{2} \right)} = \frac{y - x^2}{y^2 - x} \bigg|_{\left(\frac{3}{2}, \frac{3}{2} \right)} = -1,$$

所求切线方程为
$$y - \frac{3}{2} = -\left(x - \frac{3}{2} \right),$$
即
$$x + y - 3 = 0,$$
所示法线方程为
$$y - \frac{3}{2} = x - \frac{3}{2},$$
即
$$y = x.$$
显然，曲线 C 在该点的法线通过原点.

自 测 题 2

A 组(基础练习)

一、判断题

( )1. 若函数 $f(x)$ 在点 x_0 处不可导,则函数 $f(x)$ 在点 x_0 处一定不连续.

( )2. 函数 $y=|\sin x|$ 在 $x=0$ 处的导数存在.

( )3. 设函数 $f(x)=\begin{cases} x^2, & x\geq 0 \\ -x, & x<0 \end{cases}$,则 $f'(0)$ 不存在.

( )4. 若函数 $y=\ln x+\sin\dfrac{\pi}{2}$,则 $y'=\dfrac{1}{x}+\cos\dfrac{\pi}{2}$.

( )5. 在曲线 $y=\cos x$ 上点 $\left(\dfrac{\pi}{3}, \dfrac{1}{2}\right)$ 处的法线的斜率为 $\dfrac{2}{\sqrt{3}}$.

二、填空题

1. 设函数 $y=e^{\sqrt{x}}$,则 $y'=$ _____.

2. 设函数 $y=x^2\cos 2x$,则 $y''=$ _____.

3. 设 $f^{(4)}(x)=x^2+\ln x$,则 $f^{(6)}(x)=$ _____.

4. d (_____) $=e^{-x}dx$.

5. 设函数 $y=e^{\sin x^2}$,则 $dy=$ _____.

三、单项选择题

1. 设 $f'(x_0)=2$,则 $\lim\limits_{h\to 0}\dfrac{f(x_0+h)-f(x_0-h)}{h}=$( ).

A. 不存在　　　　　B. 2　　　　　　C. 0　　　　　　D. 4

2. 若函数 $f(x)=\begin{cases} x^2+3, & x<1 \\ ax+b, & x\geq 1 \end{cases}$ 在 $x=1$ 处可导,则( ).

A. $a=2, b=2$　　　　　　　　　　B. $a=-2, b=2$

C. $a=2, b=-2$　　　　　　　　　D. $a=-2, b=-2$

3. 设函数 $f(x)$ 在区间 (a,b) 内连续,且 $x_0\in(a,b)$,则函数 $f(x)$ 在点 x_0 处( ).

A. 极限存在且可导　　　　　　　　B. 极限不存在,但可导

C. 极限存在,但不一定可导　　　　D. 极限不一定存在

4. 设函数 $f(x)$ 在某点处可导,则函数 $f(x)$ 在该点处的切线( ).

A. 平行于 x 轴　　　　　　　　　B. 不垂直于 x 轴

C. 垂直 x 轴　　　　　　　　　　D. 任意情况

5. d( ) $=2^x dx$.

A. 2^x　　　　B. $2^x\ln 2$　　　　C. $\dfrac{2^x}{\ln 2}$　　　　D. $\dfrac{2^x}{\ln 2}+C$

6. 已知函数 $f(x)$ 二阶可导,若函数 $y=f(2x+1)$,则二阶导数 $y''=$( ).

A. $f''(2x+1)$　　　　　　　　　　B. $2f''(2x+1)$

C. $4f''(2x+1)$　　　　　　　　D. $8f''(2x+1)$

7. 设函数 $y=\ln|x|$，则 $\mathrm{d}y=($ 　　).

A. $\dfrac{1}{|x|}\mathrm{d}x$　　　　　B. $-\dfrac{1}{|x|}\mathrm{d}x$　　　　C. $\dfrac{1}{x}\mathrm{d}x$　　　　D. $-\dfrac{1}{x}\mathrm{d}x$

8. $\mathrm{d}(\cos x^2)=($ 　　).

A. $2x\sin x^2\,\mathrm{d}x$　　　　B. $\sin x^2\,\mathrm{d}x$　　　　C. $-2x\sin x^2\,\mathrm{d}x$　　D. $-\sin x^2\,\mathrm{d}x$

9. 若函数 $f(u)$ 可导，且 $y=f(\ln^2 x)$，则 $\dfrac{\mathrm{d}y}{\mathrm{d}x}=($ 　　).

A. $f'(\ln^2 x)$　　　　　　　　　B. $2\ln x f'(\ln^2 x)$

C. $\dfrac{\ln x}{x}\left[f(\ln^2 x)\right]'$　　　　　　D. $\dfrac{2\ln x}{x}f'(\ln^2 x)$

10. 下列导数运算中(　　)是正确的.

A. $(x^2+\mathrm{e}^2)'=2x+2\mathrm{e}$　　　　　B. $(x^2\sin x)'=2x\cos x$

C. $(\mathrm{e}^{2x})'=\mathrm{e}^{2x}$　　　　　　　　D. $(\arcsin 2x)'=\dfrac{2}{\sqrt{1-4x^2}}$

四、计算题

1. 求下列函数的导数：

(1) $y=x^3(1-\sqrt{x})$；　　　　　　　(2) $y=\sqrt{1+\ln^2 x}$；

(3) $y=(x+\sin^2 x)^4$；　　　　　　　(4) $y=\sin^2 x+\sin x^2$.

2. 求下列方程所确定的导数：

(1) $x\mathrm{e}^y+y\mathrm{e}^x=0$；　　　　　　　(2) $x^2-y^2=xy$.

3. 求下列函数的微分：

(1) $y=x^3\mathrm{e}^{-2x}$；　　　　　　　(2) $y=\mathrm{e}^{-3\sin^2\frac{1}{x}}$；

(3) $y=\ln(1-2x^2)$；　　　　　　　(4) $y=(x^2-2x+3)\mathrm{e}^{-x}$.

五、应用题

1. 求曲线 $\sqrt{x}+\sqrt{y}=2$ 在点 $(1,1)$ 处的切线方程.

2. 讨论函数 $f(x)=\begin{cases} \sin x, & -\infty<x<0 \\ x, & 0\leqslant x<+\infty \end{cases}$ 在 $x=0$ 处的连续性与可导性.

B 组(拓展练习)

一、判断题

(　　)1. 若函数 $f(x)$ 在点 x_0 处的导数不存在，则曲线 $y=f(x)$ 在点 $(x_0,f(x_0))$ 处没有切线.

(　　)2. 函数 $y=|x-1|$ 在 $x=1$ 处连续但不可导.

(　　)3. 设函数 $f(x)=\begin{cases} x\sin\dfrac{1}{x}, & x\neq 0 \\ 0, & x=0 \end{cases}$ 在 $x=0$ 处既连续又可导.

(　　)4. 如果函数 $f(x)$ 为偶函数，且 $f'(0)$ 存在，则 $f'(0)=0$.

( )5. 设函数 $f(x)=\begin{cases} \ln(1+x), & x\geqslant 0 \\ \sin x, & x<0 \end{cases}$ ，则 $f'(0)$ 存在且 $f'(0)=1$．

二、填空题

1. 设 $f(0)=0$，$f'(0)=4$，则 $\lim\limits_{x\to 0}\dfrac{f(x)}{x}=$ ＿＿＿＿＿＿＿＿＿．

2. 函数 $y=\ln\sqrt{x^2+1}+\dfrac{1}{\sqrt{2+x}}$ 的导数是＿＿＿＿＿＿＿＿＿＿＿＿＿．

3. 设函数 $y=x\ln(x+1)$，则 $y''(1)=$ ＿＿＿＿＿＿＿＿＿＿＿＿＿．

4. 若函数 $y=3x^2-3x-17$ 在点 M 处的切线斜率为 15，则点 M 坐标为＿＿＿＿＿＿＿＿＿．

5. 若 $x^{\frac{2}{3}}+y^{\frac{2}{3}}=a^{\frac{2}{3}}$，则 $\mathrm{d}y=$ ＿＿＿＿＿＿＿＿＿＿＿＿＿＿．

三、单项选择题

1. 已知函数 $f(x)$ 在点 x_0 处可导，则下列极限中( )等于导数值 $f'(x_0)$．

A. $\lim\limits_{h\to 0}\dfrac{f(x_0+2h)-f(x_0)}{h}$ 　　　　B. $\lim\limits_{h\to 0}\dfrac{f(x_0-3h)-f(x_0)}{h}$

C. $\lim\limits_{h\to 0}\dfrac{f(x_0)-f(x_0-h)}{h}$ 　　　　D. $\lim\limits_{h\to 0}\dfrac{f(x_0)-f(x_0+h)}{h}$

2. 设函数 $f(x)=\begin{cases} \mathrm{e}^{ax}, & x\leqslant 0 \\ b(1-2x), & x>0 \end{cases}$ 在 $x=0$ 处可导，则必有( )．

A. $a=2,b=1$ 　　　　　　　　B. $a=b=1$

C. $a=b=2$ 　　　　　　　　　D. $a=-2,b=1$

3. 曲线 $y=x^2+x-2$ 在点 M 处的切线与直线 $x+4y+3=0$ 垂直，则此曲线在点 M 处的切线方程为( )．

A. $16x-4y-17=0$ 　　　　　B. $16x+4y-21=0$

C. $2x-8y+11=0$ 　　　　　　D. $2x+8y-17=0$

4. 若 $f'(x)=\mathrm{e}^x+\dfrac{1}{\mathrm{e}^x}$，且 $f(0)=0$，则 $f(x)=($)．

A. $\left(\mathrm{e}^x-\dfrac{1}{\mathrm{e}^x}\right)^2$ 　　　　　　B. $\mathrm{e}^x+\dfrac{1}{\mathrm{e}^x}-2$

C. $\mathrm{e}^x-\dfrac{1}{\mathrm{e}^x}$ 　　　　　　　　D. $-\mathrm{e}^x+\dfrac{1}{\mathrm{e}^x}$

5. 下列命题中正确的是( )．

A. 若 $f'(x)=g'(x)$，则 $f(x)=g(x)$

B. 若 $f(x)=g(x)$，则 $f'(x)=g'(x)$

C. 若 $f'(x_0)=0$，则 $f(x_0)=0$

D. 若 $f(x_0)=0$，则 $f'(x_0)=0$

6. 设函数 $f(x)=\begin{cases} x^2+1, & 0\leqslant x<1 \\ 3x-1, & 1\leqslant x \end{cases}$ ，则 $f'(1)=($)．

A. 2 　　　　　　B. 3 　　　　　　C. -1 　　　　D. 不存在．

7. 设函数 $f(x)=\begin{cases} x^2, & x<0 \\ x, & x\geqslant 0 \end{cases}$，则 $f(x)$ 在 $x=0$ 处（　　）.

A. 无定义　　　　　B. 不连续　　　　　C. 连续且可导　　D. 连续但不可导

8. 设函数 $f(x)=(x+1)(x+2)^2(x+3)$，则 $f'(-1)=$（　　）.

A. 0　　　　　　　B. 1　　　　　　　C. -1　　　　　D. 2

9. 若函数 $y=\sin e^{-x}$，则 $\mathrm{d}y=$（　　）.

A. $\cos e^{-x}\mathrm{d}x$ 　　　　　　　　B. $-e^{-x}\cos e^{-x}\mathrm{d}x$

C. $e^{-x}\sin e^{-x}\mathrm{d}x$ 　　　　　　D. $e^{-x}\cos e^{-x}\mathrm{d}x$

10. 若由方程式 $\dfrac{x^2}{a^2}+\dfrac{y^2}{b^2}=1(a>0,b>0)$ 确定 y 为 x 的函数，则导数 $\dfrac{\mathrm{d}y}{\mathrm{d}x}=$（　　）.

A. $-\dfrac{a^2 y}{b^2 x}$ 　　　B. $-\dfrac{b^2 x}{a^2 y}$ 　　　C. $-\dfrac{a^2 x}{b^2 y}$ 　　　D. $-\dfrac{b^2 y}{a^2 x}$

四、计算题

1. 求函数 $f(x)=(3x-2)^2$ 的导数 $f'(x)$.

2. 已知函数 $f(x)=\cos x-\sin x$，求 $f'\left(\dfrac{\pi}{2}\right)$ 和 $f'\left(\dfrac{\pi}{4}\right)$.

3. 求函数 $f(x)=x+\sqrt{x}$ 在点 $(1,2)$ 处的切线方程.

4. 求函数 $f(x)=e^{2x+1}$ 的二阶导数 $f''(x)$.

5. 求函数 $y=e^{(x+y)}$ 的微分.

五、应用题

1. 在抛物线 $y=x^2$ 上求一点，使得在该点处的切线平行于直线 $y=4x$，并求在该点处的切线方程.

*2. 某工厂每天生产 x 件产品所获得利润为 y 元，已知 $y=6\sqrt{1000x-x^2}$，当每天产量由 100 件增加至 103 件时，用微分求该产品每天利润增加的近似值.

自测题 2 参考答案

阅 读 资 料

导数产生的背景及相关数学家简介

历史上，导数概念产生于对以下两个实际问题的研究. 第一，求曲线的切线问题；第二，求非匀速直线运动的速度. 作曲线的切线问题是微分学的基本问题. 公元前三世纪阿基米德曾试图作螺线的切线，但并没有得到求任意曲线的切线的方法. 费马用无穷小的概念来确定曲线的切线，牛顿从费马的切线作法中得到启示，并推广到抽象方程上. 另一位建立微积分原理的是与牛顿同时代的德国人莱布尼茨. 他在 1675 年 10 月将导数称作"微商"，并且用记号 $\dfrac{\mathrm{d}y}{\mathrm{d}x}$ 来表示，这一符号延用至今.

在微分学的早期发展中，还有罗尔、柯西、洛必达、达朗贝尔等数学家，下面是其中几位数学家的简介.

拉格朗日(Lagrange，1736—1813)，法国人，柏林科学院院士. 18 世纪的伟大科学家，在数学、力学和天文学三个学科中都有历史性的重大贡献，但他主要是数学家. 他研究力学和天文学的目的是为了表明数学分析的威力. 他在数学上最突出的贡献是在使数学分析脱离几何与力学方面起了决定性的作用，使得数学的独立性更为清楚，而不仅是其他学科的工具. 同时在使天文学力学化、力学分析化上也起了历史性作用，促使力学和天文学(天体力学)更深入发展. 为了纪念他，至今数学中有许多公式、定理都以拉格朗日命名. 拿破仑曾称赞他是"一座高耸在数学界的金字塔". 在他逝世后，拿破仑曾下令收集他的论著并保存在法国科学院，后经整理出版了拉格朗日的著作集共 14 卷.

罗尔(Rolle，1652—1719)，法国数学家，出生于小商家庭. 因家境贫困，仅受过初等教育，年轻时自学代数和 Diophantus 分析理论，并很有心得. 1682 年，他解决了数学家奥扎南提出的一个数学难题，受到学术界的好评，从此声名雀起. 1691 年，罗尔在《方程的解法》中论证了多项式方程 $f(x)=0$ 的两个相邻实根之间至少存在一个实根. 这个定理本来和微分学没有关系，但在一百多年后，其他数学家将这一结论推广到可微函数，并将此定理命名为罗尔定理.

柯西(Cauchy Augustin Louis，1789—1857)，法国数学家、物理学家，数学分析严格化的开拓者，复变函数论的奠基者，也是弹性力学理论基础的建立者. 很多数学的定理和公式也都以他的名字来命名，如柯西不等式、柯西积分公式. 柯西在数学上的最大贡献是在微积分中引入了极限的概念，并以极限为基础建立了逻辑清晰的分析体系. 这是微积分发展史上的精华，也是他对人类科学发展所做的巨大贡献. 柯西的数学成就不仅辉煌，而且数量惊人，他是仅次于欧拉的多产数学家. 他的全集包括 789 篇论著，多达 24 卷，其中有大量的开创性工作. 举世公认的事实是，即使经过了将近两个世纪，柯西的工作和在现代数学的中心位置仍然相去不远. 他引进的方法，以及无可比拟的创造力，开创了近代数学严密性的新纪元.

第3章　微分中值定理与导数的应用

学 习 目 标

○ **知识学习目标**

1. 了解微分中值定理的条件和结论；

2. 掌握用洛必达法则计算各种未定式的极限的方法；

3. 掌握函数单调性、极值和最值的求法，了解函数的凹凸性、拐点和渐近线等概念；

4. 掌握经济函数的边际分析方法和弹性分析方法.

○ **能力培养目标**

1. 会用导数与微分的概念和方法解释经济管理问题中的概念和原理；

2. 会处理经济问题中的最大值和最小值问题；

3. 会利用导数的概念分析计算实际经济问题的边际和弹性.

在生产和实际生活中有许多与变化率有关的量，它们都可以用导数来表示，如物体运动的速度、加速度及经济增长率、人口出生率等. 导数能反映函数相对于自变量的变化快慢程度，微分能刻画当自变量有一微小改变量时相应的函数改变了多少. 因此，导数与微分在工程、社会经济管理等各个领域都有十分重要的应用.

作为一种数学工具，利用导数研究函数的单调性和极值、凹凸性和拐点以及渐近线，对于研究函数性态具有非常重要的意义. 同时在边际分析、弹性分析和最优化分析中，导数的作用也越来越突出.

*3.1　微分中值定理

3.1.1　罗尔定理

定理 3.1.1　设函数 $f(x)$ 满足条件：

(1) 在闭区间 $[a, b]$ 上连续；

(2) 在开区间 (a, b) 内可导；

(3) 在区间端点处的函数值相等，即 $f(a) = f(b)$，则在开区间 (a, b) 内至少存在一点

$\xi(a<\xi<b)$，使得 $f'(\xi)=0$.

从几何上来看，如图 3.1.1 所示，设函数 $y=f(x)$ 在闭区间 $[a, b]$ 上的图形为曲线 AB，则定理 3.1.1 的条件表示：曲线 AB（除端点外）处处具有不与 x 轴垂直的切线，且端点的连线 AB 平行于 x 轴. 结论说明：满足定理 3.1.1 条件的曲线弧$\overset{\frown}{AB}$上至少存在一点，使得在该点处具有水平切线. 由图易知，函数在区间上取得最大值和最小值的点就是定理 3.1.1 结论中的点 ξ.

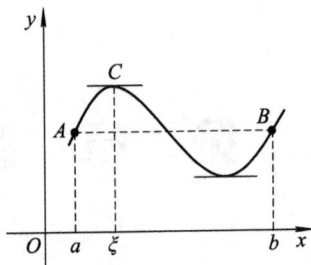

图 3.1.1

注 若罗尔定理的三个条件不能同时满足，则其结论可能不成立.

请看下例.

① 端点处的值不等，如图 3.1.2(a)所示：
$$f(x)=x, \quad x\in[0, 1];$$
$$f'(x)=1\neq 0.$$

② 开区间内不可导，如图 3.1.2(b)所示：
$$f(x)=|x|, \quad x\in[-1, 1];$$
$$f'(x)=\begin{cases} 1, & x>0 \\ 不存在, & x=0. \\ -1 & x<0 \end{cases}$$

③ 闭区间上不连续，如图 3.1.2(c)所示：
$$f(x)=\begin{cases} \dfrac{1}{x}, & 0<x\leqslant 1 \\ 1, & x=0 \end{cases};$$
$$f'(x)=-\frac{1}{x^2}, \quad x\in(0, 1).$$

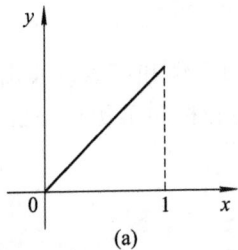 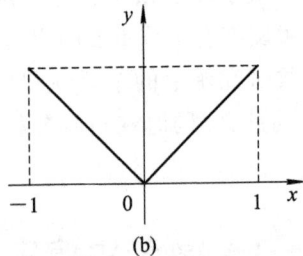 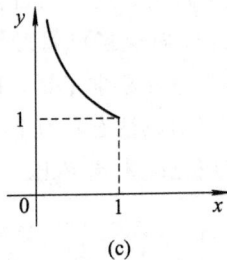

图 3.1.2

例题讲解

例 3.1.1 验证函数 $f(x)=\ln\sin x$ 在 $\left[\dfrac{\pi}{6}, \dfrac{5\pi}{6}\right]$ 上满足罗尔定理的条件，并求出相应的 ξ，使 $f'(\xi)=0$.

解　因为 $f(x)=\ln\sin x$ 是初等函数，显然在 $\left[\dfrac{\pi}{6},\dfrac{5\pi}{6}\right]$ 上连续，在 $\left(\dfrac{\pi}{6},\dfrac{5\pi}{6}\right)$ 内可导，且 $f\left(\dfrac{\pi}{6}\right)=f\left(\dfrac{5\pi}{6}\right)=-\ln 2$，所以 $f(x)$ 满足罗尔定理的条件. 因此，存在 $\xi\in\left(\dfrac{\pi}{6},\dfrac{5\pi}{6}\right)$，使 $f'(\xi)=0$ 成立，即

$$f'(x)\Big|_{x=\xi}=\dfrac{\cos x}{\sin x}\Big|_{x=\xi}=\cot\xi=0,$$

于是

$$\xi=\dfrac{\pi}{2}.$$

例 3.1.2　设函数 $f(x)=x(x-1)(x-2)(x-3)$，不求导数，试说明方程 $f'(x)=0$ 在 $(-\infty,+\infty)$ 内有几个实根，并指出它们所在的范围.

解　因为 $f'(x)$ 是四次多项式，所以 $f'(x)=0$ 在 $(-\infty,+\infty)$ 内最多有三个实根.

又因为 $f(0)=f(1)=f(2)=f(3)=0$，所以 $f(x)$ 在闭区间 $[0,1]$、$[1,2]$、$[2,3]$ 上满足罗尔定理的三个条件. 从而，在 $(0,1)$ 内存在一点 ξ_1，使 $f'(\xi_1)=0$；在 $(1,2)$ 内存在一点 ξ_2，使 $f'(\xi_2)=0$；在 $(2,3)$ 内存在一点 ξ_3，使 $f'(\xi_3)=0$.

因此方程 $f'(x)=0$ 在 $(-\infty,+\infty)$ 内有三个实根，分别属于区间 $(0,1)$、$(1,2)$ 和 $(2,3)$.

3.1.2　拉格朗日中值定理

定理 3.1.2　如果函数 $f(x)$ 在闭区间 $[a,b]$ 上连续，在开区间 (a,b) 内可导，则在 (a,b) 内至少存在一点 $\xi(a<\xi<b)$，使得 $f'(\xi)=\dfrac{f(b)-f(a)}{b-a}$ 成立.

注　与罗尔定理相比，拉格朗日中值定理取消了端点处函数值相等这个条件，但仍保留了其余两个条件.

从几何上来看，$\dfrac{f(b)-f(a)}{b-a}$ 恰好是弦 AB 的斜率，所以定理 3.1.2 的结论说明：满足定理条件的曲线弧 $\overparen{AB}$ 上至少存在一点 ξ，使得在该点处的切线平行于弦 AB（如图 3.1.3 所示）.

从图 3.1.3 上可以看出，直线 AB 的方程为

$$y-f(a)=\dfrac{f(b)-f(a)}{b-a}(x-a).$$

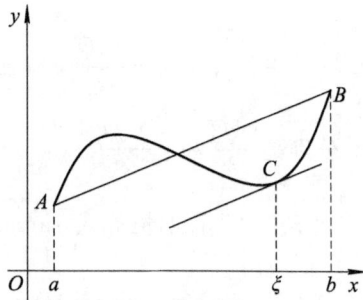

图 3.1.3

函数 $y=f(x)$ 由于缺少条件 $f(a)=f(b)$，显然不满足罗尔定理的条件. 我们可以建立一个辅助函数：

$$\varphi(x)=f(x)-f(a)-\dfrac{f(b)-f(a)}{b-a}(x-a),$$

则 $\varphi(x)$ 满足罗尔定理的条件，故在 (a,b) 内至少存在一点 ξ，使得

$$\varphi'(\xi)=f'(\xi)-\dfrac{f(b)-f(a)}{b-a}=0,$$

即
$$f'(\xi) = \frac{f(b) - f(a)}{b - a}.$$

这就说明了拉格朗日中值定理结论的正确性.

注 拉格朗日中值定理是微分学的一个基本定理,在理论和应用上都有很重要的价值.它建立了函数在一个区间上的改变量和函数在这个区间内某点处的导数之间的联系,从而使我们有可能利用导数去研究函数在某个区间上的性态.

拉格朗日中值定理在微分学中的应用非常广泛,下面介绍两个推论.

推论 1 若函数 $f(x)$ 在区间 (a, b) 内连续且恒有 $f'(x) = 0$,则函数 $f(x)$ 在区间 (a, b) 内是一个常数.

推论 2 若函数 $f(x)$ 和 $g(x)$ 在区间 (a, b) 内连续且在每一点的导数都相等,则这两个函数在区间内至多相差一个常数.

例题讲解

例 3.1.3 判断函数 $f(x) = x^3$ 在区间 $[-2, 2]$ 上是否满足拉格朗日中值定理的条件.若满足,结论中的 ξ 又是什么?

解 由于 $f(x) = x^3$ 是基本初等函数,因此 $f(x)$ 在闭区间 $[-2, 2]$ 上是连续的,在开区间 $(-2, 2)$ 内是可导的,并且有 $f'(x) = 3x^2$,所以函数 $f(x) = x^3$ 在区间 $[-2, 2]$ 上满足拉格朗日定理条件,故存在 $\xi \in (-2, 2)$,使得 $f(2) - f(-2) = f'(\xi)[2 - (-2)]$,即
$$f'(\xi) = \frac{f(2) - f(-2)}{2 - (-2)} = \frac{8 - (-8)}{2 - (-2)},$$

于是
$$3\xi^2 = 4,$$

解得 $\xi_1 = \frac{2\sqrt{3}}{3}$, $\xi_2 = -\frac{2\sqrt{3}}{3}$,且 $\pm\frac{2\sqrt{3}}{3} \in (-2, 2)$,故满足拉格朗日中定理结论的 ξ 有两个,分别是 $\frac{2\sqrt{3}}{3}$ 和 $-\frac{2\sqrt{3}}{3}$.

例 3.1.4 证明恒等式:$\arcsin x + \arccos x = \frac{\pi}{2} (-1 \leqslant x \leqslant 1)$.

证 设 $f(x) = \arcsin x + \arccos x$, $x \in [-1, 1]$,因为 $f'(x) = \frac{1}{\sqrt{1-x^2}} + \left(-\frac{1}{\sqrt{1-x^2}}\right) = 0$,由推论 1 有
$$f(x) \equiv C, x \in (-1, 1),$$

由 $f(0) = \arcsin 0 + \arccos 0 = 0 + \frac{\pi}{2} = \frac{\pi}{2}$,得 $C = \frac{\pi}{2}$,所以
$$\arcsin x + \arccos x = \frac{\pi}{2}, x \in (-1, 1).$$

又因为
$$f(-1) = \arcsin(-1) + \arccos(-1) = -\frac{\pi}{2} + \pi = \frac{\pi}{2},$$

$$f(1) = \arcsin(1) + \arccos(1) = \frac{\pi}{2} + 0 = \frac{\pi}{2},$$

故

$$\arcsin x + \arccos x = \frac{\pi}{2} \quad (-1 \leqslant x \leqslant 1).$$

例 3.1.5　证明：当 $x > 0$ 时，$\frac{x}{1+x} < \ln(1+x) < x$.

证　设 $f(x) = \ln(1+x)$，显然 $f(x)$ 在区间 $[0, x]$ 上满足拉格朗日中值定理的条件，于是有

$$f(x) - f(0) = f'(\xi)(x - 0) \quad (0 < \xi < x),$$

因为 $f(0) = 0$，$f'(x) = \frac{1}{1+x}$，故上式即为

$$\ln(1+x) = \frac{x}{1+\xi} \quad (0 < \xi < x).$$

又因为 $0 < \xi < x$，所以 $\frac{x}{1+x} < \frac{x}{1+\xi} < x$，即

$$\frac{x}{1+x} < \ln(1+x) < x.$$

*3.1.3　柯西中值定理

定理 3.1.3　如果函数 $f(x)$、$g(x)$ 在闭区间 $[a, b]$ 上连续，在开区间 (a, b) 内可导，在 (a, b) 内每一点处有 $g'(x) \neq 0$，则至少存在一点 $\xi \in (a, b)$，使得

$$\frac{f(b) - f(a)}{g(b) - g(a)} = \frac{f'(\xi)}{g'(\xi)}.$$

显然，若取 $g(x) = x$，则 $g(b) - g(a) = b - a$，$g'(x) = 1$，此时柯西中值定理就变成拉格朗日中值定理.

三个中值定理之间的相互关系如下：

$$\text{柯西中值定理} \xrightleftharpoons[g(x) \neq x]{g(x) = x} \text{拉格朗日中值定理} \xrightleftharpoons[f(a) \neq f(b)]{f(a) = f(b)} \text{罗尔定理}$$

*【习题 3.1】

1. 选择题：

(1) 下列函数在 $[1, e]$ 上满足拉格朗日定理条件的是（　　）.

A. $\ln(\ln x)$　　　　B. $\ln x$　　　　C. $\frac{1}{\ln x}$　　　　D. $\ln(2-x)$

(2) 若函数 $f(x)$ 在 $[a, b]$ 上连续，在 (a, b) 内可导且 $f(a) = f(b)$，则（　　）.

A. 至少存在一点 $\xi \in (a, b)$，使 $f'(\xi) = 0$

B. 一定不存在点 $\xi \in (a, b)$，使 $f'(\xi) = 0$

C. 恰存在一点 $\xi \in (a, b)$，使 $f'(\xi) = 0$

D. 对任意的 $\xi \in (a, b)$，不一定能使 $f'(\xi) = 0$

(3) 下列函数在指定区间上满足罗尔定理条件的是（　　）.

A. $f(x) = \dfrac{1}{x}$, $x \in [-2, 0]$ B. $f(x) = (x-4)^2$, $x \in [-2, 4]$

C. $f(x) = \sin x$, $x \in \left[-\dfrac{3\pi}{2}, \dfrac{\pi}{2}\right]$ D. $f(x) = |x|$, $x \in [-1, 1]$

2. 填空题：

(1) 若函数 $f(x) = x^3$ 在区间 $[1, 2]$ 上满足拉格朗日中值定理，则 $\xi = $ _____.

(2) 设函数 $f(x) = (x-1)(x-2)(x-3)(x-4)$，则方程 $f'(x) = 0$ 有 _____ 个根，它们分别在区间 _____ 上.

(3) 如果函数 $f(x)$ 在区间 I 上的导数为 _____，那么 $f(x)$ 在区间 I 上是一个常数.

3. 证明下列不等式：

(1) 当 $x > 1$ 时，$\mathrm{e}^x > \mathrm{e} \cdot x$；

(2) $|\sin b - \sin a| \leqslant |b - a|$；

习题 3.1 参考答案

(3) 当 $x > 0$ 时，$\ln\left(1 + \dfrac{1}{x}\right) > \dfrac{1}{1+x}$.

3.2 洛必达法则

由第 1 章我们知道，两个无穷小之比或两个无穷大之比的极限可能存在，也可能不存在. 因此，求这类极限时往往需要适当地变形，将其转化成可利用极限运算法则或重要极限的形式进行计算. 这种变形需视具体问题而定，属于特定的方法. 这里，我们给出一种计算这类极限的通用方法，即洛必达法则.

定义 3.2.1 如果自变量 x 在某一变化过程中，两个函数 $f(x)$ 与 $g(x)$ 都趋于零或无穷大，则称 $f(x)$ 与 $g(x)$ 之比的极限 $\lim \dfrac{f(x)}{g(x)}$ 为未定式，并分别简记为 $\dfrac{0}{0}$ 型或 $\dfrac{\infty}{\infty}$ 型. 比如，极限 $\lim\limits_{x \to 0} \dfrac{\sin x}{x}$ 就是 $\dfrac{0}{0}$ 型的一个例子.

3.2.1 $\dfrac{0}{0}$ 型未定式的洛必达法则

定理 3.2.1 如果函数 $f(x)$ 和 $g(x)$ 满足条件：

(1) $\lim\limits_{x \to x_0} f(x) = \lim\limits_{x \to x_0} g(x) = 0$；

(2) 在点 x_0 的某个邻域(点 x_0 可以除外)内可导，且 $g'(x) \neq 0$；

(3) $\lim\limits_{x \to x_0} \dfrac{f'(x)}{g'(x)} = A$（或 ∞），

则有

$$\lim_{x \to x_0} \frac{f(x)}{g(x)} = \lim_{x \to x_0} \frac{f'(x)}{g'(x)} = A(或 \infty).$$

这种在一定条件下通过分子、分母分别求导再求极限来确定未定式的值的方法称为洛必达法则.

注 ① 若分子、分母分别求导后仍满足定理 3.2.1 的条件，则可继续使用洛必达法

则，直到求出极限为止，即

$$\lim_{x \to x_0} \frac{f(x)}{g(x)} = \lim_{x \to x_0} \frac{f'(x)}{g'(x)} = \lim_{x \to x_0} \frac{f''(x)}{g''(x)}.$$

② 如果分子、分母分别求导后的导数之比的极限不存在，且不为 ∞，则洛必达法则失效，此时需采用别的方法来求极限.

③ 对于当 $x \to \infty$ 时的 $\frac{0}{0}$ 型未定式，此法则仍然适用.

例题讲解

例 3.2.1　求极限 $\lim\limits_{x \to 0} \dfrac{x - \sin x}{x^2}$.

解　$\lim\limits_{x \to 0} \dfrac{x - \sin x}{x^2} = \lim\limits_{x \to 0} \dfrac{(x - \sin x)'}{(x^2)'} = \lim\limits_{x \to 0} \dfrac{1 - \cos x}{2x} = \lim\limits_{x \to 0} \dfrac{\sin x}{2} = 0.$

例 3.2.2　求极限 $\lim\limits_{x \to 0} \dfrac{e^x - e^{-x}}{x}$.

解　$\lim\limits_{x \to 0} \dfrac{e^x - e^{-x}}{x} = \lim\limits_{x \to 0} \dfrac{(e^x - e^{-x})'}{x'} = \lim\limits_{x \to 0} \dfrac{e^x + e^{-x}}{1} = 2.$

例 3.2.3　求极限 $\lim\limits_{x \to 3} \dfrac{2^x - 8}{x^2 - 9}$.

解　$\lim\limits_{x \to 3} \dfrac{2^x - 8}{x^2 - 9} = \lim\limits_{x \to 3} \dfrac{(2^x - 8)'}{(x^2 - 9)'} = \lim\limits_{x \to 3} \dfrac{2^x \ln 2}{2x} = \dfrac{4}{3} \ln 2.$

例 3.2.4　求极限 $\lim\limits_{x \to -\infty} \dfrac{\ln(3e^x + 1)}{e^x}$.

解　$\lim\limits_{x \to -\infty} \dfrac{\ln(3e^x + 1)}{e^x} = \lim\limits_{x \to -\infty} \dfrac{[\ln(3e^x + 1)]'}{(e^x)'} = \lim\limits_{x \to -\infty} \dfrac{\frac{3e^x}{3e^x + 1}}{e^x} = \lim\limits_{x \to -\infty} \dfrac{3}{3e^x + 1} = 3.$

3.2.2　$\frac{\infty}{\infty}$ 型未定式的洛必达法则

定理 3.2.2　如果函数 $f(x)$ 和 $g(x)$ 满足条件：

(1) $\lim\limits_{x \to x_0} f(x) = \lim\limits_{x \to x_0} g(x) = \infty$；

(2) 在点 x_0 的某个邻域（点 x_0 可以除外）内可导，且 $g'(x) \neq 0$；

(3) $\lim\limits_{x \to x_0} \dfrac{f'(x)}{g'(x)} = A$（或 ∞），

则有

$$\lim_{x \to x_0} \frac{f(x)}{g(x)} = \lim_{x \to x_0} \frac{f'(x)}{g'(x)} = A（或 \infty）.$$

注　① 和 $\frac{0}{0}$ 型未定式一样，只要分子、分母分别求导后仍满足定理 3.2.2 的条件，则可多次使用洛必达法则，直到求出极限为止.

② 对于当 $x \to \infty$ 时的 $\frac{\infty}{\infty}$ 型未定式，此法则同样适用.

例题讲解

例 3.2.5 求极限 $\lim\limits_{x\to+\infty}\dfrac{x^3}{a^x}$ $(a>1)$.

解
$$\lim_{x\to+\infty}\frac{x^3}{a^x}=\lim_{x\to+\infty}\frac{(x^3)'}{(a^x)'}=\lim_{x\to+\infty}\frac{3x^2}{a^x\ln a}=\frac{3}{\ln a}\lim_{x\to+\infty}\frac{x^2}{a^x}$$
$$=\frac{6}{(\ln a)^2}\lim_{x\to+\infty}\frac{x}{a^x}=\frac{6}{(\ln a)^3}\lim_{x\to+\infty}\frac{1}{a^x}=0.$$

例 3.2.6 求极限 $\lim\limits_{x\to0^+}\dfrac{\ln\sin x}{\ln x}$.

解
$$\lim_{x\to0^+}\frac{\ln\sin x}{\ln x}=\lim_{x\to0^+}\frac{(\ln\sin x)'}{(\ln x)'}=\lim_{x\to0^+}\frac{\dfrac{\cos x}{\sin x}}{\dfrac{1}{x}}=\lim_{x\to0^+}\frac{\cos x}{\dfrac{\sin x}{x}}=1.$$

例 3.2.7 求极限 $\lim\limits_{x\to+\infty}\dfrac{e^x}{x^2+x+1}$.

解
$$\lim_{x\to+\infty}\frac{e^x}{x^2+x+1}=\lim_{x\to+\infty}\frac{(e^x)'}{(x^2+x+1)'}=\lim_{x\to+\infty}\frac{e^x}{2x+1}$$
$$=\lim_{x\to+\infty}\frac{(e^x)'}{(2x+1)'}=\lim_{x\to+\infty}\frac{e^x}{2}=+\infty.$$

例 3.2.8 求极限 $\lim\limits_{x\to0}\dfrac{x^2\sin\dfrac{1}{x}}{\sin x}$.

解 所求极限属于 $\dfrac{0}{0}$ 型未定式.但分子、分母分别求导后,将化为 $\lim\limits_{x\to0}\dfrac{2x\sin\dfrac{1}{x}-\cos\dfrac{1}{x}}{\cos x}$,

此极限不存在且不为 ∞,故洛必达法则失效,不能使用.需用其他方法来求:
$$\lim_{x\to0}\frac{x^2\sin\dfrac{1}{x}}{\sin x}=\lim_{x\to0}\frac{x^2\sin\dfrac{1}{x}}{x}=\lim_{x\to0}x\sin\frac{1}{x}=0.$$

由例 3.2.8 可见,洛必达法则失效并不意味着所求极限不存在.

*3.2.3　其他类型的未定式

除了 $\dfrac{0}{0}$ 型和 $\dfrac{\infty}{\infty}$ 型未定式外,还有 $0\cdot\infty$ 型、$\infty-\infty$ 型、1^∞ 型、∞^0 型和 0^0 型等类型的未定式,通过适当的恒等变形将它们各自转化为 $\dfrac{0}{0}$ 型或 $\dfrac{\infty}{\infty}$ 型未定式即可用洛必达法则来解决问题.

1. $0\cdot\infty$ 型未定式

恒等变形的步骤:$0\cdot\infty\Rightarrow\dfrac{0}{\dfrac{1}{\infty}}\left(\dfrac{0}{0}\text{型未定式}\right)$,或者 $0\cdot\infty\Rightarrow\dfrac{\infty}{\dfrac{1}{0}}\left(\dfrac{\infty}{\infty}\text{型未定式}\right)$.

注 至于是将趋于 0 的项还是趋于 ∞ 的项放到分母,取决于哪一项移到分母后求导更简单.

例题讲解

例 3.2.9　求 $\lim\limits_{x\to 0^{+}} x^{n}\ln x$ $(n>0)$.

解　所求极限属于 $0\cdot\infty$ 型未定式，且将因子 x^{n} 放到分母求导更简单，即

$$x^{n}\ln x = \frac{\ln x}{\dfrac{1}{x^{n}}} = \frac{\ln x}{x^{-n}},$$

当 $x\to 0^{+}$ 时，上式右端是 $\dfrac{\infty}{\infty}$ 型未定式，应用洛必达法则，得

$$\lim_{x\to 0^{+}} x^{n}\ln x = \lim_{x\to 0^{+}}\frac{\ln x}{x^{-n}} = \lim_{x\to 0^{+}}\frac{\dfrac{1}{x}}{-nx^{-n-1}} = \lim_{x\to 0^{+}}\left(\frac{-x^{n}}{n}\right) = 0.$$

2. $\infty-\infty$ 型未定式

恒等变形的步骤：$\infty-\infty \Leftrightarrow \dfrac{1}{0}-\dfrac{1}{0} \xrightarrow{\text{通分}} \dfrac{0-0}{0\times 0}\left(\dfrac{0}{0}\text{型未定式}\right).$

例题讲解

例 3.2.10　求 $\lim\limits_{x\to\frac{\pi}{2}}(\sec x-\tan x)$.

解　所求极限属于 $\infty-\infty$ 型未定式，可利用通分化为 $\dfrac{0}{0}$ 型未定式来计算，即

$$\sec x-\tan x = \frac{1}{\cos x}-\frac{\sin x}{\cos x} = \frac{1-\sin x}{\cos x},$$

当 $x\to\dfrac{\pi}{2}$ 时，上式右端是 $\dfrac{0}{0}$ 型未定式，应用洛必达法则，得

$$\lim_{x\to\frac{\pi}{2}}(\sec x-\tan x) = \lim_{x\to\frac{\pi}{2}}\frac{1-\sin x}{\cos x} = \lim_{x\to\frac{\pi}{2}}\frac{-\cos x}{-\sin x} = \frac{0}{1} = 0.$$

3. 1^{∞} 型、0^{0} 型和 ∞^{0} 型未定式

这三种未定式属于幂指函数型未定式. 可以借助公式 $u^{v}=\mathrm{e}^{\ln u^{v}}=\mathrm{e}^{v\ln u}$，将幂指函数化成复合函数，再交换极限符号到指数，即 $\lim u^{v}=\lim \mathrm{e}^{\ln u^{v}}=\mathrm{e}^{\lim v\ln u}$，这样求 $\lim u^{v}$ 就变成求 $\lim v\ln u$，具体思路如下：

$$\text{恒等变形的步骤：} u^{v} \rightarrow \left.\begin{array}{c}0^{0}\\ 1^{\infty}\\ \infty^{0}\end{array}\right\} \xrightarrow{\text{取对数}} \left\{\begin{array}{l}0\cdot\ln 0\\ \infty\cdot\ln 1 \Rightarrow 0\cdot\infty.\\ 0\cdot\ln\infty\end{array}\right.$$

例题讲解

例 3.2.11　求 $\lim\limits_{x\to 0^{+}} x^{x}$.

解 所求极限属于 0^0 型未定式，将它变形为

$$\lim_{x \to 0^+} x^x = \lim_{x \to 0^+} e^{\ln x^x} = \lim_{x \to 0^+} e^{x \ln x} = e^{\lim_{x \to 0^+} x \ln x},$$

由于

$$\lim_{x \to 0^+} x \ln x = \lim_{x \to 0^+} \frac{\ln x}{\frac{1}{x}} = \lim_{x \to 0^+} \frac{\frac{1}{x}}{-\frac{1}{x^2}} = \lim_{x \to 0^+} (-x) = 0,$$

故

$$\lim_{x \to 0^+} x^x = e^0 = 1.$$

例 3.2.12 求 $\lim\limits_{x \to 0} \dfrac{\tan x - x}{x^2 \sin x}$.

解 因为当 $x \to 0$ 时，$\sin x \sim x$，所以

$$\lim_{x \to 0} \frac{\tan x - x}{x^2 \sin x} = \lim_{x \to 0} \frac{\tan x - x}{x^3} = \lim_{x \to 0} \frac{\sec^2 x - 1}{3x^2}$$

$$= \lim_{x \to 0} \frac{2 \sec^2 x \tan x}{6x} = \frac{1}{3} \lim_{x \to 0} \frac{\tan x}{x} = \frac{1}{3}.$$

注 例 3.2.12 说明：利用洛必达法则求未定式的极限时，最好能与其他求极限的方法结合使用，效果会更好. 例如，能化简时尽可能先化简，在化简过程中可以应用等价无穷小替换或运用重要极限，这样可以使运算简捷.

【习题 3.2】

利用洛必达法则求下列各极限：

(1) $\lim\limits_{x \to 2} \dfrac{x^4 - 16}{x - 2}$;

(2) $\lim\limits_{x \to 0} \dfrac{x - \sin x}{x^3}$;

(3) $\lim\limits_{x \to \pi} \dfrac{\sin 3x}{\tan 5x}$;

(4) $\lim\limits_{x \to 0} \dfrac{\ln \sqrt{1 + 5x}}{x}$;

(5) $\lim\limits_{x \to \frac{\pi}{2}} \dfrac{\ln \sin x}{(\pi - 2x)^2}$;

(6) $\lim\limits_{x \to 0} \dfrac{\cos x - \cos 3x}{x^2}$;

(7) $\lim\limits_{x \to +\infty} \dfrac{e^x}{x^3}$;

(8) $\lim\limits_{x \to 0} \dfrac{e^x - e^{-x}}{\sin x}$;

(9) $\lim\limits_{x \to 0^+} \dfrac{\ln \tan 7x}{\ln \tan 2x}$;

(10) $\lim\limits_{x \to +\infty} \dfrac{\ln x}{x^3}$;

*(11) $\lim\limits_{x \to 1} x^{\frac{1}{x-1}}$;

*(12) $\lim\limits_{x \to +\infty} (x + e^x)^{\frac{1}{x}}$;

(13) $\lim\limits_{x \to 0^+} \sqrt[n]{x} \ln x$;

(14) $\lim\limits_{x \to 0} \left(\dfrac{1}{x} - \dfrac{1}{e^x - 1} \right)$;

(15) $\lim\limits_{x \to 0} \dfrac{(1+x)^\alpha - (1+x)^\beta}{x}$;

(16) $\lim\limits_{x \to \frac{\pi}{2}} \dfrac{\sin \left(\dfrac{3\pi}{2} - 3x \right)}{\sin \left(\dfrac{\pi}{2} - x \right)}$;

习题 3.2 参考答案

(17) $\lim\limits_{x \to 0} \left[\dfrac{1}{x} - \dfrac{1}{x^2} \ln(1+x) \right]$;

(18) $\lim\limits_{x \to \infty} \dfrac{\ln(1 + 3x^2)}{\ln(3 + x^2)}$;

(19) $\lim\limits_{x \to 0} \dfrac{e^x - 1}{x^2 - x}$；

(20) $\lim\limits_{x \to 0}\left(\dfrac{x - \arcsin x}{\sin^3 x}\right)$.

3.3　函数的单调性、极值与最值

3.3.1　函数的单调性

第 1 章已经给出了函数在区间上的单调性的概念，以及如何利用定义判断单调性的方法．下面研究单调性与导数之间的关系，找到如何利用导数判断函数的单调性以及函数求极值的方法．

1. 函数单调性的判定法

如果函数 $y = f(x)$ 在区间 $[a, b]$ 上单调增加（或单调减少），那么它的图形是一条沿 x 轴正向上升（或下降）的曲线（如图 3.3.1 所示）.

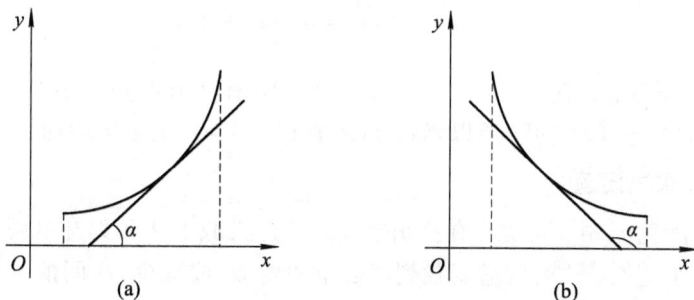

图 3.3.1

根据导数的几何意义，此时曲线上各点处的切线倾斜角都是锐角（或钝角），因此它们的斜率都是非负（或非正）的，即 $y' = f'(x) \geqslant 0$（或 $y' = f'(x) \leqslant 0$）. 可见，函数的单调性与它的导数的符号有着密切的联系.

怎么利用导数的符号来判定函数的单调性呢？事实上，有以下定理.

定理 3.3.1　设函数 $y = f(x)$ 在区间 $[a, b]$ 上连续，在 (a, b) 内可导，

(1) 如果在 (a, b) 内 $f'(x) \geqslant 0$，且等号仅在有限多个点处成立，那么函数 $y = f(x)$ 在 $[a, b]$ 上单调增加；

(2) 如果在 (a, b) 内 $f'(x) \leqslant 0$，且等号仅在有限多个点处成立，那么函数 $y = f(x)$ 在 $[a, b]$ 上单调减少.

注　① 定理 3.3.1 中的闭区间可以换成其他各种区间（开或闭区间，有限或无限区间）.

② 区间内在个别点处导数为零不影响区间的单调性. 例如，曲线 $y = x^3$ 在 $(-\infty, +\infty)$ 上单调增加，但是当 $x = 0$ 时，$y' = 0$.

例题讲解

例 3.3.1　判断函数 $y = x - \sin x$ 在 $[0, 2\pi]$ 上的单调性.

解　因为所给函数在 $[0, 2\pi]$ 上连续，则在 $(0, 2\pi)$ 内，恒有

$$y' = 1 - \cos x > 0,$$

且等号仅在 $x = 0$ 处成立，所以函数 $y = x - \sin x$ 在 $[0, 2\pi]$ 上单调增加.

例 3.3.2　讨论函数 $f(x) = e^x - x - 1$ 的单调性.

解　容易确定此函数的定义域为 $(-\infty, +\infty)$，且 $f(x)$ 对 x 求导得 $f'(x) = e^x - 1$. 因为在 $(-\infty, 0)$ 内，$f'(x) < 0$，所以函数 $f(x)$ 在 $(-\infty, 0]$ 上单调减少；又因为在 $(0, +\infty)$ 内，$f'(x) > 0$，所以函数 $f(x)$ 在 $[0, +\infty)$ 上单调增加.

注　函数的单调性是一个区间上的性质，要用导数在这一区间上的符号来判定其单调性，而不能用一点处的导数符号来判定.

例 3.3.3　讨论函数 $y = x^{\frac{2}{3}}$ 的单调性.

解　函数的定义域为 $(-\infty, +\infty)$，且

$$y' = \frac{2}{3} x^{-\frac{1}{3}} = \frac{2}{3\sqrt[3]{x}} \ (x \neq 0),$$

当 $x = 0$ 时，导数不存在. 在 $(-\infty, 0)$ 内，$f'(x) < 0$，所以函数 $f(x)$ 在 $(-\infty, 0]$ 上单调减少；在 $(0, +\infty)$ 内，$f'(x) > 0$，所以函数 $f(x)$ 在 $[0, +\infty)$ 上单调增加.

2. 单调区间求法问题

从例 3.3.2 和例 3.3.3 可见，有些函数在整个定义域上并不具有单调性，但在其各个部分区间却具有单调性，这时就需要找到函数单调增加(或减少)区间的可能分界点，即导数 $f'(x) = 0$ 的点或使导数 $f'(x)$ 不存在的点.

定义 3.3.1　使函数 $f(x)$ 的导数 $f'(x)$ 等于零的点 x_0(即方程 $f'(x) = 0$ 的实根)，称为函数 $f(x)$ 的驻点.

鉴于函数 $y = f(x)$ 的驻点及使导数 $f'(x)$ 不存在的点都可能是函数单调增加(或减少)区间的分界点，因此我们可以给出判定函数单调性的一般方法：

(1) 确定函数 $f(x)$ 的定义域；

(2) 求导数 $f'(x)$，确定函数增加(或减少)区间的可能分界点，即驻点和不可导点，并用这两类点按从小到大的顺序将定义域划分成若干个子区间；

(3) 逐个判断 $f'(x)$ 在各个子区间内的符号，确定函数 $f(x)$ 在相应区间内的单调性.

例题讲解

例 3.3.4　求函数 $f(x) = (x+4)\sqrt[3]{(x-1)^2}$ 的单调区间.

解　函数 $f(x)$ 的定义域为 $(-\infty, +\infty)$，且求这个函数的导数，得

$$f'(x) = \sqrt[3]{(x-1)^2} + (x+4)\frac{2}{3\sqrt[3]{x-1}}$$

$$= \frac{3(x-1) + 2(x+4)}{3\sqrt[3]{x-1}} = \frac{5(x+1)}{3\sqrt[3]{x-1}}.$$

令 $f'(x)=0$, 得驻点 $x_1=-1$; 在 $x_2=1$ 处, $f'(x)$ 不存在.

点 $x_1=-1$、$x_2=1$ 将定义区间域 $(-\infty, +\infty)$ 分成 $(-\infty, -1)$、$(-1, 1)$、$(1, +\infty)$ 三个子区间, 列表确定函数的单调性, 如表 3.3.1 所示.

表 3.3.1 函数的单调性

x	$(-\infty, -1)$	-1	$(-1, 1)$	1	$(1, +\infty)$
$f'(x)$	+	0	−	不存在	+
$f(x)$	↗		↘		↗

由表 3.3.1 可知, 函数 $f(x)$ 的单调递增区间是 $(-\infty, -1]$ 和 $[1, +\infty)$, 单调递减区间是 $[-1, 1]$.

注 单调区间与连续区间一致.

例 3.3.5 讨论函数 $y=x^3$ 的单调性.

解 函数的定义域为 $(-\infty, +\infty)$, 导数为 $y'=3x^2$.

显然, 除了点 $x=0$ 使 $y'=0$ 之外, 在其余各点处均有 $y'>0$. 因此函数 $y=x^3$ 在区间 $(-\infty, 0]$ 及 $[0, +\infty)$ 上都是单调增加的, 从而在整个定义域 $(-\infty, +\infty)$ 内是单调增加的.

案例分析

案例 3.3.1【商品销售定价策略】 设某商品单位售价为 $P \in [0, 1]$, 售出的商品数量 Q 可表示为

$$Q = \frac{2}{P+1} - 1,$$

试讨论当价格在什么范围内变化时, 涨价可以增加销售额, 又在什么范围内变化时, 降价可以增加销售额.

解 设售出商品的销售额为 R, 则

$$R(P) = \frac{2P}{P+1} - P, \quad P \in [0, 1],$$

$$R'(P) = \frac{2 - (P+1)^2}{(P+1)^2}.$$

当 $R'(P)=0$ 时, 得到驻点 $P=\sqrt{2}-1$; 当 $R'(P)$ 不存在时, 得到不可导点 $P=-1$(舍去, 因为不在定义域内).

点 $P=\sqrt{2}-1$ 将函数的定义域划分为 $[0, \sqrt{2}-1)$, $(\sqrt{2}-1, 1]$ 两个子区间, 列表确定函数的单调性, 如表 3.3.2 所示.

表 3.3.2 函数的单调性

P	$[0, \sqrt{2}-1]$	$\sqrt{2}-1$	$(\sqrt{2}-1, 1]$
$R'(P)$	+	0	−
$R(P)$	↗		↘

由表 3.3.2 可见，当 $0 \leqslant P < \sqrt{2} - 1$ 时，$R'(P) > 0$，函数单调增加，这表明只要商品定价还没有达到时 $\sqrt{2} - 1$，随着价格 P 的增加，市场需求量会有所减少，但该商品的销售额还是呈上升趋势的；

当定价 $P > \sqrt{2} - 1$ 时，$R'(P) < 0$，函数单调减少，即当商品定价超过 $\sqrt{2} - 1$ 时，随着价格 P 的增加，市场承受能力进一步下降，相应的销售额会减少. 因此，当商品价格过高时，降价销售反而会增加销售收入(这也就是商品所谓促销让利的真正原因).

3.3.2 函数的极值

1. 函数极值的概念

观察图 3.3.2，我们发现除了点 x_2 和 b 分别是曲线的最低点和最高点外，还有一些点也是比较特殊的，如点 x_1、x_3、x_4 和 x_5，这些点对应的函数值在某一个小范围内要么是相对较大(或较小)的，要么是上升过程中一个变化的停顿点，下面我们来定义这些特殊点.

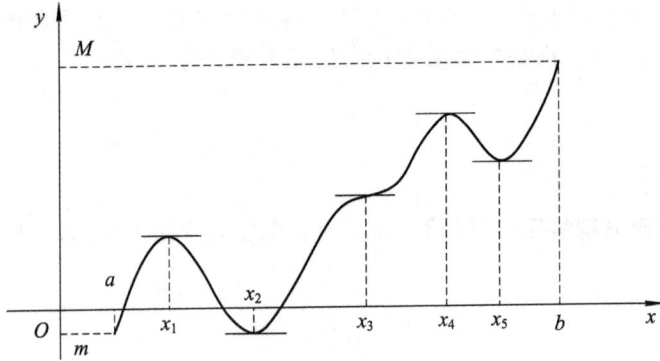

图 3.3.2

定义 3.3.2 设函数 $f(x)$ 在点 x_0 的某邻域内有定义，若对于点 x 的去心邻域内的任一 x，恒有：

(1) $f(x_0) > f(x)$，则称 $f(x_0)$ 为函数 $f(x)$ 的一个极大值，称点 x_0 为 $f(x)$ 的一个极大值点；

(2) $f(x_0) < f(x)$，则称 $f(x_0)$ 为函数 $f(x)$ 的一个极小值，称点 x_0 为 $f(x)$ 的一个极小值点.

函数的极大值与极小值统称为函数的极值，极大值点与极小值点统称为极值点.

根据定义 3.3.2，图 3.3.2 中的函数 $f(x)$ 在点 x_1 和 x_4 处取得极大值 $f(x_1)$ 和 $f(x_4)$，在点 x_2 和 x_5 处取得极小值 $f(x_2)$ 和 $f(x_5)$，在点 x_3 处没有极值.

注 ① 函数极值是一个局部性的概念，它只是针对极值点左右邻近的一个小范围来讲的.

② 函数在一个区间上可能会有几个极大值和几个极小值，且其中的极大值未必比极小值要大. 如图 3.3.2 中的极大值 $f(x_1)$ 比极小值 $f(x_5)$ 小.

③ 函数的极值只能在区间内部取得.

进一步观察图 3.3.2，当函数在上升(或下降)时，不可能有满足极值概念的极值点.

因此当函数 $y=f(x)$ 的导数 $f'(x)>0$（或 $f'(x)<0$）时，不可能取极值. 这样，函数 $y=f(x)$ 取得极值的点只可能是函数的驻点或不可导点. 但值得注意的是，并不是函数所有的驻点和不可导点都是函数的极值点. 如图 3.3.2 中的点 x_3 是函数 $f(x)$ 的一个驻点，但它却不是 $f(x)$ 的极值点.

定理 3.3.2（极值的必要条件）　如果函数 $f(x)$ 在点 x_0 处有极值 $f(x_0)$，且 $f'(x_0)$ 存在，则

$$f'(x_0) = 0.$$

2. 如何求函数的极值

一般地，确定函数 $y=f(x)$ 的极值点有以下两种方法.

定理 3.3.3（极值的第一判别法）　设点 x_0 是函数 $f(x)$ 的驻点或不可导点，

(1) 若当 $x<x_0$ 时 $f'(x)>0$，且当 $x>x_0$ 时 $f'(x)<0$，则函数 $f(x)$ 在点 x_0 处取得极大值 $f(x_0)$；

(2) 若当 $x<x_0$ 时 $f'(x)<0$，且当 $x>x_0$ 时 $f'(x)>0$，则函数 $f(x)$ 在点 x_0 处取得极小值 $f(x_0)$；

(3) 若当 $x<x_0$ 和 $x>x_0$ 时，导数 $f'(x)$ 的符号没有发生改变，则函数 $f(x)$ 在点 x_0 处无极值.

定理 3.3.4（极值的第二判别法）　设函数 $f(x)$ 在点 x_0 处二阶可导，且 $f'(x_0)=0$，$f''(x_0)\neq 0$，若

(1) $f''(x_0)>0$，则 $f(x)$ 在点 x_0 处取得极小值 $f(x_0)$；

(2) $f''(x_0)<0$，则 $f(x)$ 在点 x_0 处取得极大值 $f(x_0)$.

注　当 $f''(x_0)=0$ 时，此方法失效，这时应改用极值的第一判别法进行判定.

例题讲解

例 3.3.6　求函数 $f(x)=x-\dfrac{3}{2}\sqrt[3]{x^2}$ 的单调区间和极值.

解　函数的定义域为 $(-\infty,+\infty)$，对函数求导，得

$$f'(x) = 1 - \frac{1}{\sqrt[3]{x}} = \frac{\sqrt[3]{x}-1}{\sqrt[3]{x}}.$$

当 $f'(x)=0$ 时，得到驻点 $x_1=1$；当 $f'(x)$ 不存在时，对应的不可导点 $x_2=0$. 点 $x_2=0$ 和点 $x_1=1$ 将函数的定义域划分为 $(-\infty,0)$、$(0,1)$ 和 $(1,+\infty)$ 三个子区间，列表讨论函数的单调性和极值，如表 3.3.3 所示.

表 3.3.3　函数的单调性与极值

x	$(-\infty,0)$	0	$(0,1)$	1	$(1,+\infty)$
$f'(x)$	+	不存在	−	0	+
$f(x)$	↗	0	↘	$-1/2$	↗

由表 3.3.3 可知，函数 $f(x)=x-\dfrac{3}{2}\sqrt[3]{x^2}$ 的单调递增区间是 $(-\infty,0]$ 和 $[1,+\infty)$，

单调递减区间是 $[0,1]$. 函数 $f(x)$ 在点 $x=0$ 处有极大值 $f(0)=0$，在点 $x=1$ 处有极小值 $f(1)=-\dfrac{1}{2}$.

例 3.3.7 求函数 $f(x)=x^3-3x^2-9x+5$ 的极值（用两种方法）.

解 方法一：函数的定义域为 $(-\infty,+\infty)$，对函数 $f(x)$ 求导，得

$$f'(x)=3x^2-6x-9=3(x+1)(x-3).$$

当 $f'(x)=0$ 时，得驻点 $x_1=-1$、$x_2=3$；没有不可导点.

点 $x_1=-1$ 和点 $x_2=3$ 将函数的定义域划分为 $(-\infty,-1)$、$(-1,3)$ 和 $(3,+\infty)$ 三个子区间，列表确定函数的极值，如表 3.3.4 所示.

表 3.3.4 函数的单调性与极值

x	$(-\infty,-1)$	-1	$(-1,3)$	3	$(3,+\infty)$
$f'(x)$	$+$	0	$-$	0	$+$
$f(x)$	↗	极大值	↘	极小值	↗

由表 3.3.4 可知，函数 $f(x)=x^3-3x^2-9x+5$ 在点 $x=-1$ 处有极大值 $f(-1)=10$，在点 $x=3$ 处有极小值 $f(3)=-22$.

方法二：函数的定义域为 $(-\infty,+\infty)$，对函数 $f(x)$ 求导，得

$$f'(x)=3x^2-6x-9=3(x+1)(x-3),$$
$$f''(x)=6x-6=6(x-1).$$

当 $f'(x)=0$ 时，得驻点 $x_1=-1$ 和 $x_2=3$；没有不可导点.

因为 $f''(-1)=-12<0$，所以函数 $f(x)=x^3-3x^2-9x+5$ 在点 $x=-1$ 处有极大值 $f(-1)=10$.

又因为 $f''(3)=12>0$，所以函数 $f(x)=x^3-3x^2-9x+5$ 在点 $x=3$ 处有极小值 $f(3)=-22$.

注 从例 3.3.7 的解题过程可以看出，第二种方法似乎比第一种方法简单实用，但第二种方法并不是在任何情况下都适用.

例 3.3.8 求函数 $f(x)=(x^2-1)^3+1$ 的极值.

解 函数的定义域为 $(-\infty,+\infty)$，对函数 $f(x)$ 求导，得

$$f'(x)=6x(x^2-1)^2,\quad f''(x)=6(x^2-1)(5x^2-1).$$

当 $f'(x)=0$ 时，得驻点 $x_1=-1$、$x_2=0$、$x_3=1$.

因为 $f''(0)=6>0$，所以函数 $f(x)$ 在 $x=0$ 处取得极小值 $f(0)=0$.

因为 $f''(-1)=f''(1)=0$，所以第二判别法失效. 此时必须改用第一种方法求解.

考察一阶导数 $f'(x)$ 在驻点 $x_1=-1$ 及 $x_3=1$ 左右邻近的符号：

当 $x<-1$ 时，$f'(x)<0$；当 $x>-1$ 时，$f'(x)<0$；因为在 $x=-1$ 的左右两侧 $f'(x)$ 的符号没有改变，所以 $f(x)$ 在 $x=-1$ 处没有极值. 同理可得，$f(x)$ 在 $x=1$ 处也没有极值.

注 利用两种判别法求极值的步骤归纳如下.

第一判别法求极值的步骤：

(1) 确定 $f(x)$ 的定义域；

（2）求 $f'(x)$，确定驻点和不可导点，并按从小到大的顺序用这些点将定义域划分成若干个子区间；

（3）考察 $f'(x)$ 在各子区间内的符号，并由定理 3.3.3 确定函数在驻点和不可导点处是否取得极值，以及是极大值还是极小值.

第二判别法求极值的一般步骤：

（1）确定 $f(x)$ 的定义域；

（2）求 $f'(x)$ 和 $f''(x)$，并由 $f'(x)=0$ 确定驻点；

（3）考察驻点处二阶导数 $f''(x)$ 的符号，并由定理 3.3.4 确定函数在驻点处是否取得极值，以及是极大值还是极小值.

注　第二判别法所需要满足的条件较苛刻，仅限于判断二阶导数不为零的驻点是否为极值点，故不适用于所有的函数.

3.3.3　函数的最值

在生活和工作中，常常会遇到求最大值和最小值的问题. 如在一定条件下求产量最大、用料最省、成本最低、效率最高、利润最大等，这类问题在数学上有时可归结为求某一函数的最大值或最小值问题，即最值问题.

1. 最大值与最小值的概念

定义 3.3.3　设函数 $y=f(x)$ 在闭区间 $[a,b]$ 上连续，如果存在 $x_0\in[a,b]$，对于任意 $x\in[a,b]$（$x\neq x_0$），恒有：

（1）$f(x_0)\geqslant f(x)$，则称 $f(x_0)$ 为函数 $f(x)$ 在 $[a,b]$ 上的最大值，称点 x_0 为函数 $f(x)$ 在 $[a,b]$ 上的最大值点；

（2）$f(x_0)\leqslant f(x)$，则称 $f(x_0)$ 为函数 $f(x)$ 在 $[a,b]$ 上的最小值，称点 x_0 为函数 $f(x)$ 在 $[a,b]$ 上的最小值点.

函数的最大值与最小值统称为函数的最值. 最大值点与最小值点统称为最值点.

例如，图 3.3.2 所示的函数 $y=f(x)$ 在指定区间 $[a,b]$ 上的端点 $x=b$ 处取得最大值 M，在点 $x=x_2$ 处取得最小值 m.

注　① 函数的最值与极值是不同的. 极值是一个局部性概念，而最值是一个整体性概念. 也就是说，极值只是将一个点的函数值与左右邻近的点的函数值进行比较，而最值是整个定义域内所有点的函数值进行比较.

② 极值点不可能是区间的端点，而最大值或最小值却可以在区间的任意一点处取得. 但如果最值在区间内部取得，则它一定是某个极大值或极小值.

2. 闭区间上连续函数最值的求法

（1）若函数 $f(x)$ 在闭区间 $[a,b]$ 上连续且单调，则最值应在两端点处取得.

（2）函数 $f(x)$ 在闭区间 $[a,b]$ 上连续，若在开区间 (a,b) 内只有唯一极大（或极小）值而无极小（或极大）值，则此极大（或极小）值就是函数 $f(x)$ 在 $[a,b]$ 上的最大（或最小）值.

（3）计算函数 $f(x)$ 在一切可能极值点（驻点或不可导点）的函数值，并将它们与区间端点处的函数值 $f(a)$、$f(b)$ 相比较，其中最大的就是最大值，最小的就是最小值.

例题讲解

例 3.3.9 求函数 $f(x)=-3x^4+6x^2-1$ 在 $[-2,2]$ 上的最值.

解
$$f'(x)=-12x^3+12x=-12x(x-1)(x+1),$$

令 $f'(x)=0$，得驻点 $x_1=-1$，$x_2=0$，$x_3=1$. 计算 $f(x)$ 在区间两端点及驻点处的函数值，得

$$f(\pm 2)=-25,\ f(\pm 1)=2,\ f(0)=-1,$$

比较以上各值可知，$f(x)$ 在 $[-2,2]$ 上的最大值为 $f(\pm 1)=2$，最小值为 $f(\pm 2)=-25$.

例 3.3.10 求函数 $f(x)=x+2\sqrt{x}$ 在 $[0,1]$ 上的最值.

解
$$f'(x)=1+\frac{1}{\sqrt{x}}.$$

当 $x\in(0,1)$ 时，$f'(x)>0$，则 $f(x)$ 在 $[0,1]$ 上单调增加，故 $f(x)$ 的最大值为 $f(1)=3$，最小值为 $f(0)=0$.

3.3.4 最值在经济问题中的应用——最优化分析

数学中的最大值和最小值问题，反映在现实生活中就是最优化问题. 如我们经常喝的可口可乐、红牛、雪碧等饮料公司出售的易拉罐，它的半径与高的比例为什么是这样的呢？这其中就包含了数学的最值理论.

例题讲解

例 3.3.11 某工厂生产某种产品，固定成本为 20 000 元，每生产一单位该产品，成本增加 100 元. 已知总收入 $R(Q)$ 是年产量 Q 的函数：

$$R(Q)=\begin{cases}400Q-\frac{1}{2}Q^2, & 0\leqslant Q\leqslant 400\\ 80\,000, & Q>400\end{cases},$$

问：每年生产多少该产品时，总利润最大？此时总利润是多少？

解 根据题意可知总成本函数为
$$C(Q)=20\,000+100Q,$$

从而得到总利润函数为

$$L(Q)=R(Q)-C(Q)=\begin{cases}300Q-\frac{1}{2}Q^2-20\,000, & 0\leqslant Q\leqslant 400\\ 60\,000-100Q, & Q>400\end{cases},$$

对总利润函数求导，得

$$L'(Q)=\begin{cases}300-Q, & 0\leqslant Q\leqslant 400\\ -100, & Q>400\end{cases},$$

令 $L'(Q)=0$，得驻点 $Q=300$.

因为函数在 $[0,+\infty)$ 内只有一个驻点，而根据实际问题分析可知最大利润必存在，所以当 $Q=300$ 时总利润最大，最大利润为 $L(300)=25\,000$.

例 3.3.12 某企业生产某产品的成本函数为 $C(Q)=9000+40Q+0.001Q^2$，其中 Q 为

产量. 当生产该产品多少件时，平均成本最低？

解　由已知成本函数 $C(Q)=9000+40Q+0.001Q^2$，可得平均成本函数为

$$\overline{C}(Q)=\frac{9000}{Q}+40+0.001Q \quad (Q\in \mathbf{Z}^+),$$

对平均成本函数求导，得

$$\overline{C}'(Q)=-\frac{9000}{Q^2}+0.001,$$

令 $\overline{C}'(Q)=0$，得驻点 $Q=3000(Q=-3000$ 舍去$)$.

因为

$$\overline{C}''(Q)=\frac{18\,000}{q^3},\ \overline{C}''(3000)>0,$$

所以，$Q=3000$ 是 $\overline{C}(Q)$ 在 $(0,+\infty)$ 内的唯一极值点，而且是极小值点，也就是最小值点. 于是，当产量 $Q=3000$ 件时平均成本最低.

案例分析

案例 3.3.2【最大利润原则】　已知某产品的产量 Q 与价格 P 之间的函数关系为 $P=75-\dfrac{3}{2}Q$，总成本函数关系为 $C(Q)=Q^3-\dfrac{81}{2}Q^2+150Q+125$，试分析：当该产品的产量控制在多少时，利润能达到最大？从中你是否能总结出企业利润最大化的基本原则？

解　由价格函数可得企业的总收益函数 $R(Q)$ 为

$$R(Q)=Q\cdot P=Q\left(75-\frac{3}{2}Q\right)=75Q-\frac{3}{2}Q^2,$$

所以，该产品的总利润函数 $L(Q)$ 为

$$L(Q)=R(Q)-C(Q)=\left(75Q-\frac{3}{2}Q^2\right)-\left(Q^3-\frac{81}{2}Q^2+150Q+125\right)$$

$$=-Q^3+39Q^2-75Q-125,$$

对总利润函数求导，得

$$L'(Q)=-3Q^2+78Q-75=-3(Q-1)(Q-25),$$

令 $L'(Q)=0$，得驻点 $Q=1$ 和 $Q=25$.

又因为

$$L''(Q)=-6Q+78,\ L''(1)=72>0,\ L''(25)=-72<0,$$

所以，$Q=1$ 是极小值点不合实际意义，舍去；$Q=25$ 是极大值点，也是最大值点.

于是，当产量是 25 个单位时利润最大，最大利润 $L_{\max}=L(25)=6750$.

此时，$C'(25)=R'(25)=0$，另有 $C''(25)=69$，$R''(25)=-3$，所以有

$$R''(25)<C''(25),$$

因此，企业要实现产品利润最大化，必须坚持如下两条原则：

(1) $C'(Q)=R'(Q)$；　　(2) $R''(Q)<C''(Q)$.

此原则称为最大利润原则.

案例 3.3.3【销售收入最大问题】　一家销售公司批销某种小商品，该公司提供以下的价格折扣：如果订购量不超过 50 000 件，则每千件价格为 300 元；如果订购量超过 50 000 件，

则每超过 1 千件价格可下浮 1.25％. 问：当订单是多大时，该公司的销售收入最大？最大收入是多少？

解 设订单为 Q 千件，则当 $Q \leqslant 50$ 时，销售收入为 $R(Q) = 300Q$，当 $Q > 50$ 时，$R(Q) = [300 - 3.75(Q - 50)]Q$，即

$$R(Q) = \begin{cases} 300Q, & 0 \leqslant Q \leqslant 50 \\ -3.75Q^2 + 487.5Q, & Q > 50 \end{cases}.$$

当 $Q > 50$ 时，令 $R'(Q) = -7.5Q + 487.5 = 0$，得驻点 $Q = 65$，而 $R''(65) = -7.5 < 0$，因此 $Q = 65$ 为极大值点. 易见当 $0 < Q < 65$ 时，$R(Q)$ 单调增加且连续，故 $Q = 65$ 是最大值点. 即当订单为 65 000 件时，公司销售收入最大，最大收入 $R(65) = 15\ 843.75$ 元.

案例 3.3.4【用料最省问题】 要做一个容积为 V 的圆柱形罐头筒，怎样设计才能使得所用材料最省？

解 显然，要使材料最省就是要求罐头筒的表面积最小. 设罐头筒的底半径为 r，高为 h，如图 3.3.3 所示，则它的侧面积为 $2\pi rh$，底面积为 πr^2，因此总表面积为

$$S = 2\pi r^2 + 2\pi rh,$$

由体积公式 $V = \pi r^2 h$ 得 $h = \dfrac{V}{\pi r^2}$，所以

$$S = 2\pi r^2 + \frac{2V}{r} \quad r \in (0, +\infty),$$

对总表面积公式 S 求导，得

$$S' = 4\pi r - \frac{2V}{r^2} = \frac{2(2\pi r^3 - V)}{r^2},$$

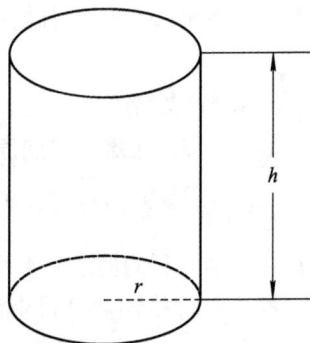

图 3.3.3

令 $S' = 0$，得 $r = \sqrt[3]{\dfrac{V}{2\pi}}$.

又因为 $S'' = 4\pi + \dfrac{4V}{r^3}$，且 π、V、r 都是正数，所以 $S'' > 0$. 因此，S 在点 $r = \sqrt[3]{\dfrac{V}{2\pi}}$ 处有极小值，也就是最小值. 这时相应的高为

$$h = \frac{V}{\pi r^2} = \frac{V}{\pi \left(\sqrt[3]{\dfrac{V}{2\pi}}\right)^2} = 2\sqrt[3]{\frac{V}{2\pi}} = 2r,$$

于是得出结论：当所做罐头筒的高和底面直径相等时，所用材料最省.

案例 3.3.5【税收的学问】 某商品的需求量 Q_1 是价格 P 的函数 $Q_1 = 100(5 - P)$，而该商品供给量 Q_2 是价格 P 和每单位该商品税额 t 的函数 $Q_2 = 200(P - t - 1)$，试求：

(1) 当供需平衡时，销售量 Q 与税额 t 的关系；

(2) 当 t 为何值时，税收总额最大？

解 (1) 当供需平衡时，销售量 Q 与需求量 Q_1 和供给量 Q_2 相等，即 $Q = Q_1 = Q_2$，所以

$$100(5 - P) = 200(P - t - 1),$$

得

$$P = \frac{2}{3}t + \frac{7}{3},$$

于是

$$Q = 100\left(5 - \frac{2}{3}t - \frac{7}{3}\right) = \frac{200}{3}(4 - t).$$

（2）设税收总额为 T，则

$$T(t) = t \cdot Q = t \cdot \frac{200}{3}(4 - t) = \frac{200}{3}(4t - t^2),$$

对税收总额函数求导，得

$$T'(t) = \frac{400}{3}(2 - t),$$

令 $T'(t) = 0$，得唯一驻点 $t = 2$. 所以当供需平衡，且每单位商品的税额定为 2 个单位时，税收总额达到最大值 $T(2) = \frac{800}{3}$ 个单位.

【习题 3.3】

1. 确定下列函数的单调区间：
(1) $f(x) = 2 + x - x^2$；
(2) $f(x) = x^3 - 9x^2 + 27x - 27$；
(3) $f(x) = 2x^2 - \ln x$；
(4) $f(x) = x - e^x$；
(5) $f(x) = x^2 - \frac{54}{x}$；
(6) $f(x) = \frac{\ln x}{x}$.

2. 证明函数 $f(x) = \arctan x$ 在其定义域内是单调增加的.

3. 求下列函数的极值：
(1) $f(x) = x^3 - 3x^2 + 7$；
(2) $f(x) = 2e^x + e^{-x}$；
(3) $f(x) = -x^4 + 2x^2$；
(4) $f(x) = x + \sqrt{1 - x}$.

4. 利用极值的第二判别法，求函数 $y = 2x^3 - 6x^2 - 18x + 7$ 的极值.

5. 求下列函数在给定区间上的最大（或最小）值：
(1) $f(x) = x^4 - 2x^2 + 5$，$x \in [-2, 2]$；
(2) $f(x) = x - 2\sqrt{x}$，$x \in [0, 4]$.

6. 某工厂生产某产品，每批产量为 Q，总成本为 C，产品价格为 P. 已知该产品的需求函数为 $P(Q) = 10 - 0.01Q$，总成本函数为 $C(Q) = 100 + 4Q$，该产品单位为吨，成本、价格、收益、利润的单位为万元. 当每批生产多少吨该产品时，利润达最大，最大利润为多少？

7. 设某产品的固定成本为 2000 元，每增加一个该产品，成本增加 10 元. 市场的需求规律是：当价格为 P 时的需求函数为 $Q = 100.5 - 0.05P$，试求：
(1) 该产品的利润函数；
(2) 当获得最大利润时该产品的产量；
(3) 当获得最大利润时该产品的价格.

8. 设当生产某产品 Q 件时的成本函数为 $C(Q) = 9000 + 40Q + 0.001Q^2$，试求：
(1) 平均成本函数；
(2) 当产量 $Q = 1000$ 件时的平均成本；
(3) 使平均成本最低时该产品的产量.

9. 设某商品的需求函数是 $Q=12\ 000-80P$，总成本函数是 $C(Q)=25\ 000+50Q$，每单位该商品需纳税 2，试求当使销售利润最大时该商品价格和最大利润.

10. 欲做一个容积为 $300\ \mathrm{m}^3$ 的无盖圆柱形蓄水池，已知池底单位造价为周围单位造价的两倍，问：蓄水池的尺寸应怎样设计才能使总造价最低？

习题 3.3 参考答案

*3.4 曲线的凹凸性、拐点与渐近线

3.4.1 曲线的凹凸性

在研究函数图形的变化状况时，仅知道函数的单调性还不能完全反映函数的变化规律. 如图 3.4.1 所示的函数 $y=f(x)$ 的图形在区间 (a,b) 内虽然是单调增加的，但却有不同的弯曲状况. 从左向右，曲线先是向下弯曲的，通过点 M 后，转而向上弯曲. 因此在研究函数的图形时，考察它的弯曲方向以及改变弯曲方向的点是非常必要的.

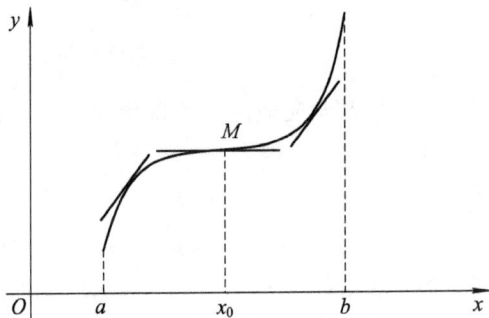

图 3.4.1

从图 3.4.1 中明显看出，曲线向下弯曲的弧段位于这段弧上任意点的切线下方，曲线向上弯曲的弧段位于这段弧上任意一点的切线上方. 曲线的这种弯曲性又称为曲线的凹凸性. 关于曲线的凹凸性，我们给出以下定义.

定义 3.4.1 设曲线 $f(x)$ 在区间 (a,b) 内每一点都有切线.

(1) 若曲线弧总位于其上任意一点切线的上方，则称曲线在区间 (a,b) 内是凹的(记作 $\cup$)，区间 (a,b) 为凹区间；

(2) 若曲线弧总位于其上任意一点切线的下方，则称曲线在曲线 (a,b) 内是凸的(记作 $\cap$)，区间 (a,b) 为凸区间.

关于函数曲线凹凸性的判定，有下面的定理.

定理 3.4.1 设函数 $f(x)$ 在 $[a,b]$ 上连续，在 (a,b) 内具有一阶和二阶导数.

(1) 若在 (a,b) 内 $f''(x)>0$，则曲线 $f(x)$ 在 $[a,b]$ 上的图形是凹的；

(2) 若在 (a,b) 内 $f''(x)<0$，则曲线 $f(x)$ 在 $[a,b]$ 上的图形是凸的.

例题讲解

例 3.4.1　验证曲线 $f(x)=\ln x$ 在其定义域 $(0, +\infty)$ 内是凸的.

解　因为 $f'(x)=\dfrac{1}{x}$，$f''(x)=-\dfrac{1}{x^2}$，所以

$$f''(x)<0, x\in(0, +\infty),$$

因此曲线 $f(x)=\ln x$ 在 $(0, +\infty)$ 内是凸的，如图 3.4.2 所示.

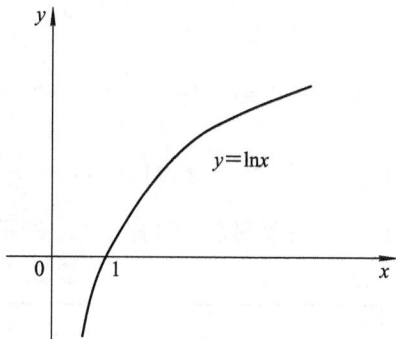

图 3.4.2

例 3.4.2　判定曲线 $f(x)=x^3$ 的凹凸性.

解　$f(x)=x^3$ 的定义域为 $(-\infty, +\infty)$.
因为

$$f'(x)=3x^2, f''(x)=6x,$$

显然，当 $x>0$ 时，有 $f''(x)>0$；当 $x<0$ 时，$f''(x)<0$，所以 $f(x)=x^3$ 的凹区间是 $[0, +\infty)$，凸区间是 $(-\infty, 0]$.

在例 3.4.2 中，点 $(0, 0)$ 是曲线由凸变凹的分界点. 许多函数曲线在定义域内往往都呈现凹凸两种特性，这就需要找出它们的分界点. 于是我们有以下的拐点定义.

3.4.2　曲线的拐点

定义 3.4.2　在连续曲线上，凹弧与凸弧的分界点称为该曲线的拐点.

注　① 拐点是曲线上的点，因此拐点必须用坐标点来表示. 例如，图 3.4.1 所示曲线上的点 M 可表示为 $(x_0, f(x_0))$.

② 由定理 3.4.1 知，拐点两侧的 $f''(x)$ 必然异号. 因此，在拐点处应有 $f''(x_0)=0$ 或 $f''(x_0)$ 不存在.

一般地，我们可按下列步骤来确定曲线 $y=f(x)$ 的凹凸性及拐点：

(1) 确定函数的定义域；

(2) 求函数 $f(x)$ 的二阶导数 $f''(x)$，找出使 $f''(x)=0$ 或 $f''(x)$ 不存在的点；

(3) 用这些点将定义域分为若干子区间，在每个子区间内确定 $f''(x)$ 的符号；

(4) 由定理 3.4.1 确定函数 $f(x)$ 在各子区间内的凹凸性，最后确定曲线的拐点.

例题讲解

例 3.4.3　求曲线 $y=2x^3+3x^2-12x+14$ 的拐点.

解　　　　$y'=6x^2+6x-12$，$y''=12x+6=12\left(x+\dfrac{1}{2}\right)$.

令 $y''=0$，得 $x=-\dfrac{1}{2}$. 当 $x<-\dfrac{1}{2}$ 时，$y''<0$；当 $x>-\dfrac{1}{2}$ 时，$y''>0$. 因此，点 $\left(-\dfrac{1}{2}, 20\dfrac{1}{2}\right)$ 是曲线 $y=2x^3+3x^2-12x+14$ 的拐点.

例 3.4.4　求曲线 $f(x)=(x-1)\sqrt[3]{x^2}$ 的凹凸区间与拐点.

解　函数 $f(x)=(x-1)\sqrt[3]{x^2}$ 的定义域为 $(-\infty,+\infty)$ 且 $f(x)=x^{\frac{5}{3}}-x^{\frac{2}{3}}$，则

$$f'(x)=\frac{5}{3}x^{\frac{2}{3}}-\frac{2}{3}x^{-\frac{1}{3}},$$

$$f''(x)=\frac{10}{9}x^{-\frac{1}{3}}+\frac{2}{9}x^{-\frac{4}{3}}=\frac{10x+2}{9\sqrt[3]{x^4}}.$$

令 $f''(x)=0$，得 $x=-\frac{1}{5}$. 当 $x=0$ 时，$f''(x)$ 不存在. $x=-\frac{1}{5}$ 和 $x=0$ 把函数的定义域 $(-\infty,+\infty)$ 划分为 $\left(-\infty,-\frac{1}{5}\right)$、$\left(-\frac{1}{5},0\right)$ 和 $(0,+\infty)$ 三个子区间，列表讨论曲线的凹凸区间及拐点，如表 3.4.1 所示.

表 3.4.1　函数的凹凸性与拐点

x	$\left(-\infty,-\frac{1}{5}\right)$	$-\frac{1}{5}$	$\left(-\frac{1}{5},0\right)$	0	$(0,+\infty)$
$f''(x)$	$-$	0	$+$	不存在	$+$
$f(x)$	$\cap$	$-\frac{6}{25}\sqrt[3]{5}$	$\cup$	0	$\cup$

由表 3.4.1 可知，曲线的凸区间为 $\left(-\infty,-\frac{1}{5}\right]$，凹区间为 $\left[-\frac{1}{5},+\infty\right)$，拐点为 $\left(-\frac{1}{5},-\frac{6}{25}\sqrt[3]{5}\right)$.

注　当用二阶导数的符号来判别曲线的凹凸性时，通常可简记为"正凹负凸".

3.4.3　曲线的渐近线

在研究函数时，我们经常要作函数的图像. 若函数的定义域和值域都是有限区间，则其图形局限于一定的范围内；而当函数的定义域和值域都是无限区间时，函数的图形会向无限远处延伸. 为了比较准确地了解函数曲线在无限延伸情况下的变化特点，下面给出渐近线的概念.

定义 3.4.3　如果一条曲线在它无限延伸的过程中与某一条直线无限接近，则称该直线为这条曲线的渐近线.

渐近线分为水平渐近线、铅垂渐近线和斜渐近线三种. 这里仅介绍水平渐近线和铅垂渐近线.

1. 水平渐近线

定义 3.4.4　若 $\lim\limits_{x\to-\infty}f(x)=a$ 或 $\lim\limits_{x\to+\infty}f(x)=a$，则称直线 $y=a$ 为曲线 $y=f(x)$ 的水平渐近线（如图 3.4.3 所示）.

注　定义 3.4.4 中的 $x\to-\infty$ 和 $x\to+\infty$，换成 $x\to\infty$ 有同样的结论. 例如曲线 $y=\frac{1}{x-1}$，因为 $\lim\limits_{x\to\infty}\frac{1}{x-1}=0$，所以直线 $y=0$ 是曲线 $y=\frac{1}{x-1}$ 的一条水平渐近线.

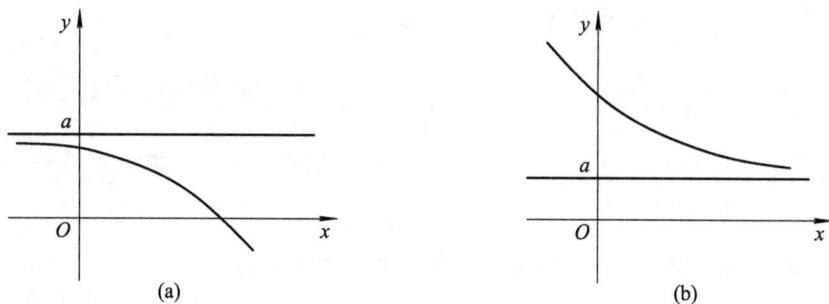

图 3.4.3

2. 铅直渐近线

定义 3.4.5　如果曲线 $y=f(x)$ 在点 b 处有 $\lim\limits_{x \to b^-} f(x)=\infty$ 或 $\lim\limits_{x \to b^+} f(x)=\infty$，则称直线 $x=b$ 为曲线 $y=f(x)$ 的铅直渐近线（如图 3.4.4 所示）.

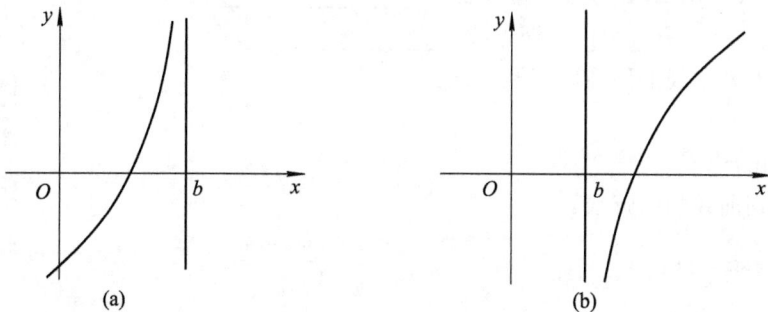

图 3.4.4

注　① 定义 3.4.5 中的 $x \to b^-$ 和 $x \to b^+$，换成 $x \to b$ 有同样的结论.

② 曲线的铅直渐近线只可能在函数的间断点或定义域的端点处产生.

例如，因为函数 $y=\dfrac{5}{x-3}$ 有间断点 $x=3$，且 $\lim\limits_{x \to 3}\dfrac{5}{x-3}=\infty$，所以直线 $x=3$ 是曲线 $y=\dfrac{5}{x-3}$ 的一条铅直渐近线.

📝 例题讲解

例 3.4.5　求下列曲线的渐近线：

（1）$y=\dfrac{\ln x}{x}$；　　　　　　　　　（2）$y=\dfrac{x \mathrm{e}^x}{\mathrm{e}^x-1}$.

解　（1）函数 $y=\dfrac{\ln x}{x}$ 的定义域为 $(0,+\infty)$，因为 $\lim\limits_{x \to +\infty}\dfrac{\ln x}{x}=\lim\limits_{x \to +\infty}\dfrac{\dfrac{1}{x}}{1}=0$，所以 $y=0$ 是曲线 $y=\dfrac{\ln x}{x}$ 的一条水平渐近线.

又因为 $\lim\limits_{x \to 0^+}\dfrac{\ln x}{x}=\lim\limits_{x \to 0^+}\dfrac{1}{x} \cdot \ln x=-\infty$，所以 $x=0$ 是曲线 $y=\dfrac{\ln x}{x}$ 的一条铅直渐近线.

(2) 函数 $y=\dfrac{x\mathrm{e}^x}{\mathrm{e}^x-1}$ 的定义域为 $(-\infty,0)\bigcup(0,+\infty)$.

因为 $\lim\limits_{x\to 0}\dfrac{x\mathrm{e}^x}{\mathrm{e}^x-1}=\lim\limits_{x\to 0}\dfrac{x}{\mathrm{e}^x-1}\cdot\mathrm{e}^x=\lim\limits_{x\to 0}\dfrac{x}{\mathrm{e}^x-1}=1\neq\infty$,所以所给曲线无铅直渐近线.

又因为 $\lim\limits_{x\to-\infty}\dfrac{x\mathrm{e}^x}{\mathrm{e}^x-1}=\lim\limits_{x\to-\infty}\dfrac{x}{1-\mathrm{e}^{-x}}=\lim\limits_{x\to-\infty}\dfrac{1}{\mathrm{e}^{-x}}=0$,所以 $y=0$ 是曲线 $y=\dfrac{x\mathrm{e}^x}{\mathrm{e}^x-1}$ 的一条水平渐近线.

注 ① 水平渐近线仅在定义域为无穷区间时才可能存在.

② 铅直渐近线与曲线的间断点有关. 若曲线在定义域内连续,则曲线无铅直渐近线.

*【习题 3.4】

1. 填空题:

(1) 函数 $f(x)=x^3$ 的凸区间为＿＿＿＿＿＿＿.

(2) 函数 $y=2x^3+3x^2+x+2$ 的凹区间为＿＿＿＿＿＿＿＿.

(3) 函数 $y=\arctan x$ 的水平渐近线为＿＿＿＿＿＿＿＿.

(4) 函数 $y=\mathrm{e}^x$ 有＿＿＿＿＿渐近线＿＿＿＿＿＿＿＿.

2. 讨论下列曲线的凹凸区间及拐点:

(1) $y=x^2-x^3$;   (2) $y=\ln(x^2-1)$;

(3) $y=\ln x+x^2$;   (4) $y=x^3-3x+1$.

3. 求下列曲线的渐近线:

(1) $y=x\sin\dfrac{1}{x}$;   (2) $y=\dfrac{(x-1)^2}{(x+1)^3}$.

习题 3.4 参考答案

3.5 导数在经济分析中的应用

对于导数概念在经济分析中的应用,我们介绍两种方法:边际分析和弹性分析.

3.5.1 边际分析

边际概念是经济学中的一个常见概念,它反映了一种经济变量 y 相对于另一种经济变量 x 的变化率,也就是变量 y 对变量 x 的导数. 利用导数研究经济变量的边际变化的方法,称为边际分析方法.

定义 3.5.1 设函数 $y=f(x)$ 可导,则称导数 $f'(x)$ 为函数 $f(x)$ 的边际函数. 相应地,$f'(x_0)$ 称为函数 $f(x)$ 在 x_0 处的边际值(简称边际).

1. 边际成本

引例 3.5.1【边际成本】 在经济学中,边际成本定义为在一定产量水平下,增加或减少一个单位的产量所引起成本总额的变动数,简记为 MC.

例如,当生产某种产品 100 个单位时,总成本为 6000 元,单位产品成本为 60 元. 当生产 101 个单位该产品时,其总成本 6050 元,则所增加一个该产品的成本为 50 元,即边际成本为 50 元.

已知当某产品的产量为 Q 时所需的总成本为 $C=C(Q)$（C 为总成本函数，Q 为产品的产量），如何利用数学思想按上述概念计算其边际成本呢？

问题分析　边际成本的实质就是分析总成本的变化率，求总成本的变化率.

欲求当某产品的产量为 Q_0 时的边际成本，一种方法是先分别计算该产品每增加 1 个单位后的成本总额，然后依次相减，即

$$MC = C(Q_0 + 1) - C(Q_0),$$

但这种计算方法烦琐，且不易求.

另一种方法可以按如下思想进行：由于

$$C(Q_0 + 1) - C(Q_0) = \Delta C(Q) \approx dC(Q) = C'(Q_0) \cdot \Delta Q,$$

当 $\Delta Q=1$ 个单位，即在产量为 $Q=Q_0$ 时，若再生产"1 个单位"该产品，且这"1 个单位"相比于 Q_0 很小时，就有

$$C(Q_0 + 1) - C(Q_0) \approx C'(Q_0),$$

所以，总成本函数 $C(Q)$ 关于产量 Q 的导数 $C'(Q)$ 就是边际成本，记作 $MC=C'(Q)$. 当产量为 Q_0 时的边际成本为 $C'(Q_0)$，其经济意义为：当产量为 Q_0 个单位时，再多生产一个单位该产品所需的成本，即表示生产第 Q_0+1 个单位该产品的成本.

2. 边际收益

在经济学中，边际收益定义为多销售一个单位产品时所增加的销售收入.

设某产品的销售量为 Q 时的总收益函数为 $R=R(Q)$，当 $R(Q)$ 可导时，则总收益函数 $R(Q)$ 关于销售量 Q 的导数 $R'(Q)$，称为该产品的边际收益，记作 $MR=R'(Q)$. 当销量为 Q_0 时的边际收益为 $R'(Q_0)$，其经济意义为：当销量为 Q_0 个单位时，再多销售一个单位该产品所增加的收益，即表示销售第 Q_0+1 个单位该商品的收益.

3. 边际利润

设当某产品的销售量为 Q 时的总利润函数为 $L=L(Q)$，当 $L(Q)$ 可导时，总利润函数 $L(Q)$ 关于销售量 Q 的导数 $L'(Q)$，称为该产品的边际利润，记作 $ML=L'(Q)$. 产量或销量为 Q_0 的边际利润为 $L'(Q_0)$，其经济意义为：当产量或销量为 Q_0 个单位时，再多生产或销售一个单位该产品所增加的利润，即表示生产或销售第 Q_0+1 个单位该商品的利润.

由于总利润为总收入与总成本之差，即

$$L(Q) = R(Q) - C(Q),$$

对上式两边求导，得

$$L'(Q) = R'(Q) - C'(Q),$$

即边际利润等于边际收入与边际成本之差.

4. 边际需求

与边际成本、边际收益和边际利润类似，设某商品的需求函数为 $Q=Q(P)$，当 $Q(P)$ 可导时需求量 $Q(P)$ 关于价格 P 的导数 $Q'(P)$ 称为边际需求，记作 $MQ=Q'(P)$. 当价格 $P=P_0$ 时，边际需求值为 $Q'(P_0)$，其经济意义为：当价格为 P_0 时，如果价格上涨（或下降）1 个单位，需求量将减少（或增加）$Q'(P_0)$ 个单位.

例题讲解

例 3.5.1 设生产某产品 Q 吨时的总成本函数为 $C(Q)=1000+7Q+50\sqrt{Q}$.

(1) 指出固定成本和可变成本;

(2) 求边际成本函数及当产量为 $Q=100$ 吨时的边际成本 MC(100),并说明其经济意义;

(3) 如果国家对企业增加固定税收,则固定税收对该产品的边际成本是否有影响?为什么?

解 (1) 成本函数为

$$C(Q) = 1000 + 7Q + 50\sqrt{Q},$$

因为固定成本与产量 Q 无关,所以固定成本为 1000 元,可变成本为 $7Q+50\sqrt{Q}$.

(2) 边际成本函数为

$$\begin{aligned} \mathrm{MC}(Q) = C'(Q) &= (1000+7Q+50\sqrt{Q})' \\ &= 7 + \frac{50}{2\sqrt{Q}} = 7 + 25\frac{1}{\sqrt{Q}}, \end{aligned}$$

当 $Q=100$ 时,$\mathrm{MC}(100)=7+25\cdot\dfrac{1}{\sqrt{100}}=7+2.5=9.5$(元).

经济意义为:当产量为 100 吨时,如果再多生产 1 吨该产品,则成本增加 9.5 元.

(3) 因国家对该企业增加的固定税收与产量无关,这种固定税收可列入固定成本,因而对边际成本没有影响.

例 3.5.2 设某产品的需求函数为 $Q=100-5P$,求:

(1) 边际收益函数 MR(Q);

(2) 当 $Q=20$、50 和 70 时的边际收益并分别说明其经济意义.

解 (1) 收益函数为 $R(Q)=PQ$,此题需要用需求函数来表示出价格函数 P,即

$$P = \frac{1}{5}(100-Q),$$

于是收益函数为

$$R(Q) = \frac{1}{5}(100-Q)Q = 20Q - \frac{1}{5}Q^2,$$

故边际收益函数为

$$\mathrm{MR} = R'(Q) = 20 - \frac{2}{5}Q.$$

(2) 当 $Q=20$、50 和 70 时,有

$$\mathrm{MR}(20) = R'(20) = 12,$$
$$\mathrm{MR}(50) = R'(50) = 0,$$
$$\mathrm{MR}(70) = R'(70) = -8.$$

经济意义如下:

由 $\mathrm{MR}(20)=12$ 知,当销量 $Q=20$ 时,如果再多销售一个单位该产品,则总收益增加 12 个单位.

由 MR(50)＝0 知，当销量 $Q=50$ 时，如果再多销售一个单位该产品，则总收益几乎不变，此时总收益达到最大值.

由 MR(70)＝－8 知，当销量 $Q=70$ 时，如果再多销售一个单位该产品，反而使总收益减少 8 个单位，或者再少销售一个单位该产品，将使总收益少损失 8 个单位.

例 3.5.3　已知生产某产品的固定成本为 20 000 元，每生产一个单位该产品成本增加 100 元，总收益函数为 $R(Q)=400Q-\dfrac{1}{2}Q^2$，设产销平衡，试求边际成本、边际收益和边际利润.

解　总成本函数为

$$C(Q) = 20\,000 + 100Q,$$

边际成本为

$$MC(Q) = 100,$$

总收益函数为

$$R(Q) = 400Q - \frac{1}{2}Q^2,$$

边际收益为

$$MR(Q) = 400 - Q,$$

总利润函数为

$$L(Q) = R(Q) - C(Q) = -\frac{1}{2}Q^2 + 300Q - 20\,000,$$

边际利润为

$$ML(Q) = -Q + 300.$$

例 3.5.4　设某商品的需求函数为 $Q=Q(P)=75-P^2$，求当 $P=4$ 时的边际需求，并说明其经济意义.

解　边际需求函数为

$$MQ = Q'(P) = -2P,$$

当 $P=4$ 时的边际需求为 $Q'(P)\big|_{P=4} = -8$.

经济意义为：当价格为 4 时，价格上涨（或下降）1 个单位，需求量将减少（或增加）8 个单位.

3.5.2　弹性分析

边际分析刻画了函数的绝对增量和绝对变化率. 但是，在市场经济中仅仅知道绝对增量和绝对变化率是不够的. 具体看下面的引例.

引例 3.5.2【降价问题】　家电经销商和手机经销商均宣布将价格分别为 10 000 元的某品牌超高清电视机和 2000 元的手机降价 100 元，试分析其对消费者的影响程度区别.

问题分析　虽然两种商品价格的绝对改变量都是 100 元，但各自与原价相比，两者降价的幅度却大不相同：超高清电视机降价 1%，而手机降价 5%，手机的降价幅度是超高清电视机的 5 倍，因此对消费者的吸引力大不相同！

为此，有必要研究函数的相对增量和相对变化率.

1. 相对增量和平均相对变化率的概念

设函数 $y=f(x)$ 在点 x_0 处有增量 Δx，函数 $f(x)$ 取得的相应增量为

$$\Delta y = f(x_0 + \Delta x) - f(x_0),$$

其中，Δx 和 Δy 分别称为自变量 x 在点 x_0 处的绝对增量与函数 y 在 y_0 处的绝对增量.

$\dfrac{\Delta x}{x_0}$ 称为自变量 x 在点 x_0 处的相对增量，也称为自变量 x 在点 x_0 处的变化幅度. $\dfrac{\Delta y}{y_0}$ 称为函数 y 在 y_0 处的相对增量，也称为函数 y 在 y_0 处的变化幅度.

函数的相对增量 $\dfrac{\Delta y}{y_0}$ 与自变量的相对增量 $\dfrac{\Delta x}{x_0}$ 之比，即 $\dfrac{\Delta y/y_0}{\Delta x/x_0}$ 称为函数 $f(x)$ 在点 x_0 与 $x_0 + \Delta x$ 间的平均相对变化率.

例如，如果函数 $y=x^2$ 在点 $x=10$ 处取得增量 $\Delta x=1$，那么函数 y 取得相应增量为 $\Delta y=21$，而

$$\frac{\Delta x}{x} = \frac{1}{10} = 10\%, \qquad \frac{\Delta y}{y} = \frac{21}{100} = 21\%, \qquad \frac{\Delta y/y}{\Delta x/x} = \frac{21\%}{10\%} = 2.1$$

这表明：当自变量 x 从 $x=10$ 变到 $x=11$ 时，函数 y 从 100 变到 121，自变量 x 的相对增量是 10%，函数 y 的相对增量 21%，函数 y 在点 10 和 11 间的平均相对变化率是2.1，即函数 y 的变化幅度平均是自变量 x 的变化幅度的 2.1 倍. 这种函数的变化幅度与自变量的变化幅度之比，在经济学上就是弹性.

2. 弹性的概念

定义 3.5.2 设函数 $y=f(x)$ 在点 x_0 处可导，函数的相对增量

$$\frac{\Delta y}{y_0} = \frac{f(x_0 + \Delta x) - f(x_0)}{f(x_0)}$$

与自变量的相对增量 $\dfrac{\Delta x}{x_0}$ 之比 $\dfrac{\Delta y/y_0}{\Delta x/x_0}$，称为函数 $f(x)$ 在点 x_0 与 $x_0 + \Delta x$ 间的弹性，或称为函数 $f(x)$ 在两点间的平均相对变化率，而极限 $\lim\limits_{\Delta x \to 0} \dfrac{\Delta y/y_0}{\Delta x/x_0}$ 称为函数 $f(x)$ 在点 x_0 处的弹性（或相对变化率），记作 $\dfrac{Ey}{Ex}\Big|_{x=x_0}$，即

$$\frac{Ey}{Ex}\Big|_{x=x_0} = \lim_{\Delta x \to 0} \frac{\frac{\Delta y}{y_0}}{\frac{\Delta x}{x_0}} = \lim_{\Delta x \to 0} \frac{\Delta y}{\Delta x} \cdot \frac{x_0}{y_0} = f'(x_0)\,\frac{x_0}{f(x_0)}.$$

对于任意的 x，若函数 $y=f(x)$ 可导，则有

$$\frac{Ey}{Ex} = \lim_{\Delta x \to 0} \frac{\Delta y/y}{\Delta x/x} = \lim_{\Delta x \to 0} \frac{\Delta y}{\Delta x} \cdot \frac{x}{y} = y' \cdot \frac{x}{y},$$

显然上式为 x 的函数，称为函数 $y=f(x)$ 的弹性函数.

注 ① 函数 $y=f(x)$ 在点 x 处的弹性 $\dfrac{Ey}{Ex}$ 反映了 x 的变化幅度对函数 $f(x)$ 的变化幅度大小的影响，也就是函数 $y=f(x)$ 对自变量 x 变化反应的强烈程度或灵敏度.

② $\dfrac{Ey}{Ex}\Big|_{x=x_0}$ 表示在点 $x=x_0$ 处，当 x 产生 1% 的改变时，函数 $y=f(x)$ 近似地改变

$\dfrac{Ey}{Ex}\Big|_{x=x_0}$ %. 当在实际问题中解释弹性的具体意义时，往往略去"近似"二字.

例题讲解

例 3.5.5　求函数 $y=x\ln x$ 在 $x=\mathrm{e}$ 处的弹性.

解　$y'=1+\ln x$.

因为

$$\frac{Ey}{Ex}=y'\cdot\frac{x}{y}=(1+\ln x)\frac{x}{x\ln x}=\frac{1+\ln x}{\ln x},$$

所以

$$\frac{Ey}{Ex}\Big|_{x=e}=\frac{1+\ln e}{\ln e}=2.$$

例 3.5.6　求下列函数的弹性：

(1) $y=2\mathrm{e}^x$；　　(2) $y=x^a$.

解　(1) $\dfrac{Ey}{Ex}=2\mathrm{e}^x\dfrac{x}{2\mathrm{e}^x}=x.$

(2) $\dfrac{Ey}{Ex}=\alpha x^{a-1}\dfrac{x}{x^a}=\alpha.$

可以看到幂函数的弹性函数为常数. 我们把在任意点处弹性不变的函数称为不变弹性函数.

3. 需求弹性

弹性分析也是经济分析中常用的一种方法，由弹性函数的公式，很容易定义需求弹性.

引例 3.5.3【需求对价格的反应程度】　逢年过节的时候，很多衣服都会打折促销，这时买衣服的人要比平时多得多. 又比如，现在大米涨价了，买大米的人也不见得比平时少. 试分析需求对价格的反应程度.

问题分析　消费者对两种营销手段的不同反应，说明了需求对价格的敏感程度. 打折促销，买衣服的人会更多，说明衣服的需求量对价格的变动非常敏感. 而大米涨价，买大米的人也不见得比平时少，是因为我们不会因为大米涨价就吃得比以前少，这说明大米的需求量对价格的变动就不太敏感.

在经济学中，要准确地反映一件商品的需求量对价格变动的敏感程度，需要用下面的弹性知识来进行分析.

定义 3.5.3　设 Q 表示某商品的需求量，P 表示价格，如果需求函数 $Q=Q(P)$ 可导，则称

$$\frac{EQ}{EP}=\eta(P)=Q'\frac{P}{Q}$$

为商品的需求价格弹性，简称为需求弹性. 当价格 $P=P_0$ 时，需求弹性为 $\eta(P_0)=\dfrac{EQ}{EP}\Big|_{P=P_0}$.

注　通常需求量 Q 是价格 P 的减函数，因此 $\eta(P_0)$ 一般为负值.

$\eta(P_0)$ 的经济意义为：当价格为 P_0 时，如果价格上涨(或下降)1%，则需求量减少(或增加) $|\eta(P_0)|$ %.

一般地，需求弹性反映了消费者和生产者对商品价格相对变化的灵敏程度. 当商品的价格上涨时，消费者的需求量下降，生产者的积极性上扬，产品的生产量会上升. 反之亦然.

例题讲解

例 3.5.7 某商品的需求函数为 $Q=\mathrm{e}^{-\frac{P}{8}}$.

(1) 求需求弹性函数 $\eta(P)$；

(2) 求当价格 P 分别为 4、8 和 10 时的需求弹性，并说明其经济意义.

解 (1) 因为

$$Q = \mathrm{e}^{-\frac{P}{8}}, \quad Q' = -\frac{1}{8}\mathrm{e}^{-\frac{P}{8}},$$

所以

$$\eta(P) = \left(-\frac{1}{8}\mathrm{e}^{-\frac{P}{8}}\right) \cdot \frac{P}{\mathrm{e}^{-\frac{P}{8}}} = -\frac{P}{8}.$$

(2) 当价格 P 分别为 4、8 和 10 时，有

$$\eta(4) = -\frac{4}{8} = -\frac{1}{2} = -0.5,$$

$$\eta(8) = -\frac{8}{8} = -1,$$

$$\eta(10) = -\frac{10}{8} = -\frac{5}{4} = -1.25.$$

经济意义如下：

由 $\eta(4) = -0.5$ 知，当价格 $P=4$ 时，若价格上涨(或下降)1%，则该产品的需求量将下降(或上涨)0.5%.

由 $\eta(8) = -1$ 知，当价格 $P=8$ 时，若价格上涨(或下降)1%，则该产品的需求量将下降(或上涨)1%.

由 $\eta(10) = -1.25$ 知，当价格 $P=10$ 时，若价格上涨(或下降)1%，则该产品的需求量将下降(或上涨)1.25%.

4. 需求弹性的分类

不同的商品，其需求价格弹性是不同的. 即使是同一种商品，在不同的价格水平下的需求价格弹性也是不一样的. 经济学中，需求价格弹性有如下分类：

当 $\left|\dfrac{EQ}{EP}\right| > 1$ 时，商品需求量的相对变化大于价格的相对变化，称为需求富有弹性. 此时价格的变化对需求量的影响较大，适当降价会使需求量有较大的上升，从而使收入增加.

当 $\left|\dfrac{EQ}{EP}\right| < 1$ 时，商品需求量的相对变化小于价格的相对变化，称为需求缺乏弹性. 此时价格的变化对需求量的影响很小，适当涨价不会使需求量有太大的下降，从而使收入

增加.

当 $\left|\dfrac{EQ}{EP}\right|=1$ 时,商品需求量的相对变化与价格的相对变化基本相等,此价格是最优价格,能使收入取得最大值,称为单位弹性.

当 $\left|\dfrac{EQ}{EP}\right|=0$ 时,不管价格如何变化,需求量都不发生变化,此时称为无弹性.

基于需求是富有弹性还是缺乏弹性,如表 3.5.1 所示,经营者可以制定营销策略.

表 3.5.1　产品的需求价格弹性值

行　业	弹　性
机电产品	1.39
家具	1.26
汽车	1.14
水、电	0.92
石油	0.91
食物	0.58
煤	0.32

例题讲解

例 3.5.8　设某商品的需求函数为 $Q=100-2P(0\leqslant P\leqslant 50)$,其中 P 为价格,Q 为需求量.

(1) 求需求弹性函数;

(2) 当 $P=10$,且价格上涨 1% 时,需求量 Q 减少多少?

(3) 当价格为多少时,需求弹性分别为缺乏弹性、富有弹性和单位弹性?

解　(1) 需求弹性函数

$$\eta(P)=Q'\frac{P}{Q}=(-2)\frac{P}{100-2P}=\frac{P}{P-50}.$$

(2) 当 $P=10$ 时,$\eta(10)=-0.25$.

经济意义为:当商品价格为 $P=10$ 时,如果价格上涨 1%,则需求量减少 0.25%.

(3) 当 $0<|\eta|<1$,即 $0<\dfrac{P}{50-P}<1$ 时,有 $0<P<25$,此时商品需求缺乏弹性;

当 $|\eta|>1$,即 $\dfrac{P}{50-P}>1$ 时,有 $25<P<50$,此时商品需求富有弹性;

当 $|\eta|=1$,即 $\dfrac{P}{50-P}=1$ 时,有 $P=25$,此时商品需求为单位弹性.

5. 需求弹性与收益的关系

在市场经济中,企业最关心的是涨价或降价对总收益的影响程度,下面我们利用需求价格弹性来分析当价格变动时需求弹性与收益之间的关系.

设某产品的需求函数是 $Q=Q(P)$,将总收益函数表示为价格的函数

$$R = R(P) = P \cdot Q = P \cdot Q(P),$$

故边际收益为

$$R'(P) = [P \cdot Q(P)]' = Q(P) + PQ'(P) = Q(P)\left[1 + P\frac{Q'(P)}{Q(P)}\right],$$

即

$$R'(P) = Q(P)[1 + \eta(P)].$$

上式给出了需求弹性与边际收益之间的关系，其中 $Q(P) > 0$，$\eta(P) < 0$. 这样根据需求价格弹性的大小，可以分析需求弹性对总收益的影响.

（1）当商品的需求弹性 $|\eta(P)| < 1$ 时，$R'(P) > 0$，即总收益函数 $R = R(P)$ 是单调增加的. 这时总收益 R 随价格 P 的提高而增加，商品涨价（或降价）将使总收益增加（或减少）. 换句话说，当需求缺乏弹性时，应采取涨价的营销策略.

（2）当商品的需求弹性 $|\eta(P)| > 1$ 时，$R'(P) < 0$，即总收益函数 $R = R(P)$ 是单调减少的. 这时总收益 R 随价格 P 的提高而减少，商品涨价（或降价）将使总收益减少（或增加）. 换句话说，当需求富有弹性时，应采取降价的营销策略.

（3）当商品的需求弹性 $|\eta(P)| = 1$ 时，$R'(P) = 0$，即总收益函数 $R = R(P)$ 达到最大值. 这时商品价格的变动对总收益基本没有影响. 此时的价格是最优价格.

案例分析

案例 3.5.1【基于平均成本最低的定产问题】　某企业生产的一类产品的总成本函数为 $C = C(Q)$，试分析该企业如何定产（即当 Q 为多少时），才能保证该类产品的平均成本最小？

解　因为平均成本函数为 $\bar{C} = \dfrac{C(Q)}{Q}$，所以

$$\bar{C}'(Q) = \left(\frac{C(Q)}{Q}\right)' = \frac{QC'(Q) - C(Q)}{Q^2} = \frac{1}{Q}\left[C'(Q) - \frac{C(Q)}{Q}\right],$$

令 $\bar{C}'(Q) = 0$，即

$$\frac{1}{Q}\left[C'(Q) - \frac{C(Q)}{Q}\right] = 0,$$

于是

$$C'(Q) = \frac{C(Q)}{Q} = \bar{C}(Q).$$

这表明，在企业的生产过程中，如果从控制产品的平均成本角度来看，保证产品的边际成本与产品的平均成本相等是最优的选择方案. 如果边际成本小于平均成本，企业应继续生产；如果边际成本大于平均成本，则企业不能继续生产. 若想扩大生产，必须进行技术革新，以降低成本，使平均成本变小.

案例 3.5.2【边际利润及经济意义】　假设某工厂每天生产某产品 Q（吨）时的利润函数是

$$L = L(Q) = -4Q^2 + 200Q\ (\text{单位：千元}),$$

试求当日产量分别为 20、25 和 30 吨时的边际利润，并说明其经济意义，从中你可以得出什么样的结论？

解　当每天生产 Q 吨产品时的边际利润函数为
$$L'(Q) = 200 - 8Q.$$

当 $Q=20$ 吨时，$L'(20)=200-8\times20=40$(千元). 其经济意义为：在每天销售 20 吨的基础上，再多销售 1 吨，总利润将增加 4 万元.

当 $Q=25$ 吨时，$L'(25)=200-8\times25=0$(千元). 其经济意义为：在每天销售 25 吨的基础上，再多销售 1 吨，总利润几乎没有变化，这一吨销量并没有产生利润.

当 $Q=30$ 吨时，$L'(30)=200-8\times30=-40$(千元). 其经济意义为：在每天销售 30 吨的基础上，再多销售 1 吨，总利润将减少 4 万元.

从案例 3.5.2 中可以看出，在企业的经营过程中，并非生产(或销售)的产品数量越多，利润就越高.

案例 3.5.3【需求弹性及经济意义】　已知某款式高级时装的需求函数为 $Q=3000-4P$，价格 $P=500$(元/件)；大米的需求函数为 $Q=600-100P$，价格 $P=2$(元/500 克). 分别求时装和大米的需求价格弹性，并说明其经济意义.

解　时装：
$$\left.\frac{EQ}{EP}\right|_{P=500} = (-4)\frac{500}{3000-4\times500} = -2,$$

大米：
$$\left.\frac{EQ}{EP}\right|_{P=2} = (-100)\frac{2}{600-100\times2} = -0.5.$$

时装的需求价格弹性值为 -2，表明当时装单价为 500 元时，如果降价(或涨价)1%销售，则需求量就增加(或减少)2%；大米的需求价格弹性为 -0.5，是指当大米价格为 2 元/500 克时，如果降价(或涨价)1%销售，则需求量就增加(或减少)0.5%. 衣服和大米的需求价格弹性不同，导致了同样是价格变动 1%，对衣服和大米的需求量的影响程度却大不相同. 这就是衣服的需求量对价格变动非常敏感，而大米的需求量对价格变动则不太敏感的原因所在.

案例 3.5.4【边际需求与需求弹性】　某商品的需求函数为 $Q=150-2P^2$，求：

(1) 当 $P=6$ 时的边际需求，并说明经济意义；

(2) 当 $P=6$ 时的需求弹性，并说明其经济意义；

(3) 当 $P=6$ 时，若价格下降 2%，总收益将变化多少？是增加还是减少？

解　(1) 因为边际需求函数为 $Q'(P)=-4P$，所以当 $P=6$ 时的边际需求为 $Q'(6)=-24$，说明当价格为 6 时，再提高(或下降)一个单位价格，需求将减少(或增加)24 个单位商品量.

(2) 因为需求弹性函数为 $\eta(P)=Q'\dfrac{P}{Q}=\dfrac{-4P^2}{150-2P^2}$，所以当 $P=6$ 时的需求弹性为 $\eta(6)=-1.85$，说明价格上升(或下降)1%，需求将减少(或增加)1.85%.

(3) 总收益函数为 $R(P)=150P-2P^3$，因为
$$\frac{EQ}{EP} = \frac{P}{Q}\cdot\frac{\mathrm{d}Q}{\mathrm{d}P} = \frac{P}{150P-2P^3}(150-6P^2) = \frac{150-6P^2}{150-2P^2},$$
$$\left.\frac{EQ}{EP}\right|_{P=6} = -0.846,$$

所以若价格下降 2%，总收益将增加 $0.846\times2\%$，即 1.692%.

【习题 3.5】

1. 设某产品的总成本函数为 $C(x)=0.001x^3-0.3x^2+40x+1000$，试求：

(1) 边际成本函数；

(2) 当生产 50 个单位该产品时的平均单位成本和边际成本值，并解释后者的经济意义.

2. 设某产品的需求函数为

$$P=20-\frac{x}{5},$$

其中 P 为价格，x 为销售量. 求当销量为 15 个单位时的总收益、平均收益与边际收益，并解释后者的经济意义.

3. 设某企业生产某种产品的利润函数为 $L(Q)=250Q-5Q^2-1000$(元)，试求：

(1) 边际利润函数；

(2) 当产量分别为 20、25 和 30 时的边际利润，并说明其经济意义.

4. 设某商品的需求函数为 $Q=\mathrm{e}^{-\frac{P}{4}}$，求当 $P=4$ 时的边际需求，并说明其经济意义.

5. 设某商品的需求函数为 $Q=12-\frac{P}{2}$，求：

(1) 需求弹性函数；

(2) 当 $P=6$ 时的需求弹性，并说明其经济意义.

6. 设 P 为某产品的价格，x 为该产品的需求量，且有 $P+0.2x=80$，问当 P 为何值时需求富有弹性？

7. 设某产品的需求函数为 $Q=f(P)=50-P(0<P<50)$，

(1) 求收入 R 对价格 P 的弹性，并讨论当价格分别为多少时，弹性为单位弹性、富有弹性和缺乏弹性？

(2) 求当 $P=10$ 时的需求弹性，并解释其经济意义.

习题 3.5 参考答案

3.6 本章小结与拓展提高

1. 本章的重点与难点

本章的重点是用洛必达法则求不定式的极限，利用导数判断函数的单调性与图形的凹凸性及拐点，利用导数求函数的极值，求实际问题的最大值与最小值以及导数在经济分析中的两个应用的经济解释.

本章的难点是用洛必达法则求不定式的极限，求实际问题的最大值与最小值以及导数在经济分析中的两个应用的经济解释.

2. 学法建议

(1) 要明确本章是以导数在经济分析中的应用为中心，重点是利用导数这一工具来判定函数的单调性、极值、实际问题的最大值与最小值、函数图形的凹凸性及拐点，解决经济中的常见问题——边际、弹性、最优化等问题.

（2）当学习导数在经济分析中的应用时，要重点理解它们的经济含义．

（3）洛必达法则是求不定式的极限的常用方法，建议和本书中第 1 章介绍的求极限的方法结合起来使用．

（4）中值定理是导数应用的理论基础，一定要弄清楚定理的条件和结论，建议在学习的过程中借助定理的几何解释，加深对定理的理解和认识．

3. 拓展提高

*例 3.6.1　试证明：当 $x > 4$ 时，有 $2^x > x^2$．

解　构造辅助函数 $f(x) = 2^x - x^2$，$x \in [4, +\infty)$．

函数 $f(x)$ 对 x 求导，得

$$f'(x) = 2^x \ln 2 - 2x,$$

$$f''(x) = 2^x \cdot (\ln 2)^2 - 2 = 2 \cdot [2^{x-3} \cdot (\ln 4)^2 - 1],$$

当 $x \in [4, +\infty)$ 时，$2^{x-3} \geqslant 2$，$(\ln 4)^2 > 1$，故

$$f''(x) > 0, \quad x \in [4, +\infty),$$

因此 $f'(x)$ 在 $[4, +\infty)$ 上单调增加，从而有 $f'(x) > f'(4)$，而

$$f'(4) = 2^4 \cdot \ln 2 - 2 \cdot 4 = 16 \cdot \ln 2 - 8 = 8 \cdot (\ln 4 - 1) > 0,$$

于是 $f'(x) > 0$，从而 $f(x)$ 在 $[4, +\infty)$ 上也单调增加．

因此有

$$f(x) > f(4) = 2^4 - 4^2 = 16 - 16 = 0,$$

即

$$2^x > x^2, \quad x \in [4, +\infty).$$

*例 3.6.2　证明：当 $x > 0$ 时，不定式 $\dfrac{1}{x+1} < \ln\left(1 + \dfrac{1}{x}\right) < \dfrac{1}{x}$ 成立．

证明　注意到当 $x > 0$ 时，$\ln\left(1 + \dfrac{1}{x}\right) = \ln(x+1) - \ln x$，于是构造辅助函数 $f(t) = \ln t$．在区间 $[x, x+1]$ $(x > 0)$ 上 $f(t)$ 满足拉格朗日中值定理的条件，从而有

$$f(x+1) - f(x) = f'(\xi)[(1+x) - x] \quad (0 < x < \xi < x+1),$$

即

$$\ln(x+1) - \ln x = \frac{1}{\xi}.$$

因为 $0 < x < \xi < x+1$，所以 $\dfrac{1}{x+1} < \dfrac{1}{\xi} < \dfrac{1}{x}$，代入上式得

$$\frac{1}{x+1} < \ln(x+1) - \ln x < \frac{1}{x},$$

即

$$\frac{1}{x+1} < \ln\left(1 + \frac{1}{x}\right) < \frac{1}{x}.$$

*例 3.6.3　设函数 $f(x)$ 在点 $x = 0$ 的某邻域内可导，$f'(0) = 0$，$\lim\limits_{x \to 0} \dfrac{f'(x)}{\sin x} = -\dfrac{1}{2}$，问 $f(0)$ 是 $f(x)$ 的极大值还是极小值？

解　因为 $f'(0) = 0$，所以 $x = 0$ 是函数 $f(x)$ 的一个驻点．又因为

$$\lim_{x \to 0} \frac{f'(x)}{\sin x} = \lim_{x \to 0} \frac{f'(x)}{x} = \lim_{x \to 0} \frac{f'(x) - f'(0)}{x - 0} = f''(0) = -\frac{1}{2} < 0,$$

所以 $x=0$ 是函数 $f(x)$ 的极大值点, $f(0)$ 是 $f(x)$ 的极大值.

* 例 3.6.4 设某企业的收益函数和成本函数分别为

$$R(x) = 10x - 0.001x^2, \quad C(x) = 10 + 8x + 0.001x^2,$$

企业以最大利润为目标, 政府对产品征税, 税率是 t, 求:

(1) 企业纳税前的最大利润及此时的产量和产品的价格;

(2) 政府征税收益最大时的税率及最大征税收益;

(3) 企业纳税后的最大利润及此时的产量和产品的价格.

解 (1) 纳税前, 利润函数和边际利润函数分别为

$$L(x) = R(x) - C(x) = -0.002x^2 + 2x - 10,$$

$$L'(x) = -0.004x + 2,$$

当 $L'(x)=0$ 时, $x=500$. 又因为 $L''(x)=-0.004<0$ 对任意 x 都成立, 所以当产量 $x=500$ 时, 利润最大, 且最大利润为 $L(500)=490$, 此时该产品的价格为

$$P = \frac{R(x)}{x}\Big|_{x=500} = (10 - 0.001x)\,|_{x=500} = 9.5.$$

(2) 纳税后, 利润函数 $L_t(x)$ 及边际利润函数 $L_t'(x)$ 分别为

$$L_t(x) = R(x) - C(x) - t \cdot x = -0.002x^2 + (2-t)x - 10,$$

$$L_t'(x) = -0.004x + 2 - t,$$

当 $L_t'(x)=0$ 时, 得 $x_t=250(2-t)$. 又因为 $L''_t(x)=-0.004<0$ 对任意 x 都成立, 所以当产量 $x_t=250(2-t)$ 时, 纳税后的利润最大.

这时, 征税收益与其导数分别为

$$T(t) = t \cdot x_t = 250t(2-t),$$

$$T'(t) = 500(1-t),$$

令 $T'(t)=0$, 得 $t=1$. 又因为 $T''(t)=-500<0$ 对任意 t 都成立, 所以当 $t=1$ 时, 征税收益最大, 且最大征税收益为 $T(1)=250$.

(3) 由(2)知当税率 $t=1$, 产量 $x=250$ 时, 企业纳税后利润最大, 且税后最大利润为

$$L_t(x)\,|_{x=250,\,t=1} = 115,$$

此时产品的价格为

$$P = \frac{R(x)}{x}\Big|_{x=250} = 9.75.$$

自 测 题 3

A 组 (基础练习)

一、判断题

(　　)1. 极值点一定是驻点或者导数不存在的点.

(　　)2. 极限 $\lim\limits_{x \to \infty} \dfrac{\ln(1+e^x)}{e^x}$ 不能用洛必达法则计算.

（　　）3. 曲线 $y=\dfrac{e^x}{1+x}$ 有两个拐点.

（　　）4. 若函数 $y=ax^2+b$ 在区间 $(0,+\infty)$ 内单调增加，则必有 $a<0,b=0$.

（　　）5. 当平均成本等于边际成本时，平均成本最低.

二、填空题

1. 设函数 $f(x)=(x-1)(x-2)(x-3)(x-5)$，则导数 $f'(x)=0$ 有_____个实根，分别位于区间_____中.

2. $\lim\limits_{x\to\frac{\pi}{2}}\dfrac{\cos5x}{\cos3x}=$_____.

3. 若函数 $y=x+\dfrac{4}{x}$，则该函数的单调递减区间是_____.

4. 若函数 $y=xe^{-x}$，则该函数的凹区间是_____.

5. 设点 $(1,3)$ 为曲线 $y=ax^3+bx^2$ 的拐点，则 $a=$_____，$b=$_____.

三、单项选择题

1. 下列函数中，（　　）在指定区间内是单调减少的函数.

A. $y=2^{-x}$　$(-\infty,+\infty)$ B. $y=e^x$　$(-\infty,0)$

C. $y=\ln x$　$(0,+\infty)$ D. $y=\sin x$　$(0,\pi)$

2. 若函数 $y=f(x)$ 在 $x=x_0$ 处取得极小值，则必有（　　）.

A. $f'(x_0)=0$ B. $f''(x_0)>0$

C. $f'(x_0)=0$，且 $f''(x_0)>0$ D. $f'(x_0)=0$ 或 $f'(x_0)$ 不存在

3. 函数 $y=\dfrac{x^2}{1+x}$ 的驻点有（　　）个.

A. 3   B. 2   C. 1   D. 0

4. 函数 $y=x^3-12x$ 在 $[-3,3]$ 上的最大值在点（　　）处取得.

A. $x=-3$ B. $x=3$ C. $x=-2$ D. $x=2$

5. 下列各式中，可用洛必达法则求极限的是（　　）.

A. $\lim\limits_{x\to\infty}\dfrac{x-\sin x}{x+\sin x}$ B. $\lim\limits_{x\to1}\dfrac{x^2-x+2}{x-1}$

C. $\lim\limits_{x\to\infty}\dfrac{1}{x}\sin\dfrac{1}{x}$ D. $\lim\limits_{x\to0}\dfrac{1-\cos x}{x}$

6. 曲线 $y=\dfrac{1+e^{-x^2}}{1-e^{-x^2}}$（　　）.

A. 没有渐近线；   B. 仅有水平渐近线

C. 仅有铅直渐近线   D. 既有水平渐近线又有铅直渐近线

7. 函数 $y=e^x-e^{-x}$ 在定义域内（　　）.

A. 有极值有拐点   B. 有极值无拐点

C. 无极值有拐点   D. 无极值无拐点

8. 已知函数 $y=f(x)$ 在 (a,b) 内二阶可导，若在 (a,b) 内恒有 $f'(x)>0$，且 $f''(x)<0$，则函数 $y=f(x)$ 在 (a,b) 内（　　）.

A. 单调增加且 (a,b) 是凹区间   B. 单调增加且 (a,b) 是凸区间

C. 单调减少且 (a, b) 是凹区间   D. 单调减少且 (a, b) 是凸区间

9. 该某产品总成本 C 为产量 x 的函数为 $C(x) = 2x^2 + 1$，则当产量为 3 时的边际成本为（　　）.

A. 19   B. 13   C. 12   D. 11

10. 已知某种产品的需求函数为 $Q(P) = 20 - \dfrac{P}{4}$，则当 $P = (\quad)$ 时，总收益最高.

A. 20；   B. 30   C. 40   D. 60

四、计算题

1. 求下列极限：

(1) $\lim\limits_{x \to 0} \dfrac{e^{x^2} - 1}{\cos x - 1}$；

(2) $\lim\limits_{x \to 0} \dfrac{e^x - e^{-x}}{\sin x}$；

(3) $\lim\limits_{x \to 1} \left(\dfrac{2}{x^2 - 1} - \dfrac{1}{x - 1} \right)$；

(4) $\lim\limits_{x \to a} \dfrac{x^m - a^m}{x^n - a^n}$；

(5) $\lim\limits_{x \to a} \left(\dfrac{\sin x - \sin \alpha}{x - \alpha} \right)$；

(6) $\lim\limits_{x \to 0} x^2 \ln x$.

2. 求下列函数的单调区间：

(1) $y = x^2 + x$；

(2) $y = \dfrac{1}{3} x^3 - 4x$；

(3) $y = 2x^2 - \ln x$；

(4) $y = x e^{-x}$；

(5) $y = x^3 - \dfrac{1}{x}$；

(6) $y = \dfrac{x^2}{1 + x}$.

3. 求下列函数的极值：

(1) $y = x^4 - 8x^2 + 2$；

(2) $y = 2x^3 - 6x^2 - 18x - 7$；

(3) $y = 2 + x - x^2$；

(4) $y = \arctan x - \dfrac{1}{2} \ln(1 + x^2)$；

(5) $y = e^x - x$；

(6) $y = x - \dfrac{3}{2} x^{2/3}$.

4. 求下列函数在给定区间上的最值：

(1) $y = 2x^3 - 3x^2$，$[-1, 4]$；

(2) $y = \sqrt{x} \ln x$，$\left[\dfrac{1}{4}, 1 \right]$；

(3) $y = \sqrt{1 - x} + x$，$[-5, 1]$；

(4) $y = 2x^3 + 3x^2 - 12x + 14$，$[-3, 4]$.

5. 求下列函数的凹凸区间及拐点：

(1) $y = e^{\arctan x}$；

(2) $y = x + \dfrac{x}{x^2 - 1}$；

(3) $y = x - \ln(1 + x)$；

(4) $y = \sqrt[3]{x}$.

6. 求下列函数的渐近线：

(1) $y = \dfrac{1}{x - 1} + 2$；

(2) $y = \dfrac{x^3}{x^2 + 2x - 3}$.

五、应用题

1. 设某产品的总成本函数为 $C(Q) = 125 + 3Q + \dfrac{1}{25} Q^2$，需求函数为 $Q(P) = 60 - 2P$ $(P$

为单价），试求：

（1）平均成本、边际成本和边际收益；

（2）当利润最大时的产量和最大利润；

（3）当价格为 10 元时的需求弹性，在此价格时，应采取涨价还是降价措施才能获得最大收益？

2. 欲用长 6 米的木料加工成一日字形窗框，问当它的长和宽分别为多少时，才能使窗框的面积最大？最大面积是多少？

B 组（拓展练习）

一、判断题

（　　）1. 函数 $f(x)=1-x^2$ 在 $[-1,1]$ 上满足罗尔定理条件.

（　　）2. 极限 $\lim\limits_{x\to\infty}\dfrac{x+\sin x}{x}$ 能用洛必达法则计算.

（　　）3. 设 $f'(x)=(x-1)(2x+1)$，则在区间 $\left(\dfrac{1}{2},1\right)$ 内，$y=f(x)$ 单调减少，曲线 $y=f(x)$ 为凹的.

（　　）4. $f'(x_0)=0$，$f''(x_0)>0$ 是函数 $y=f(x)$ 在点 x_0 处取得极小值的必要条件.

（　　）5. 如果商品的需求价格弹性值为 -2，则其经济含义表示该商品的需求量对价格变动不太敏感，此时需求缺乏弹性.

二、填空题

1. 已知函数 $f(x)=k\sin x+\dfrac{1}{3}\sin 3x$，若点 $x=\dfrac{\pi}{3}$ 是其驻点，则常数 $k=$＿＿＿＿＿＿.

2. 曲线 $y=\dfrac{x^4}{12}-\dfrac{x^2}{2}+x+1$ 的凹区间为＿＿＿＿＿＿，凸区间为＿＿＿＿＿＿.

3. 已知曲线 $y=\dfrac{(x-3)^2}{4(x-1)}$，则其铅直渐近线方程是＿＿＿＿＿＿＿＿＿＿.

4. 函数 $f(x)=x^4-2x^2+5$ 在 $[-2,2]$ 的最小值为＿＿＿＿＿＿＿.

5. 某种产品的需求函数为 $Q(P)=50-P^2$，则当 $P=5$ 时，需求弹性为＿＿＿＿＿＿.

三、单项选择题

1. 下列函数在给定区间上满足拉格朗日中值定理条件的是（　　）.

A. $y=\dfrac{x}{1+x^2}$，$[-1,1]$　　　　　　B. $y=\dfrac{|x|}{x}$，$[-1,1]$

C. $y=|x|$，$[-2,2]$　　　　　　D. $y=\begin{cases}x+1,&-1\leqslant x<0\\x^2+1,&0\leqslant x\leqslant 1\end{cases}$

2. $\lim\limits_{x\to 1}\dfrac{\ln x}{x-1}=$（　　）.

A. -1　　　　　　B. 0　　　　　　C. 1　　　　　　D. $+\infty$

3. 下列函数中，（　　）的驻点有 $x=0$.

A. $y=\sqrt{x}$　　　　　　　　　　B. $y=x+2x^2$

C. $y=x-\arctan x$ D. $y=xe^x$

4. 函数 $y=x-\arctan x$ 在区间（ ）内单调减少.

 A. $(-\infty,0)$ B $(0,+\infty)$

 C. $(-\infty,+\infty)$ D. 无单调减少区间

5. 若函数 $y=f(x)$ 在 $x=x_0$ 处可导，则 $f'(x_0)=0$ 是函数 $y=f(x)$ 在 $x=x_0$ 处取得极值的（ ）.

 A. 必要条件   B. 充分条件

 C. 充要条件   D. 既非充分也非必要条件

6. 设函数 $y=f(x)$ 在 $x=x_0$ 处 $f'(x)=0$，且 $f''(x)=0$，则 $y=f(x)$ 在 $x=x_0$ 点（ ）.

 A. 一定有最大值   B. 一定有极小值

 C. 不一定有极值   D. 一定没有极值

7. 已知 $y=f(x)=ax^3+bx^2+cx+d$ 是奇函数，并且当 $x=\dfrac{1}{2}$ 时，y 取极小值 -1，则函数表达式为（ ）.

 A. $y=4x^3+3x$ B. $y=4x^3-3x$

 C. $y=2x^3+2x^2-3x$ D. $y=2x^3-3x+\dfrac{1}{4}$

8. 曲线 $y=\dfrac{x}{3-x^2}$ 的渐近线（ ）.

 A. 无水平渐近线

 B. $x=\sqrt{3}$ 为铅直渐近线，无水平渐近线

 C. 有水平渐近线，也有铅直渐近线

 D. 只有水平渐近线

9. 若某商品的需求函数为 $Q=Q(P)=40-2P^2$，则当 $P=2$ 时的边际需求为 -8，其经济意义指当价格为 2 时，价格再上涨 1 个单位，需求量将（ ）.

 A. 增加 8 个单位   B. 减少 8 个单位

 C. 增加 8%   D. 减少 8%

10. 下列函数中，（ ）的弹性函数为常数.

 A. $y=2x+1$ B. $y=\dfrac{1}{x}$ C. $y=e^x$ D. $y=\sin x$

四、计算题

1. 求下列极限：

(1) $\lim\limits_{x\to0}\dfrac{\ln(1+x)-x}{\cos x-1}$；   (2) $\lim\limits_{x\to1}\dfrac{x^2-1+\ln x}{e^x-e}$.

2. 求函数 $y=x-e^x$ 的单调区间.

3. 求函数 $y=x^3-27x+3$ 的极值.

4. 求函数 $y=\ln(x^2+1)$ 的凹凸区间.

5. 求曲线 $y=\dfrac{1}{x-1}+2$ 的渐近线.

五、应用题

1. 已知需求函数为 $Q(P) = 75 - P^2$，求当收益最大时的需求量和产品的价格.

2. 某旅行社举办风景区旅游，若每团人数不超过 30 人，则飞机票每张收费 900 元；若每团人数多于 30 人，则每多一人每张机票减少 10 元，直至每张机票降到 450 元为止. 某团乘飞机，旅行社需付给航空公司包机费 15 000 元. 问当该团人数多少时，旅行社可获最大利润？最大利润为多少？

自测题 3 参考答案

阅 读 资 料

牛顿对微积分的贡献

牛顿（Newton，Isaac），英国物理学家、数学家、天文学家，经典物理学的创始人. 1642 年生于一个贫穷的农民家庭，未出世丧父. 幼年学业平庸，资质一般，但他喜欢阅读课外书，并从中受到启发. 中学对机械模型有特别的兴趣，自己动手制作了水车、风车、木钟等玩具. 1661 年以减费生的身份考入了久负盛名的剑桥大学三一学院，受教于巴罗，同时钻研伽利略、开普勒、笛卡儿和沃利斯等人的著作. 1664 年后期到 1666 年后期，牛顿用了两年时间理出了他关于微积分的基本思想. 就数学思想的形成而言，笛卡儿的《几何学》和沃利斯的《无穷算术》这两部著作对他影响最深，正是这两部著作引导他走上了创立微积分之路.

牛顿对微积分的研究大致可分三个阶段：第一阶段是静态的无穷小量方法，像费尔马那样把变量看作是无穷小元素的集合. 他的第一篇有关微积分的论文《运用无穷项放出的分析学》写于 1669 年，但直到 42 年后 1711 年才正式出版. 在这篇论文中，牛顿不仅给出了求瞬时变化率的一般方法，而且证明了面积可由求变化率的逆过程得到，这一事实是牛顿创立微积分的标志. 第二阶段是变量流动生成法，牛顿认为变量是由点、线或面的连续运动产生的，因此他把变量称为"流"，变量的变化率称为"流数". 这一阶段的工作主要体现在写于 1671 年但在他去世后的 1736 年才出版的一本小册子《流数法与无穷级数》中，这实际上就是微积分基本原理，并对微积分思想作了广泛而更明确的说明. 第三阶段是首尾比法，即最初比和最后比的方法. 在写于 1676 年但发表于 1704 年的第三篇论文《曲线求积法》（即求曲边形的面积）中，牛顿否定了第一阶段的方法，而试图将流数法建立在极限概念的基础上.

微积分所处理的一些具体问题，如切线问题、求积问题、瞬时速度问题和函数的极值问题等，实际上在牛顿之前就已经有人研究. 只不过与其他数学家不同的是，牛顿更多的是从运动的角度来考虑问题. 例如，为了解决运动问题而创立一种和物理概念直接联系的数学理论——流数术. 牛顿超越前人的功绩，就在于他能站在更高的角度，对以往分散的努力加以综合，将自古希腊以来求解无限小问题的各种技巧统一为两类普遍的方法——微分与积分，并确立了这两类运算的互逆关系，给出了换算的公式，这就是后来著名的牛顿-莱布尼茨公式，从而完成了微积分发明中最后的也是最关键的一步，为其深入发展与广泛应用铺平了道路.

第4章 不定积分与定积分

学习目标

○ **知识学习目标**

1. 理解原函数、不定积分和定积分等概念；
2. 掌握积分的性质、基本公式；
3. 掌握积分的计算方法；
4. 掌握微元法及其应用.

○ **能力培养目标**

1. 会用积分的思想、概念和方法消化吸收经济管理问题中的概念和原理；
2. 会利用积分解决相关的经济问题；
3. 会利用积分做出经济管理及加工生产问题中的最优决策.

　　通过前面的学习，我们已经基本具备分析事物的发展变化趋势和利用导数解决实际问题的能力. 但在生产实践和经济活动中，我们可能会碰到相反的问题. 比如在已知事物变化率（如企业（或商品）的边际成本、边际收益和边际利润等）的前提下，需要定量分析计算相关经济问题的总量，这时需要用积分的方法来解决.

　　本章介绍不定积分与定积分的概念、性质，以及基本积分方法.

4.1 不定积分的概念与性质

4.1.1 原函数的概念

　　在微分学中已经讨论了求一个已知函数的导数（或微分）问题. 现在研究其逆命题，即已知导数函数，要求其原来的函数，通常称为原函数. 如已知瞬时速度函数求路程函数；已知边际成本函数求成本函数等，其中路程函数、成本函数分别称为速度函数、边际成本函数的原函数. 原函数的一般定义如下.

　　定义 4.1.1　如果在区间 I 上，对任一 $x \in I$，都有
$$F'(x) = f(x) \quad \text{或} \quad dF(x) = f(x)dx,$$
则称函数 $F(x)$ 为 $f(x)$（或 $f(x)dx$）在区间 I 上的一个原函数.

　　注　① 函数 $f(x)$ 如果有原函数，那么它的原函数不唯一. 例如，x^2、x^2+2、$x^2-\sqrt{3}$ 等

都是 $2x$ 的原函数.

② 因为一个函数 $f(x)$ 的不同原函数之间只相差一个常数 C，所以 $f(x)$ 的全体原函数可记为 $F(x)+C(C$ 为任意常数).

一些简单函数的原函数可以很方便地求得. 但是，对于那些较复杂的函数，其原函数要想直接求得就不太容易了. 而不定积分恰好解决了求原函数的问题. 下面我们先介绍不定积分的概念与性质，然后讨论不定积分的计算方法.

4.1.2 不定积分的概念

定义 4.1.2 在区间 I 上，函数 $f(x)$ 的全体原函数称为函数 $f(x)$（或 $f(x)\mathrm{d}x$）在区间 I 上的不定积分，记为 $\int f(x)\mathrm{d}x$，即

$$\int f(x)\mathrm{d}x = F(x)+C, \tag{4.1.1}$$

其中 $F'(x)=f(x)$，"$\int$" 叫作积分号，x 叫作积分变量，$f(x)$ 叫作被积函数，$f(x)\mathrm{d}x$ 叫作被积表达式，C 叫作积分常数.

注 不定积分就是求被积函数的一个原函数，再加上任意常数 C.

4.1.3 不定积分的性质

由不定积分的定义以及导数与不定积分的关系，可以得到不定积分的如下性质.

性质 1 不定积分与导数（或微分）互为逆运算，即

(1) $\left[\int f(x)\mathrm{d}x\right]' = f(x)$ 或 $\mathrm{d}\int f(x)\mathrm{d}x = f(x)\mathrm{d}x$；

(2) $\int F'(x)\mathrm{d}x = F(x)+C$ 或 $\int \mathrm{d}F(x) = F(x)+C.$

这两个性质表明，从运算的角度看，不定积分与导数（或微分）互为逆运算. 对一个函数先积分后求导（或微分），结果是两者相互抵消，仍为原来的被积函数；先求导（或微分）后积分，结果是在原被积函数的基础上加一个常数 C.

性质 2 被积函数中非零的常数因子可以提到积分号前面，即

$$\int kf(x)\mathrm{d}x = k\int f(x)\mathrm{d}x \quad (k \neq 0).$$

性质 3 两个函数代数和的不定积分，等于各个函数不定积分的代数和，即

$$\int [f(x) \pm g(x)]\mathrm{d}x = \int f(x)\mathrm{d}x \pm \int g(x)\mathrm{d}x.$$

性质 3 可推广到有限个函数的代数和的情况.

4.1.4 基本积分公式

由性质 1 知，不定积分与导数（或微分）互为逆运算. 因此，由基本初等函数的求导公式可以得到相应的积分公式. 例如，对求导公式

$$(\arcsin x)' = \frac{1}{\sqrt{1-x^2}},$$

两边同时积分,有

$$\int (\arcsin x)' \mathrm{d}x = \int \frac{1}{\sqrt{1-x^2}} \mathrm{d}x,$$

由此得积分公式

$$\int \frac{1}{\sqrt{1-x^2}} \mathrm{d}x = \arcsin x + C.$$

类似地,根据基本初等函数的求导公式可以得到以下基本积分公式(如表 4.1.1 所示). 基本积分公式是计算不定积分的基础,读者务必熟记.

表 4.1.1 不定积分基本公式

序号	基本导数公式:$F'(x)=f(x)$	基本积分公式:$\int f(x)\mathrm{d}x = F(x)+C$
1	$(C)' = 0$	$\int 0\mathrm{d}x = C$
2	$\left(\frac{x^{\alpha+1}}{\alpha+1}\right)' = x^{\alpha} \quad (\alpha \neq -1)$	$\int x^{\alpha}\mathrm{d}x = \frac{1}{\alpha+1}x^{\alpha+1} + C \ (\alpha \neq -1)$
	$(x') = 1$	$\int \mathrm{d}x = x + C$
	$(2\sqrt{x})' = \frac{1}{\sqrt{x}}$	$\int \frac{1}{\sqrt{x}}\mathrm{d}x = 2\sqrt{x} + C$
	$\left(\frac{1}{x}\right)' = -\frac{1}{x^2}$	$\int \frac{1}{x^2}\mathrm{d}x = -\frac{1}{x} + C$
3	$(\ln|x|)' = \frac{1}{x} \ (x \neq 0)$	$\int \frac{1}{x}\mathrm{d}x = \ln|x| + C$
4	$\left(\frac{a^x}{\ln a}\right)' = a^x$	$\int a^x\mathrm{d}x = \frac{1}{\ln a}a^x + C$
5	$(\mathrm{e}^x)' = \mathrm{e}^x$	$\int \mathrm{e}^x\mathrm{d}x = \mathrm{e}^x + C$
6	$(\sin x)' = \cos x$	$\int \cos x\mathrm{d}x = \sin x + C$
7	$(-\cos x)' = \sin x$	$\int \sin x\mathrm{d}x = -\cos x + C$
8	$(\tan x)' = \frac{1}{\cos^2 x} = \sec^2 x$	$\int \sec^2 x\mathrm{d}x = \int \frac{1}{\cos^2 x}\mathrm{d}x = \tan x + C$
9	$(-\cot x)' = \frac{1}{\sin^2 x} = \csc^2 x$	$\int \csc^2 x\mathrm{d}x = \int \frac{1}{\sin^2 x}\mathrm{d}x = -\cot x + C$

续表

序号	基本导数公式：$F'(x) = f(x)$	基本积分公式：$\int f(x)\mathrm{d}x = F(x) + C$
10	$(\sec x)' = \sec x \cdot \tan x$	$\int \sec x \tan x \mathrm{d}x = \sec x + C$
11	$(-\csc x)' = \csc x \cdot \cot x$	$\int \csc x \cot x \mathrm{d}x = -\csc x + C$
12	$(\arcsin x)' = \dfrac{1}{\sqrt{1-x^2}}$	$\int \dfrac{1}{\sqrt{1-x^2}} \mathrm{d}x = \arcsin x + C$
13	$(\arctan x)' = \dfrac{1}{1+x^2}$	$\int \dfrac{1}{1+x^2} \mathrm{d}x = \arctan x + C$

例题讲解

例 4.1.1 求下列不定积分：

(1) $\displaystyle\int \frac{1}{x}\mathrm{d}x$；   (2) $\displaystyle\int \frac{1}{x^3}\mathrm{d}x$；   (3) $\displaystyle\int x \sqrt[3]{x^2} \mathrm{d}x$.

解 (1) 当 $x > 0$ 时，

$$(\ln|x|)' = (\ln x)' = \frac{1}{x};$$

当 $x < 0$ 时，

$$(\ln|x|)' = [\ln(-x)]' = \frac{1}{-x}(-x)' = \frac{1}{x},$$

故

$$\int \frac{1}{x}\mathrm{d}x = \ln|x| + C \quad (x \neq 0).$$

(2)
$$\int \frac{1}{x^3}\mathrm{d}x = \int x^{-3}\mathrm{d}x = \frac{1}{-3+1}x^{-3+1} + C$$
$$= -\frac{1}{2}x^{-2} + C = -\frac{1}{2x^2} + C.$$

(3)
$$\int x \sqrt[3]{x^2}\mathrm{d}x = \int x x^{\frac{2}{3}}\mathrm{d}x$$
$$= \int x^{\frac{5}{3}}\mathrm{d}x = \frac{3}{8}x^{\frac{8}{3}} + C.$$

例 4.1.2 设曲线通过点 $(1,1)$，且在其上任一点 (x,y) 处的切线斜率等于该点横坐标的两倍，求此曲线的方程.

解 设所求的曲线方程为 $y = f(x)$，由题设条件得，$y' = 2x$，于是

$$y = \int y'\mathrm{d}x = \int 2x\mathrm{d}x = x^2 + C.$$

因为曲线过点$(1,1)$，即 $f(1)=1$，代入上式，有
$$1 = 1^2 + C, C = 0,$$
故所求曲线方程为
$$y = x^2.$$

注 例 4.1.2 说明不定积分具有明显的几何意义，即 $\int f(x)\mathrm{d}x$ 在平面上表示一簇曲线（又称为被积函数 $f(x)$ 的积分曲线簇），其特点是：在横坐标相同的各点处，各积分曲线的斜率相同，即切线互相平行（如图 4.1.1 所示）.

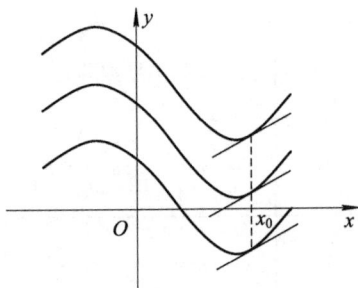

图 4.1.1

【习题 4.1】

1. 填空题：

(1) 若 $\int f(x)\mathrm{d}x = 2^x + x + 1$，则 $f(x) = $ _____.

(2) 设 $F(x)$ 是 $f(x)$ 的一个原函数，则 $\int f(x)\mathrm{d}x = $ _____.

(3) 若 $\int f(x)\mathrm{d}x = \arcsin x + C$，则 $f(x) = $ _____.

(4) 设 $F(x)$ 是 $\sqrt{1-2x}$ 的一个原函数，则 $\mathrm{d}F(x) = $ _____.

(5) 若 $\int f(x)\mathrm{d}x = x\ln x + C$，则 $f'(x) = $ _____.

2. 下列各函数是不是函数 $f(x)=\mathrm{e}^{-2x}$ 的原函数？为什么？

(1) e^{-2x}; (2) $-\dfrac{1}{2}\mathrm{e}^{-2x}$; (3) $-\dfrac{1}{2}\mathrm{e}^{-2x}+\sqrt{2}$; (4) $-2\mathrm{e}^{-2x}$.

3. 求下列各函数的一个原函数：

(1) $f(x)=0$;   (2) $f(x)=k$;

(3) $f(x)=x^{\frac{1}{2}}$;   (4) $f(x)=2^x$;

(5) $f(x)=\mathrm{e}^{-x}$;   (6) $f(x)=3x^2-\mathrm{e}^x$;

(7) $f(x)=\sec^2 x$;   (8) $f(x)=\sin x$.

4. 已知某曲线在任意一点处的切线斜率等于该点横坐标的倒数，且曲线通过点$(\mathrm{e},3)$，求该曲线的方程.

习题 4.1 参考答案

5. 证明：函数 $x(\ln x-1)$ 是函数 $\ln x$ 的一个原函数.

4.2 不定积分的计算方法

积分的计算是经济数学中最难的内容之一. 要提高积分的计算能力，关键是能根据被积函数的特点，合理地选择不同的积分方法. 常见的积分方法有：直接积分法、第一换元积分法、第二换元积分法和分部积分法等，下面较系统地介绍这几种不同的积分方法.

4.2.1　直接积分法

有了不定积分的基本公式和性质，就可以对一些简单的积分问题进行基本运算，这种方法称为直接积分法.

例题讲解

例 4.2.1　求不定积分 $\int e^x(3+2^x)dx$.

解　
$$\int e^x(3+2^x)dx = \int 3e^x dx + \int e^x \cdot 2^x dx = 3\int e^x dx + \int (2e)^x dx$$
$$= 3e^x + \frac{(2e)^x}{\ln(2e)} + C = 3e^x + \frac{2^x e^x}{\ln 2 + 1} + C.$$

例 4.2.2　求不定积分 $\int \left(10^x + 3\cos x + \frac{1}{\sqrt{x}}\right)dx$.

解　
$$\int \left(10^x + 3\cos x + \frac{1}{\sqrt{x}}\right)dx = \frac{10^x}{\ln 10} + 3\sin x + 2\sqrt{x} + C.$$

例 4.2.3　求不定积分 $\int \tan^2 x dx$.

解　
$$\int \tan^2 x dx = \int (\sec^2 x - 1)dx = \int \sec^2 x dx - \int dx = \tan x - x + C.$$

例 4.2.4　求不定积分 $\int \frac{1}{x^2(1+x^2)}dx$.

解　
$$\int \frac{1}{x^2(1+x^2)}dx = \int \frac{1+x^2-x^2}{x^2(1+x^2)}dx = \int \left(\frac{1}{x^2} - \frac{1}{1+x^2}\right)dx$$
$$= -\frac{1}{x} - \arctan x + C.$$

例 4.2.5　求不定积分 $\int \sin^2 \frac{x}{2} dx$.

解　
$$\int \sin^2 \frac{x}{2} dx = \int \frac{1-\cos x}{2}dx = \frac{1}{2}\int (1-\cos x)dx$$
$$= \frac{1}{2}\left(\int dx - \int \cos x dx\right) = \frac{1}{2}(x - \sin x) + C.$$

例 4.2.6　求不定积分 $\int \frac{\cos 2x}{\cos x - \sin x}dx$.

解　
$$\int \frac{\cos 2x}{\cos x - \sin x}dx = \int \frac{\cos^2 x - \sin^2 x}{\cos x - \sin x}dx = \int (\cos x + \sin x)dx$$
$$= \sin x - \cos x + C.$$

案例分析

案例 4.2.1【产品的成本】　设某产品的平均边际成本为
$$\overline{C}'(x) = -\frac{2500}{x^2} - 0.015 + 0.004x \text{ (元 / 个)},$$

已知当生产 10 个该产品时，其平均成本为 274.05，求总成本和固定成本.

解 要求该产品的总成本，需要先求平均成本，只需要求平均边际成本为 $\overline{C}'(x)$ 的不定积分，所以平均成本为

$$\overline{C}(x) = \int \left(-\frac{2500}{x^2} - 0.015 + 0.004x \right) \mathrm{d}x$$

$$= \int -\frac{2500}{x^2}\mathrm{d}x - \int 0.015\mathrm{d}x + \int 0.004x\mathrm{d}x$$

$$= \frac{2500}{x} - 0.015x + 0.002x^2 + C.$$

因为 $\overline{C}(10) = 274.05$，将其代入上式，得

$$C = 24,$$

故平均成本为

$$\overline{C}(x) = \frac{2500}{x} - 0.015x + 0.002x^2 + 24 \text{ （元）},$$

总成本为

$$C(x) = x\overline{C}(x) = 2500 + 24x - 0.015x^2 + 0.002x^3 \text{（元）},$$

固定成本为

$$C(0) = 2500 \text{ （元）}.$$

案例 4.2.2【电视机的利润】 某家电企业生产的某款 4K 高清液晶电视机的边际成本为 $C'(Q) = 0.02Q + 10$(万元/百台)，边际收益为 $R'(Q) = 30 - 0.02Q$(万元/百台)，固定成本为 100 万元，试求该款电视机的利润函数 $L(Q)$，并讨论最大利润问题.

解 总成本函数为

$$C(Q) = \int C'(Q)\mathrm{d}Q = \int (0.02Q + 10)\mathrm{d}Q = 0.01Q^2 + 10Q + C, \qquad (4.2.1)$$

因为固定成本为 100 万元，即 $C(0) = 100$，代入式(4.2.1)，得 $C = 100$，所以总成本函数为

$$C(Q) = 0.01Q^2 + 10Q + 100.$$

类似地，总收益函数为

$$R(Q) = \int R'(Q)\mathrm{d}Q$$

$$= \int (30 - 0.02Q)\mathrm{d}Q$$

$$= 30Q - 0.01Q^2 + C, \qquad (4.2.2)$$

因为 $R(0) = 0$，代入式(4.2.2)，得 $C = 0$，所以总收益函数为

$$R(Q) = 30Q - 0.01Q^2.$$

于是，该款电视机的总利润函数为

$$L(Q) = R(Q) - C(Q) = 30Q - 0.01Q^2 - (0.01Q^2 + 10Q + 100)$$

$$= -0.02Q^2 + 20Q - 100 \ (Q \in \mathbf{Z}^+).$$

令 $L'(Q) = -0.04Q + 20 = 0$，解得 $Q = 500$(百台).

因为 $L''(Q) = -0.04$，则 $L''(500) < 0$，所以 $Q = 500$ 时，利润最大，其值为

$$L(500) = -0.02 \times 500^2 + 20 \times 500 - 100 = 4900 \text{ （万元）}.$$

即当该款电视机的产量为 5 万台时，能获得最大利润 4900 万元.

4.2.2　换元积分法

1. 第一换元积分法(凑微分法)

利用直接积分法能够计算一些简单的不定积分，但对于有些形式的简单不定积分 $\int \cos 2x \, dx$ 是否也能直接用积分公式 $\int \cos x \, dx = \sin x + C$ 计算呢？

比较 $\int \cos x \, dx$ 和 $\int \cos 2x \, dx$，我们发现，后者被积函数 $\cos 2x$ 中的变量 $(2x)$ 与微分 dx 中的 (x) 是不统一的，所以不能直接套用积分公式 $\int \cos x \, dx = \sin x + C$ 来计算 $\int \cos 2x \, dx$，即 $\int \cos 2x \, dx \neq \sin 2x + C$.

为了计算 $\int \cos 2x \, dx$，我们可以将微分 dx 凑成 $\frac{1}{2}(2x)' dx = \frac{1}{2} d(2x)$，使变量一致为 $(2x)$，即

$$\int \cos 2x \, dx = \int \cos 2x \cdot \frac{1}{2} d(2x) = \frac{1}{2} \int \cos 2x \, d(2x) \xrightarrow{\text{令 } 2x = u} \frac{1}{2} \int \cos u \, du$$

$$= \frac{1}{2} \sin u + C \xrightarrow{\text{还原 } u = 2x} \frac{1}{2} \sin 2x + C.$$

容易验证，$\left(\frac{1}{2} \sin 2x + C\right)' = \cos 2x$，即

$$\int \cos 2x \, dx = \frac{1}{2} \sin 2x + C.$$

引例 4.2.1【第一换元积分法的结构内涵】　观察不定积分 $\int x \sqrt{1+x^2} \, dx$ 中被积函数的结构特点并求这个积分.

问题分析　被积函数 $x \sqrt{1+x^2}$ 是两个函数因子 x 和 $\sqrt{1+x^2}$ 的乘积，其中，$\sqrt{1+x^2}$ 是 $(1+x^2)$ 的函数，是 x 的复合函数，所以直接积分法不能解决该不定积分的计算问题. 但是

$$x \sqrt{1+x^2} \, dx = \sqrt{1+x^2} \left(\frac{1+x^2}{2}\right)' dx = \frac{1}{2} \sqrt{1+x^2} \, (1+x^2)' dx = \frac{1}{2} \sqrt{1+x^2} \, d(1+x^2),$$

这时，令 $u = 1 + x^2$，则 $x \sqrt{1+x^2} \, dx = \frac{1}{2} \sqrt{1+x^2} \, d(1+x^2) = \frac{1}{2} \sqrt{u} \, du$，这样就转化为如何求 $\int \sqrt{u} \, du$ 的问题，从而可以利用直接积分法解决问题. 具体过程如下：

解　$\displaystyle \int x \sqrt{1+x^2} \, dx = \frac{1}{2} \int \sqrt{1+x^2} \, (1+x^2)' dx$

$$= \frac{1}{2} \int \sqrt{1+x^2} \, d(1+x^2) \xrightarrow{\text{令 } 1+x^2 = u} \frac{1}{2} \int \sqrt{u} \, du$$

$$= \frac{1}{3} u^{\frac{3}{2}} + C \xrightarrow{\text{还原 } u = 1+x^2} \frac{1}{3}(1+x^2)^{\frac{3}{2}} + C.$$

引例 4.2.1 给出的解题思路和计算过程，就是下面定理 4.2.1 所表述的第一换元积分法.

定理 4.2.1 设 $\int f(u)\mathrm{d}u = F(u)+C$，其中 $u=\varphi(x)$ 具有连续导数，则

$$\int f[\varphi(x)]\varphi'(x)\mathrm{d}x \xlongequal{\text{凑微分}} \int f[\varphi(x)]\mathrm{d}[\varphi(x)] \xlongequal[\text{令}\ \varphi(x)=u]{\text{换元}} \int f(u)\mathrm{d}u$$

$$\xlongequal{\text{由已知公式}} F(u)+C \xlongequal[u=\varphi(x)]{\text{变量还原}} F[\varphi(x)]+C,$$

即

$$\int f[\varphi(x)]\varphi'(x)\mathrm{d}x = F[\varphi(x)]+C. \tag{4.2.3}$$

以上积分方法称为第一换元积分法. 应用定理 4.2.1 的关键步骤是将被积表达式 $f[\varphi(x)]\varphi'(x)\mathrm{d}x$ 中的 $\varphi'(x)\mathrm{d}x$ 凑成 $\mathrm{d}[\varphi(x)]$（此过程称为对函数 $\varphi'(x)$ 凑微分），因此第一换元积分法又称为凑微分法.

例题讲解

例 4.2.7 求 $\int \mathrm{e}^{2x}\mathrm{d}x$.

解
$$\int \mathrm{e}^{2x}\mathrm{d}x = \frac{1}{2}\int 2\mathrm{e}^{2x}\mathrm{d}x = \frac{1}{2}\int \mathrm{e}^{2x}(2x)'\mathrm{d}x \xlongequal{\text{凑微分}} \frac{1}{2}\int \mathrm{e}^{2x}\mathrm{d}(2x)$$
$$\xlongequal[\text{令}\ 2x=u]{\text{换元}} \frac{1}{2}\int \mathrm{e}^u\mathrm{d}u \xlongequal{\text{由已知公式}} \frac{1}{2}\mathrm{e}^u+C \xlongequal[u=2x]{\text{变量还原}} \frac{1}{2}\mathrm{e}^{2x}+C.$$

例 4.2.8 求 $\int (3-2x)^9\mathrm{d}x$.

解
$$\int (3-2x)^9\mathrm{d}x \xlongequal{\text{恒等变形}} -\frac{1}{2}\int (3-2x)^9 \cdot (3-2x)'\mathrm{d}x$$
$$\xlongequal{\text{凑微分}} -\frac{1}{2}\int (3-2x)^9\mathrm{d}(3-2x)$$
$$\xlongequal[\text{令}\ 3-2x=u]{\text{换元}} -\frac{1}{2}\int u^9\mathrm{d}u \xlongequal{\text{由已知公式}} -\frac{1}{20}u^{10}+C$$
$$\xlongequal[u=3-2x]{\text{变量还原}} -\frac{1}{20}(3-2x)^{10}+C.$$

在运算比较熟练或中间量比较简单明了时，可以不必写出中间变量的代换符号.

另解
$$\int (3-2x)^9\mathrm{d}x = -\frac{1}{2}\int (3-2x)^9 \cdot (3-2x)'\mathrm{d}x$$
$$= -\frac{1}{2}\int (3-2x)^9\mathrm{d}(3-2x)$$
$$= -\frac{1}{20}(3-2x)^{10}+C.$$

例 4.2.9 求 $\int x\mathrm{e}^{-x^2}\mathrm{d}x$.

解
$$\int x\mathrm{e}^{-x^2}\mathrm{d}x = -\frac{1}{2}\int \mathrm{e}^{-x^2}(-x^2)'\mathrm{d}x$$
$$= -\frac{1}{2}\int \mathrm{e}^{-x^2}\mathrm{d}(-x^2) = -\frac{1}{2}\mathrm{e}^{-x^2}+C.$$

例 4.2.10 求 $\int \tan x\mathrm{d}x$.

解
$$\int \tan x \, \mathrm{d}x = \int \frac{\sin x}{\cos x} \mathrm{d}x = -\int \frac{1}{\cos x} \cdot (\cos x)' \mathrm{d}x$$
$$= -\int \frac{1}{\cos x} \mathrm{d}(\cos x) = -\ln|\cos x| + C.$$

例 4.2.11 求 $\displaystyle\int \frac{\mathrm{d}x}{x(1+2\ln x)}$.

解
$$\int \frac{\mathrm{d}x}{x(1+2\ln x)} = \frac{1}{2}\int \frac{1}{1+2\ln x} \cdot (1+2\ln x)' \mathrm{d}x$$
$$= \frac{1}{2}\int \frac{1}{1+2\ln x} \mathrm{d}(1+2\ln x) = \frac{1}{2}\ln|1+2\ln x| + C.$$

例 4.2.12 求 $\displaystyle\int \cos^2 x \, \mathrm{d}x$.

解
$$\int \cos^2 x \, \mathrm{d}x = \int \frac{1+\cos 2x}{2} \mathrm{d}x = \frac{1}{2}\left[\int \mathrm{d}x + \int \cos 2x \, \mathrm{d}x\right]$$
$$= \frac{1}{2}\left(x + \frac{1}{2}\sin 2x\right) + C.$$

例 4.2.13 求 $\displaystyle\int \frac{\mathrm{d}x}{a^2+x^2}$ $(a \neq 0)$.

解
$$\int \frac{\mathrm{d}x}{a^2+x^2} = \frac{1}{a}\int \frac{1}{1+\left(\frac{x}{a}\right)^2} \mathrm{d}\left(\frac{x}{a}\right) = \frac{1}{a}\arctan \frac{x}{a} + C.$$

例 4.2.14 求 $\displaystyle\int \frac{\mathrm{d}x}{\sqrt{a^2-x^2}}$ $(a > 0)$.

解
$$\int \frac{\mathrm{d}x}{\sqrt{a^2-x^2}} = \frac{1}{a}\int \frac{\mathrm{d}x}{\sqrt{1-\left(\frac{x}{a}\right)^2}} = \int \frac{\mathrm{d}\left(\frac{x}{a}\right)}{\sqrt{1-\left(\frac{x}{a}\right)^2}} = \arcsin \frac{x}{a} + C.$$

例 4.2.15 求 $\displaystyle\int \frac{\mathrm{d}x}{a^2-x^2}$ $(a \neq 0)$.

解
$$\int \frac{\mathrm{d}x}{a^2-x^2} = \frac{1}{2a}\int \left(\frac{1}{a+x} + \frac{1}{a-x}\right)\mathrm{d}x$$
$$= \frac{1}{2a}(\ln|a+x| - \ln|a-x|) + C = \frac{1}{2a}\ln\left|\frac{a+x}{a-x}\right| + C.$$

例 4.2.16 求 $\displaystyle\int \frac{\cos\sqrt{x}}{\sqrt{x}} \mathrm{d}x$.

解
$$\int \frac{\cos\sqrt{x}}{\sqrt{x}} \mathrm{d}x = 2\int \cos\sqrt{x}\,(\sqrt{x})' \mathrm{d}x = 2\int \cos\sqrt{x}\,\mathrm{d}(\sqrt{x}) = 2\sin\sqrt{x} + C.$$

例 4.2.17 求 $\displaystyle\int \mathrm{e}^x \sin(\mathrm{e}^x+1) \mathrm{d}x$.

解
$$\int \mathrm{e}^x \sin(\mathrm{e}^x+1) \mathrm{d}x = \int \sin(\mathrm{e}^x+1)\,(\mathrm{e}^x+1)' \mathrm{d}x$$
$$= \int \sin(\mathrm{e}^x+1) \mathrm{d}(\mathrm{e}^x+1) = -\cos(\mathrm{e}^x+1) + C.$$

例 4.2.18　求 $\int \dfrac{2^{\arctan x}}{1+x^2}\mathrm{d}x$.

解　$\int \dfrac{2^{\arctan x}}{1+x^2}\mathrm{d}x = \int 2^{\arctan x}\left(\arctan x\right)' \mathrm{d}x = \int 2^{\arctan x}\mathrm{d}\left(\arctan x\right) = \dfrac{2^{\arctan x}}{\ln 2}+C.$

2. 第二换元积分法

引例 4.2.2【第二换元积分法的结构内涵】　观察不定积分 $\int \dfrac{1}{\sqrt{x}+1}\mathrm{d}x$ 中被积函数的结构特点并求该积分.

问题分析　被积函数 $\dfrac{1}{\sqrt{x}+1}$ 中含有根式，且由直接积分法和凑微分法都不能解决该不定积分的计算问题. 如果作这样的变换：换掉根号，就可以将被积函数有理化，从而可用前面学过的积分方法解决问题. 具体过程如下：

解　为使被积函数有理化，令 $\sqrt{x}=t$，则 $x=t^2$，$\mathrm{d}x=2t\mathrm{d}t$，于是

$$\int \frac{1}{\sqrt{x}+1}\mathrm{d}x = \int \frac{2t}{t+1}\mathrm{d}t = 2\int \frac{(t+1)-1}{t+1}\mathrm{d}t = 2\int \left(1-\frac{1}{t+1}\right)\mathrm{d}t$$

$$= 2t - 2\ln|t+1|+C = 2\sqrt{x} - 2\ln(\sqrt{x}+1)+C.$$

引例 4.4.2 给出的解题思路和计算过程，就是下面定理 4.2.2 所表述的第二换元积分法.

定理 4.2.2　设 $x=\varphi(t)$ 是单调、可导的函数，且 $\varphi'(t)\neq 0$，如果

$$\int f\left[\varphi(t)\right]\varphi'(t)\mathrm{d}t = F(t)+C,$$

则

$$\int f(x)\mathrm{d}x \xrightarrow{\;\text{令}\, x=\varphi(t)\;} \int f\left[\varphi(t)\right]\mathrm{d}\left[\varphi(t)\right] = \int f\left[\varphi(t)\right]\varphi'(t)\mathrm{d}t$$

$$\xrightarrow[\;\text{对变量}\,t\,\text{积分}\;]{} F(t)+C \xrightarrow[t=\varphi^{-1}(x)]{\;\text{变量还原}\;} F\left[\varphi^{-1}(x)\right]+C. \tag{4.2.4}$$

以上积分方法称为第二类换元积分法.

注　当被积函数中含有根式，而且不能用直接积分或凑微分法计算不定积分时，常常可以考虑换掉根号后再进行计算，即"见根号，去根号".

📓 例题讲解

例 4.2.19　求 $\int \dfrac{\mathrm{d}x}{\sqrt{x}+\sqrt[3]{x}}$.

解　令 $t=\sqrt[6]{x}$，$x=t^6$，$\mathrm{d}x=6t^5\mathrm{d}t$，则

$$\int \frac{1}{\sqrt{x}+\sqrt[3]{x}}\mathrm{d}x = \int \frac{6t^5}{t^3+t^2}\mathrm{d}t = 6\int \frac{t^3}{t+1}\mathrm{d}t = 6\int \frac{(t^3+1)-1}{t+1}\mathrm{d}t$$

$$= 6\int \left(t^2-t+1-\frac{1}{t+1}\right)\mathrm{d}t = 6\left(\frac{1}{3}t^3 - \frac{1}{2}t^2 + t - \ln|t+1|\right)+C$$

$$= 2\sqrt{x} - 3\sqrt[3]{x} + 6\sqrt[6]{x} - 6\ln(\sqrt[6]{x}+1)+C.$$

像例 4.2.19 这种有理化被积函数的方法称为根式代换.

常用的简单根式代换有：

(1) 在 $\int f(\sqrt{ax+b})\mathrm{d}x$ 中，$\sqrt{ax+b}=t$.

(2) 在 $\int f(\sqrt[m]{ax+b},\sqrt[n]{ax+b})\mathrm{d}x$ 中，令 $\sqrt[k]{ax+b}=t$，其中 k 是 m 和 n 的最小公倍数.

例 4.2.20　求 $\int \sqrt{a^2-x^2}\,\mathrm{d}x\ (a>0)$.

解　被开方式是一个缺一次式的二次函数，为了换掉根号，可作下面的换元：

令 $x=a\sin t,\ t\in\left[-\dfrac{\pi}{2},\dfrac{\pi}{2}\right]$，则 $\mathrm{d}x=a\cos t\,\mathrm{d}t$，于是

$$\int \sqrt{a^2-x^2}\,\mathrm{d}x=\int \sqrt{a^2-a^2\sin^2 t}\,(a\cos t)\mathrm{d}t=a^2\int \cos^2 t\,\mathrm{d}t$$

$$=a^2\int \frac{1+\cos 2t}{2}\mathrm{d}t=\frac{a^2}{2}\left(t+\frac{1}{2}\sin 2t\right)+C$$

$$=\frac{a^2}{2}(t+\sin t\cos t)+C.$$

由于 $x=a\sin t,\ t\in\left[-\dfrac{\pi}{2},\dfrac{\pi}{2}\right]$，所以 $t=\arcsin\dfrac{x}{a}$，可以根据 $\sin t=$

$\dfrac{x}{a}$ 作辅助函数（如图 4.2.1 所示），便有

$$\cos t=\frac{\sqrt{a^2-x^2}}{a},$$

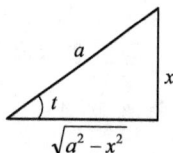

图 4.2.1

于是所求积分为

$$\int \sqrt{a^2-x^2}\,\mathrm{d}x=\frac{a^2}{2}\arcsin\frac{x}{a}+\frac{1}{2}x\sqrt{a^2-x^2}+C.$$

例 4.2.21　求不定积分 $\int \dfrac{\mathrm{d}x}{\sqrt{a^2+x^2}}(a>0)$.

解　令 $x=a\tan t,\ t\in\left(-\dfrac{\pi}{2},\dfrac{\pi}{2}\right)$，则

$$\sqrt{a^2+x^2}=\sqrt{a^2(1+\tan^2 t)}=a\sec t,\ \mathrm{d}x=a\sec^2 t\,\mathrm{d}t,$$

于是

$$\int \frac{\mathrm{d}x}{\sqrt{a^2+x^2}}=\int \frac{a\sec^2 t\,\mathrm{d}t}{a\sec t}=\int \sec t\,\mathrm{d}t=\ln|\sec t+\tan t|+C.$$

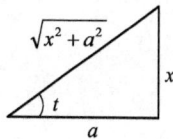

图 4.2.2

为了要把 $\sec t$ 及 $\tan t$ 换成 x 的函数，可以根据 $\tan t=\dfrac{x}{a}$ 作辅助函数（如图 4.2.2 所示），便有

$$\sec t=\frac{\sqrt{x^2+a^2}}{a},$$

且 $\sec t+\tan t>0$，因此

$$\int \frac{\mathrm{d}x}{\sqrt{x^2+a^2}}=\ln\left(\frac{x}{a}+\frac{\sqrt{x^2+a^2}}{a}\right)+C_1$$

$$=\ln(x+\sqrt{x^2+a^2})+C,$$

其中 $C_1 = C - \ln a$.

例 4.2.22 求 $\displaystyle\int \frac{\mathrm{d}x}{\sqrt{x^2 - a^2}} (a > 0, |x| > a)$.

解 和以上两例类似, 可以利用公式

$$\sec^2 t - 1 = \tan^2 t$$

来化去根式. 注意到被积函数的定义域是 $x > a$ 和 $x < -a$ 两个区间, 我们在两个区间内分别求不定积分.

当 $x > a$ 时, 设 $x = a \sec t \left(0 < t < \dfrac{\pi}{2}\right)$, 则

$$\sqrt{x^2 - a^2} = \sqrt{a^2 \sec^2 t - a^2} = a\sqrt{\sec^2 t - 1} = a\tan t,$$
$$\mathrm{d}x = a \sec t \tan t \, \mathrm{d}t,$$

于是

$$\int \frac{\mathrm{d}x}{\sqrt{x^2 - a^2}} = \int \frac{a \sec t \tan t}{a \tan t} \mathrm{d}t = \int \sec t \, \mathrm{d}t$$
$$= \ln(\sec t + \tan t) + C.$$

为了把 $\sec t$ 及 $\tan t$ 换成 x 的函数, 我们根据 $\sec t = \dfrac{x}{a}$ 作辅助三角形(图 4.2.3), 得到

$$\tan t = \frac{\sqrt{x^2 - a^2}}{a},$$

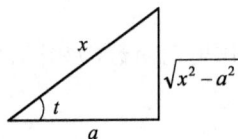

因此

图 4.2.3

$$\int \frac{\mathrm{d}x}{\sqrt{x^2 - a^2}} = \ln\left(\frac{x}{a} + \frac{\sqrt{x^2 - a^2}}{a}\right) + C$$
$$= \ln(x + \sqrt{x^2 - a^2}) + C_1,$$

其中 $C_1 = C - \ln a$.

当 $x < -a$ 时, 令 $x = -u$, 那么 $u > a$, 由上段结果, 有

$$\int \frac{\mathrm{d}x}{\sqrt{x^2 - a^2}} = -\int \frac{\mathrm{d}u}{\sqrt{u^2 - a^2}} = -\ln(u + \sqrt{u^2 - a^2}) + C$$
$$= -\ln(-x + \sqrt{x^2 - a^2}) + C$$
$$= \ln \frac{-x - \sqrt{x^2 - a^2}}{a^2} + C$$
$$= \ln(-x - \sqrt{x^2 - a^2}) + C_1,$$

其中 $C_1 = C - 2\ln a$.

把在 $x > a$ 及 $x < -a$ 内的结果合起来, 可写作

$$\int \frac{\mathrm{d}x}{\sqrt{x^2 - a^2}} = \ln|x + \sqrt{x^2 - a^2}| + C.$$

注 一般地, 当被积函数含二次根式 $\sqrt{a^2 - x^2}$、$\sqrt{x^2 - a^2}$ 或 $\sqrt{x^2 + a^2}$ 时, 可以将被积表达式作如下的变换, 如表 4.2.1 所示.

表 4.2.1　第二换元积分法——三角代换

积分类型	变量代换式	辅助三角形 （用于变量还原）
$\int f(\sqrt{a^2-x^2})\mathrm{d}x$	$x=a\sin t,\ t\in\left[-\dfrac{\pi}{2},\dfrac{\pi}{2}\right]$	直角三角形：斜边 a，对边 x，邻边 $\sqrt{a^2-x^2}$，角 t
$\int f(\sqrt{a^2+x^2})\mathrm{d}x$	$x=a\tan t,\ t\in\left(-\dfrac{\pi}{2},\dfrac{\pi}{2}\right)$	直角三角形：斜边 $\sqrt{x^2+a^2}$，对边 x，邻边 a，角 t
$\int f(\sqrt{x^2-a^2})\mathrm{d}x$	$x=a\sec t,\ t\in\left(0,\dfrac{\pi}{2}\right)$	直角三角形：斜边 x，对边 $\sqrt{x^2-a^2}$，邻边 a，角 t

下面我们一起来学习不定积分的另一种计算方法——分部积分法.

3. 分部积分法

引例 4.2.3【分部积分法的结构内涵】　观察不定积分 $\int x\cos x\mathrm{d}x$ 中被积函数的结构特点并求该积分.

问题分析　被积函数 $x\cos x$ 是两种不同类型的函数 x 和 $\cos x$ 的乘积，尽管被积函数看起来很简单，但是，用前面学过的积分方法却很难得到结果.

根据函数乘积的微分法则得

$$\mathrm{d}(x\sin x)=\sin x\mathrm{d}x+x\cos x\mathrm{d}x,$$

移项，得

$$x\cos x\mathrm{d}x=\mathrm{d}(x\sin x)-\sin x\mathrm{d}x,$$

两边积分，得

$$\int x\cos x\mathrm{d}x=x\sin x-\int\sin x\mathrm{d}x,$$

从而将求 $\int x\cos x\mathrm{d}x$ 转化为求 $\int\sin x\mathrm{d}x$，而后者可用基本积分公式求得. 具体过程如下：

解　$\displaystyle\int x\cos x\mathrm{d}x=\int x(\sin x)'\mathrm{d}x=\int x\mathrm{d}(\sin x)=x\sin x-\int\sin x\mathrm{d}x$

$\qquad\qquad\quad =x\sin x+\cos x+C.$

引例 4.2.3 给出的解题思路和计算过程，就是下面定理 4.2.3 所表述的分部积分法.

定理 4.2.3　设函数 $u=u(x),v=v(x)$ 具有连续导数，则有

$$\int uv' \mathrm{d}x = uv - \int vu' \mathrm{d}x, \tag{4.2.5}$$

或

$$\int u\mathrm{d}v = uv - \int v\mathrm{d}u \tag{4.2.6}$$

式(4.2.5)和式(4.2.6)称为不定积分的分部积分公式.

通过前面的分析知,分部积分法可以解决换元积分法无法解决的问题,那么分部积分公式是如何得到的呢?

我们知道,若函数 $u=u(x)$, $v=v(x)$ 具有连续的导数,则

$$(uv)' = uv' + u'v,$$

移项,得

$$uv' = (uv)' - u'v,$$

两边积分,得

$$\int uv' \mathrm{d}x = uv - \int vu' \mathrm{d}x$$

或

$$\int u\mathrm{d}v = uv - \int v\mathrm{d}u.$$

注 分部积分公式的作用在于把左边的不定积分 $\int u\mathrm{d}v$ 转化为右边的不定积分 $\int v\mathrm{d}u$. 这两个积分的区别是 u 和 v 换了位置. 当 $\int v\mathrm{d}u$ 比 $\int u\mathrm{d}v$ 易计算时,就可用分部积分法.

📖 例题讲解

例 4.2.23 求 $\int x\mathrm{e}^x \mathrm{d}x$.

解 令 $u = x$, $\mathrm{d}v = \mathrm{e}^x \mathrm{d}x$,则 $\mathrm{d}u = \mathrm{d}x$,因此 $\int \mathrm{d}v = \int \mathrm{e}^x \mathrm{d}x$,即 $v = \mathrm{e}^x$,故

$$\int x\mathrm{e}^x \mathrm{d}x = \int x\mathrm{d}\mathrm{e}^x = x\mathrm{e}^x - \int \mathrm{e}^x \mathrm{d}x = x\mathrm{e}^x - \mathrm{e}^x + C.$$

对分部积分法熟练后,不必每次都具体写出 u 和 $\mathrm{d}v$,只要根据公式直接运算就可以了.

例 4.2.24 求 $\int x^2 \mathrm{e}^x \mathrm{d}x$.

解

$$\int x^2 \mathrm{e}^x \mathrm{d}x = \int x^2 (\mathrm{e}^x)' \mathrm{d}x = \int x^2 \mathrm{d}(\mathrm{e}^x)$$

$$= x^2 \mathrm{e}^x - \int \mathrm{e}^x \mathrm{d}(x^2) = x^2 \mathrm{e}^x - 2\int x\mathrm{e}^x \mathrm{d}x$$

$$= x^2 \mathrm{e}^x - 2\int x\mathrm{d}(\mathrm{e}^x) = x^2 \mathrm{e}^x - 2\left(x\mathrm{e}^x - \int \mathrm{e}^x \mathrm{d}x\right)$$

$$= x^2 \mathrm{e}^x - 2x\mathrm{e}^x + 2\mathrm{e}^x + C = (x^2 - 2x + 2)\mathrm{e}^x + C.$$

注 ① 由例 4.2.23 和例 4.2.24 可见,在运用分部积分法解决问题的过程中,如何正确地把被积函数其中的一个函数因子选择为 u,并凑好 v 是积分能否成功的关键. 在具体计

算过程中，尤其是多次运用分部积分公式时，要特别注意由于分部积分公式中的负号带来的符号变化.

② 选择 u 的口诀：反、对、幂、三、指，谁排前面谁为 u. 即当被积函数为反三角函数、对数函数、幂函数、指数函数或三角函数中的某两类函数之积时，口诀中排在前的函数确定为 u，不变形，而对口诀中排在后的函数进行变形(写成原函数的导数形式).

例如，在 $\int x^2\ln x\,\mathrm{d}x$ 中，被积函数是幂函数 x^2 与对数函数 $\ln x$ 相乘，按口诀中的顺序，对数函数排在幂函数的前面，因此设 $\ln x = u$，而将 x^2 写成 $\left(\dfrac{x^3}{3}\right)'$.

例 4.2.25　求 $\int x\ln x\,\mathrm{d}x$.

解
$$\int x\ln x\,\mathrm{d}x = \int\left(\frac{x^2}{2}\right)'\ln x\,\mathrm{d}x = \int\ln x\,\mathrm{d}\left(\frac{1}{2}x^2\right)$$
$$= \frac{1}{2}x^2\ln x - \frac{1}{2}\int x^2\,\mathrm{d}(\ln x) = \frac{1}{2}x^2\ln x - \frac{1}{2}\int x\,\mathrm{d}x$$
$$= \frac{1}{2}x^2\ln x - \frac{1}{4}x^2 + C.$$

例 4.2.26　求 $\int\arctan x\,\mathrm{d}x$.

解
$$\int\arctan x\,\mathrm{d}x = x\arctan x - \int x\,\mathrm{d}(\arctan x) = x\arctan x - \int\frac{x}{1+x^2}\,\mathrm{d}x$$
$$= x\arctan x - \frac{1}{2}\int\frac{1}{1+x^2}\,\mathrm{d}(1+x^2) = x\arctan x - \frac{1}{2}\ln(1+x^2) + C.$$

例 4.2.27　求 $\int\mathrm{e}^x\sin x\,\mathrm{d}x$.

解
$$\int\mathrm{e}^x\sin x\,\mathrm{d}x = \int\sin x(\mathrm{e}^x)'\,\mathrm{d}x = \int\sin x\,\mathrm{d}(\mathrm{e}^x) = \mathrm{e}^x\sin x - \int\mathrm{e}^x\,\mathrm{d}(\sin x)$$
$$= \mathrm{e}^x\sin x - \int\mathrm{e}^x\cos x\,\mathrm{d}x = \mathrm{e}^x\sin x - \int\cos x(\mathrm{e}^x)'\,\mathrm{d}x$$
$$= \mathrm{e}^x\sin x - \int\cos x\,\mathrm{d}(\mathrm{e}^x) = \mathrm{e}^x\sin x - \left[\mathrm{e}^x\cos x - \int\mathrm{e}^x\,\mathrm{d}(\cos x)\right]$$
$$= \mathrm{e}^x(\sin x - \cos x) - \int\mathrm{e}^x\sin x\,\mathrm{d}x,$$

移项，得
$$2\int\mathrm{e}^x\sin x\,\mathrm{d}x = \mathrm{e}^x(\sin x - \cos x) + C_1,$$

故
$$\int\mathrm{e}^x\sin x\,\mathrm{d}x = \frac{1}{2}\mathrm{e}^x(\sin x - \cos x) + C,$$

其中 $C = \dfrac{1}{2}C_1$.

注　例 4.2.27 中，移项后右端已不含积分项，必须加上任意常数 C_1，而最后结果中的 $C = \dfrac{C_1}{2}$.

【习题 4.2】

1. 求下列不定积分：

(1) $\int \dfrac{\mathrm{d}x}{x^2}$；

(2) $\int \sqrt{x}(x^2-5)\mathrm{d}x$；

(3) $\int \dfrac{x-9}{\sqrt{x}+3}\mathrm{d}x$；

(4) $\int \dfrac{x^2}{1+x^2}\mathrm{d}x$；

(5) $\int \left(\sin\dfrac{x}{2}+\cos\dfrac{x}{2}\right)^2\mathrm{d}x$；

(6) $\int (x^2+2^x)\mathrm{d}x$；

(7) $\int \dfrac{\mathrm{d}x}{1+\cos 2x}$；

(8) $\int \dfrac{\cos 2x}{\cos^2 x\,\sin^2 x}\mathrm{d}x$；

(9) $\int \dfrac{(x+1)^2}{x(x^2+1)}\mathrm{d}x$；

(10) $\int \dfrac{3^x-2^x}{5^x}\mathrm{d}x$；

(11) $\int \dfrac{3x^2-2x-\sqrt{x}}{x\sqrt{x}}\mathrm{d}x$；

(12) $\int (\sqrt{x}+1)\left(x-\dfrac{1}{\sqrt{x}}\right)\mathrm{d}x$.

2. 已知在曲线上任一点处的切线的斜率为 $3x^2$，并且曲线经过点 $(1,2)$，求此曲线的方程.

3. 设 $x\ln x$ 是函数 $f(x)$ 的一个原函数，求 $\int f'(x)\mathrm{d}x$.

4. 在下列各式等号右端的空白处填入适当的系数，使等式成立：

(1) $\mathrm{d}x=$ _____ $\mathrm{d}(ax)$；

(2) $\mathrm{d}x=$ _____ $\mathrm{d}(7x-3)$；

(3) $x\mathrm{d}x=$ _____ $\mathrm{d}x^2$；

(4) $x\mathrm{d}x=$ _____ $\mathrm{d}(-x^2)$；

(5) $x^3\mathrm{d}x=$ _____ $\mathrm{d}(3x^4-2)$；

(6) $\mathrm{e}^{-\frac{x}{2}}\mathrm{d}x=$ _____ $\mathrm{d}(1+\mathrm{e}^{-\frac{x}{2}})$；

(7) $\sin\dfrac{3}{2}x\mathrm{d}x=$ _____ $\mathrm{d}\left(\cos\dfrac{3}{2}x\right)$；

(8) $\dfrac{\mathrm{d}x}{x}=$ _____ $\mathrm{d}(5\ln|x|)$.

5. 求下列不定积分(其中 a、b 均为常数)：

(1) $\int \mathrm{e}^{5t+2}\mathrm{d}t$；

(2) $\int (8+5x)^3\mathrm{d}x$；

(3) $\int \dfrac{\mathrm{d}x}{5-2x}$；

(4) $\int \dfrac{\mathrm{d}x}{\sqrt[3]{2-3x}}$；

(5) $\int \dfrac{\cos x}{2\sqrt{\sin x}}\mathrm{d}x$；

(6) $\int \tan^{10}x\sec^2 x\mathrm{d}x$；

(7) $\int \dfrac{\mathrm{d}x}{\mathrm{e}^x+\mathrm{e}^{-x}}$；

(8) $\int \dfrac{\mathrm{d}x}{\sin x\cos x}$；

(9) $\int x\cos(x^2)\mathrm{d}x$；

(10) $\int \dfrac{x}{\sqrt{2-3x^2}}\mathrm{d}x$；

(11) $\int \dfrac{3x^3}{1-x^4}\mathrm{d}x$；

(12) $\int \dfrac{\sin x}{\cos^3 x}\mathrm{d}x$；

(13) $\int \dfrac{\mathrm{e}^x}{\mathrm{e}^x+1}\mathrm{d}x$；

(14) $\int \mathrm{e}^{\sin x}\cos x\mathrm{d}x$；

(15) $\int \sqrt{x}\sin(1+x^{\frac{3}{2}})\mathrm{d}x$；

(16) $\int \dfrac{\mathrm{e}^{-\frac{1}{x}}}{x^2}\mathrm{d}x$；

(17) $\int x \sqrt[3]{1+x^2}\,\mathrm{d}x$;

(18) $\int \dfrac{\ln^2 x + x^2 \sin x^2}{x}\,\mathrm{d}x$;

(19) $\int \dfrac{x^2 + \arctan x}{1+x^2}\,\mathrm{d}x$;

(20) $\int \dfrac{1 + 2x^3 \mathrm{e}^{x^2}}{x^2}\,\mathrm{d}x$;

(21) $\int \sqrt[3]{3 + \mathrm{e}^{-x}}\,\mathrm{e}^{-x}\,\mathrm{d}x$;

(22) $\int \dfrac{\sin x}{a - b\cos x}\,\mathrm{d}x$;

(23) $\int \dfrac{1}{\cos^2(a - bx)}\,\mathrm{d}x$;

(24) $\int \dfrac{x^2}{\sin^2(x^3 + 2)}\,\mathrm{d}x$;

(25) $\int \dfrac{1}{\sqrt{25 - 16x^2}}\,\mathrm{d}x$;

(26) $\int \dfrac{\mathrm{e}^x}{\sqrt{1 - \mathrm{e}^{2x}}}\,\mathrm{d}x$;

(27) $\int \dfrac{1}{x \sqrt{1 - \ln^2 x}}\,\mathrm{d}x$;

(28) $\int \dfrac{2x + 1}{\sqrt{1 - x^2}}\,\mathrm{d}x$;

(29) $\int \dfrac{1}{9 + x^2}\,\mathrm{d}x$;

(30) $\int x \sin(a + bx^2)\,\mathrm{d}x$.

6. 求下列不定积分：

(1) $\int \dfrac{1}{\sqrt{1 - 2x}}\,\mathrm{d}x$;

(2) $\int \dfrac{1}{\sqrt{x}\,(1 + x)}\,\mathrm{d}x$;

(3) $\int \dfrac{x}{\sqrt{a^2 + x^2}}\,\mathrm{d}x$;

(4) $\int \dfrac{1}{(1 - x^2)^{\frac{3}{2}}}\,\mathrm{d}x$;

(5) $\int x \sqrt[3]{3x - 1}\,\mathrm{d}x$;

(6) $\int \dfrac{1}{\sqrt{x}\,(1 + \sqrt[4]{x})^2}\,\mathrm{d}x$;

(7) $\int \dfrac{1}{x^2 \sqrt{x^2 - 1}}\,\mathrm{d}x$;

(8) $\int \dfrac{\mathrm{d}x}{x^2 \sqrt{1 + x^2}}$.

7. 求下列不定积分.

(1) $\int x \sin x\,\mathrm{d}x$;

(2) $\int x^2 \mathrm{e}^{3x}\,\mathrm{d}x$;

(3) $\int \arcsin x\,\mathrm{d}x$;

(4) $\int \ln(1 + x^2)\,\mathrm{d}x$;

(5) $\int x^2 \ln x\,\mathrm{d}x$;

(6) $\int \mathrm{e}^{-x} \cos x\,\mathrm{d}x$;

(7) $\int \mathrm{e}^{-2x} \sin \dfrac{x}{2}\,\mathrm{d}x$;

(8) $\int x \cos 6x\,\mathrm{d}x$;

(9) $\int x^2 \arctan x\,\mathrm{d}x$;

(10) $\int \sin(\ln x)\,\mathrm{d}x$;

(11) $\int \dfrac{\ln(\ln x)}{x}\,\mathrm{d}x$;

(12) $\int t \mathrm{e}^{-2t}\,\mathrm{d}t$.

习题 4.2 参考答案

4.3　定积分的概念与性质

引例 4.3.1【曲边梯形的面积】　在现实生活中，我们经常会碰到求不规则图形（如图 4.3.1 所示）的面积. 通过适当的分割，求类似于图 4.3.1 所示的不规则图形的面积可归结为求图 4.3.2 所示的图形的面积——曲边梯形的面积.

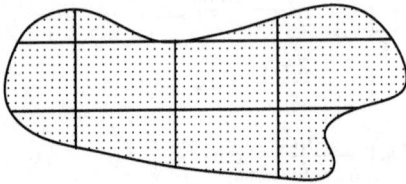

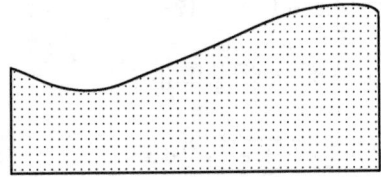

图 4.3.1   图 4.3.2

问题分析 为了更方便地定量分析图 4.3.2 所示曲边梯形的面积，将其置于平面直角坐标系内，如图 4.3.3 所示.

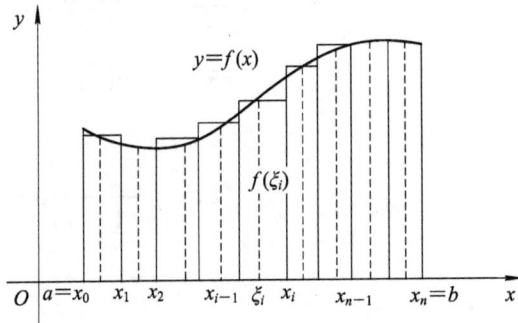

图 4.3.3

考虑到曲边梯形在底边各点处的高 $f(x)$ 在区间 $[a, b]$ 上是变化的，因此在求曲边梯形的面积时，不能用初等几何的方法来解决. 如果我们将把底边分割成若干小段，整个曲边梯形就被分割成许多窄曲边梯形. 对于每个窄曲边梯形，由于底边很短，高的变化就不是很大，这样就可以用同底的小矩形来代替窄曲边梯形，所有这些小矩形面积的总和就是整个曲边梯形面积的一个近似值. 为了减少误差，将这种分割无限细分，即小矩形面积之和的极限就是曲边梯形的面积. 具体思路和方法如下：

第一步，分割——化整为零. 将区间 $[a, b]$ 通过插入若干个分点 $a = x_0 < x_1 < x_2 < \cdots < x_n = b$ 的方式，分割成 n 个小区间 $[x_0, x_1]$，$[x_1, x_2]$，$\cdots$，$[x_{n-1}, x_n]$，其中第 i 个小区间的长度为 $\Delta x = x_i - x_{i-1}(i = 1, 2, \cdots, n)$.

第二步，近似替代——以直代曲. 经过每一个分点作平行于 y 轴的直线段，把曲边梯形分成 n 个窄曲边梯形. 在每个小区间 $[x_{i-1}, x_i]$ 上任取一点 ξ_i，将第 $i(i = 1, 2, \cdots, n)$ 个窄曲边梯形面积用底为 $\Delta x_i = x_i - x_{i-1}$、高为 $f(\xi_i)$ 的小矩形面积代替，即每个窄曲边梯形面积为 $\Delta A_i \approx f(\xi_i)\Delta x_i(i = 1, 2, \cdots, n)$.

第三步，求和——积零为整. 求出整个曲边梯形面积 A 的近似值 $A \approx \sum_{i=1}^{n} f(\xi_i)\Delta x_i$.

第四步，取极限——近似变精确. 通过求极限，求出曲边梯形面积的精确值，即

$$A = \lim_{\Delta x \to 0} \sum_{i=1}^{n} f(\xi_i)\Delta x_i \left(\text{其中}, \Delta x = \max_{1 \leqslant i \leqslant n}\{\Delta x_i\}\right).$$

引例 4.3.2【企业总收益】 大型企业集团的收益是随时流入的，因此，这一收益可近似地表示为一个连续的收益流，设 $p(t)$ 为收益流在时刻 t 的变化率（单位：元/年），现需计

算从现在$(t_0 = 0)$到 T 年的总收益?

问题分析　如果企业的收益是均匀的,收益 R 对时间 t 的变化率 $p(t)$ 为常数,于是
$$收益 = 变化率 \times 时间.$$

现在已知企业的收益是非均匀的,要求在$[0, T]$间隔内的收益,不能直接用均匀变化率的公式来计算. 考虑到收益流 $p(t)$ 在区间$[0, T]$上是连续变化的(如图 4.3.4 所示),因此,我们将时间间隔$[0, T]$分成若干个小时间间隔. 当时间间隔很短时,变化率以"不变"代"变",即在每一个小时间间隔内,用均匀收益流变化率近似代替非均匀收益流的变化率,把所有的小时间间隔内的收益加起来,就得到整个时间间隔$[0, T]$内收益的近似值. 为了减少误差,将这种分割无限细分,即通过取极限,近似达到精确,从而得到收益的精确值.

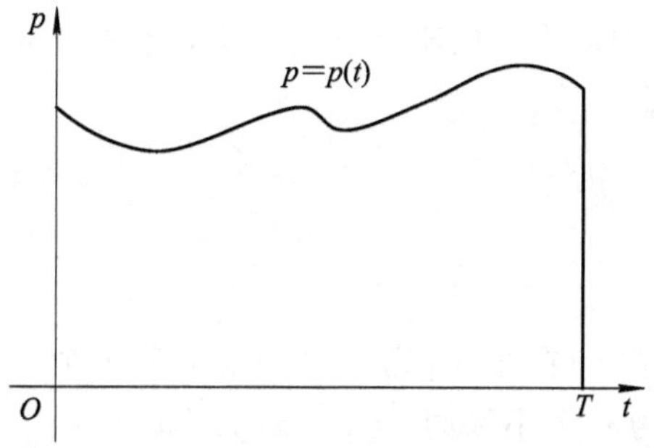

图 4.3.4

第一步,分割——化整为零. 用若干个分点 $0 = t_0 < t_1 < t_2 < \cdots < t_n = T$ 把区间 $[0, T]$ 划分 n 个小区间:$[t_0, t_1]$, $[t_1, t_2]$, $\cdots$, $[t_{n-1}, t_n]$,其中第 i 个小区间长度为 $\Delta t_i = t_i - t_{i-1} (i = 1, 2, \cdots, n)$.

第二步,近似替代——以均匀代非均匀. 当每个 Δt_i 都很小时,可以认为收益流的变化率在$[t_{i-1}, t_i]$上的变化不大. 任取 $\xi_i \in [t_{i-1}, t_i]$,则 $p(\xi_i)$ 可近似作为$[t_{i-1}, t_i]$上收益流的变化率,如图 4.3.5 所示,于是在$[t_{i-1}, t_i]$上的收益为
$$\Delta R_i \approx p(\xi_i) \Delta t_i (i = 1, 2, \cdots, n).$$

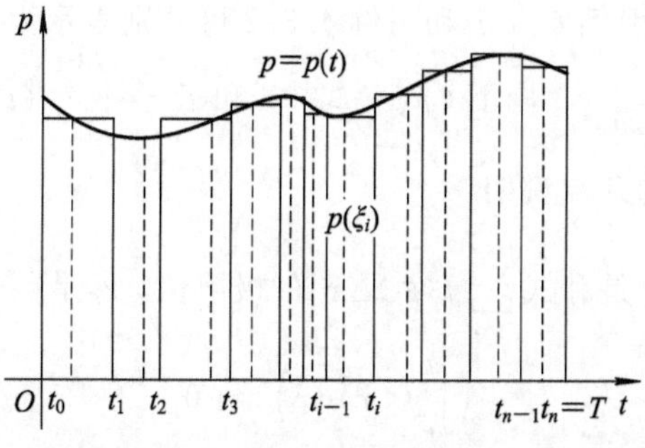

图 4.3.5

第三步,求和——积零为整. 把所有小区间上收益 ΔR_i 的近似值相加,得到从 0 到 T 年该公司总收益的近似值

$$R = \sum_{i=1}^{n} \Delta R_i \approx \sum_{i=1}^{n} p(\xi_i) \Delta t_i.$$

第四步，取极限——近似变精确. 如果当分点个数无限增加(即 $n \to \infty$)，且 $\Delta t = \max_{1 \leqslant i \leqslant n} \{\Delta t_i\} \to 0$ 时，则得到总收益 R 的精确值，即

$$R = \lim_{\Delta t \to 0} \sum_{i=1}^{n} p(\xi_i) \Delta t_i.$$

上面两个例子不尽相同，但解决问题的思想方法、计算步骤，以及表达这些量的数学形式都完全一致，即经过"分割、近似替代、求和、取极限"等过程，最终都变为求某一和式的极限，数学上将这类思想方法称为求定积分.

求曲边梯形的面积以及求企业总收益的前三步，即"分割""近似替代"和"求和"是初等函数方法的体现，而且也是初等数学方法中形式逻辑思维的体现. 只有第四步的"取极限"，这种蕴含于变量数学中的丰富的辩证逻辑思维，才使得微积分巧妙而有效地解决初等数学所不能解决的问题.

4.3.1 定积分的概念

1. 定积分的定义

定义 4.3.1 设函数 $f(x)$ 在区间 $[a, b]$ 上连续，若干个分点 $a = x_0 < x_1 < x_2 < \cdots < x_n = b$ 把区间 $[a, b]$ 划分为 n 个小区间：$[x_0, x_1]$，$[x_1, x_2]$，$\cdots$，$[x_{n-1}, x_n]$，其中第 i 个小区间长度为 $\Delta x_i = x_i - x_{i-1} (i = 1, 2, \cdots, n)$，记 $\lambda = \max_{1 \leqslant i \leqslant n} \{\Delta x_i\}$. 在每个小区间 $[x_{i-1}, x_i]$ 上任取一点 $\xi_i (\xi_i \in [x_{i-1}, x_i])$，作乘积 $f(\xi_i) \Delta x_i (i = 1, 2, \cdots, n)$ 的和式 $\sum_{i=1}^{n} f(\xi_i) \Delta x_i$. 当 $\lambda \to 0$ 时，如果上述和式的极限存在(即这个极限值与区间 $[a, b]$ 的分割及点 ξ_i 的取法均无关)，则称此极限值为函数 $f(x)$ 在区间 $[a, b]$ 上的定积分，记作 $\int_a^b f(x) \mathrm{d}x$，即

$$\int_a^b f(x) \mathrm{d}x = \lim_{\lambda \to 0} \sum_{i=1}^{n} f(\xi_i) \Delta x_i,$$

其中 $f(x)$ 叫作被积函数，$f(x)\mathrm{d}x$ 叫作被积表达式，x 叫作积分变量，a 叫作积分下限，b 叫作积分上限，$[a, b]$ 叫作积分区间.

根据定积分的定义，引例 4.3.1 和引例 4.3.2 可分别表示为

$$A = \int_a^b f(x) \mathrm{d}x (f(x) \geqslant 0) \text{ 和 } R = \int_{T_0}^{T} p(t) \mathrm{d}t.$$

2. 关于定积分概念的几点说明

(1) 定积分 $\int_a^b f(x) \mathrm{d}x$ 是和式 $\sum_{i=1}^{n} f(\xi_i) \Delta x_i$ 的极限值，即是一个确定的常数，所以

$$\left(\int_a^b f(x) \mathrm{d}x \right)' = 0.$$

(2) 定积分只与被积函数 $f(x)$ 和积分区间 $[a, b]$ 有关，而与积分变量用哪个字母无关，即有

$$\int_a^b f(x) \mathrm{d}x = \int_a^b f(t) \mathrm{d}t = \int_a^b f(u) \mathrm{d}u.$$

注　定义中区间的分法和点 ξ_i 的取法是任意的.

（3）定积分的定义是在 $a < b$ 的情况下给出的，但不管 $a < b$ 还是 $a > b$ 总有

$$\int_a^b f(x)\mathrm{d}x = -\int_b^a f(x)\mathrm{d}x.$$

特别地，当 $a = b$ 时，规定 $\int_a^b f(x)\mathrm{d}x = 0$.

（4）函数 $f(x)$ 在闭区间 $[a, b]$ 上可积的一个充分条件是：如果函数 $f(x)$ 在闭区间 $[a, b]$ 上连续或只有有限个第一类间断点，则 $f(x)$ 在 $[a, b]$ 上可积.

（5）不定积分 $\int f(x)\mathrm{d}x$ 是被积函数 $f(x)$ 的全体原函数，本质上是函数；而定积分 $\int_a^b f(x)\mathrm{d}x$ 是一个和式的极限，本质上是一个常数.

3. 定积分的几何意义

（1）如果在闭区间 $[a, b]$ 上，函数 $f(x) \geqslant 0$，则定积分 $\int_a^b f(x)\mathrm{d}x$ 表示以 $f(x)$ 为曲边、$[a, b]$ 为底的曲边梯形面积 A，如图 4.3.6 所示，即

$$\int_a^b f(x)\mathrm{d}x = A.$$

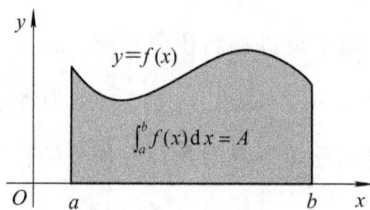

图 4.3.6

（2）如果在闭区间 $[a, b]$ 上，函数 $f(x) \leqslant 0$，则定积分 $\int_a^b f(x)\mathrm{d}x$ 表示以 $f(x)$ 为曲边、$[a, b]$ 为底的曲边梯形面积 A 的相反数，如图 4.3.7 所示，即

$$\int_a^b f(x)\mathrm{d}x = -A.$$

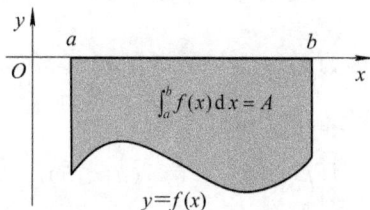

图 4.3.7

（3）如果在闭区间 $[a, b]$ 上，函数 $f(x)$ 的值有正也有负，即函数 $f(x)$ 的图形有的在 x 轴的上方，有的在 x 轴的下方，则定积分 $\int_a^b f(x)\mathrm{d}x$ 表示在 x 轴上方的图形面积与在 x 轴的下方图形面积之差，如图 4.3.8 所示，即

$$\int_a^b f(x)\mathrm{d}x = S_1 - S_2 + S_3.$$

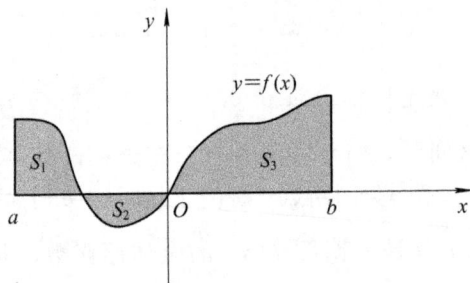

图 4.3.8

4.3.2 定积分的性质

为了便于定积分的计算,我们列出定积分的一些性质,这些性质无论是根据定积分的几何意义还是根据定积分的定义都很容易得到.下面的讨论中,假定被积函数在给定区间上都是可积的.

性质 1 若在区间 $[a, b]$ 上,被积函数 $f(x) \equiv 1$,则 $\int_a^b \mathrm{d}x = b - a$.

性质 2 被积函数的常数因子可以提到积分号前,即

$$\int_a^b k f(x)\mathrm{d}x = k \int_a^b f(x)\mathrm{d}x \ (k \text{ 为常数}).$$

性质 3 函数代数和的定积分等于它们各自定积分的代数和,即

$$\int_a^b [f(x) \pm g(x)]\mathrm{d}x = \int_a^b f(x)\mathrm{d}x \pm \int_a^b g(x)\mathrm{d}x.$$

性质 3 可推广到有限多个函数的代数和的情况.

性质 4(积分区间的可加性) 不论 a、b、c 三点的相互位置如何,只要 $f(x)$ 在区间 $[a, c]$ 与 $[c, b]$ 上都可积,则有

$$\int_a^b f(x)\mathrm{d}x = \int_a^c f(x)\mathrm{d}x + \int_c^b f(x)\mathrm{d}x.$$

性质 5 如果在区间 $[a, b]$ 上总有 $f(x) \leqslant g(x)$,则 $\int_a^b f(x)\mathrm{d}x \leqslant \int_a^b g(x)\mathrm{d}x$.

例如,在区间 $[0, 1]$ 上,因为 $x \geqslant x^2$,所以 $\int_0^1 x\mathrm{d}x \geqslant \int_0^1 x^2 \mathrm{d}x$.

推论 1 若在区间 $[a, b]$ 上总有 $f(x) \geqslant 0$,则

$$\int_a^b f(x)\mathrm{d}x \geqslant 0 \quad (a < b).$$

推论 2 在区间 $[a, b]$ 上总有

$$\left| \int_a^b f(x)\mathrm{d}x \right| \leqslant \int_a^b |f(x)|\mathrm{d}x \quad (a < b).$$

性质 6(估值定理) 若函数 $f(x)$ 在区间 $[a, b]$ 上的最大值与最小值分别为 M 和 m,则

$$m(b - a) \leqslant \int_a^b f(x)\mathrm{d}x \leqslant M(b - a) \quad (a < b).$$

性质 7(积分中值定理)　　如果函数 $f(x)$ 在闭区间 $[a,b]$ 上连续,则在 (a,b) 内至少存在一点 ξ,使得

$$\int_a^b f(x)\mathrm{d}x = f(\xi)(b-a) \quad \xi \in (a,b)$$

成立. 通常称 $\dfrac{1}{b-a}\displaystyle\int_a^b f(x)\mathrm{d}x$ 为函数 $f(x)$ 在区间 $[a,b]$ 上的平均值.

例题讲解

例 4.3.1　　比较积分值 $\displaystyle\int_0^2 \mathrm{e}^x\mathrm{d}x$ 和 $\displaystyle\int_0^{-2} x\mathrm{d}x$ 的大小.

解　　令 $f(x) = \mathrm{e}^x - x$, $x \in [-2, 0]$.

因为 $f(x) > 0$,所以 $\displaystyle\int_{-2}^0 (\mathrm{e}^x - x)\mathrm{d}x > 0$,即

$$\int_{-2}^0 \mathrm{e}^x\mathrm{d}x > \int_{-2}^0 x\mathrm{d}x,$$

于是

$$\int_0^{-2} \mathrm{e}^x\mathrm{d}x < \int_0^{-2} x\mathrm{d}x.$$

例 4.3.2　　估计定积分 $\displaystyle\int_{-1}^1 \mathrm{e}^{-x^2}\mathrm{d}x$ 的值.

解　　先求 e^{-x^2} 在 $[-1, 1]$ 上的最大值与最小值.

设 $f(x) = \mathrm{e}^{-x^2}$,则 $f'(x) = (\mathrm{e}^{-x^2})' = -2x\mathrm{e}^{-x^2}$. 令 $f'(x) = 0$,解得 $x = 0$. 因为

$$f(0) = 1, f(-1) = f(1) = \frac{1}{\mathrm{e}},$$

所以 $f(x)$ 在 $[-1,1]$ 上的最大值为 1,最小值为 $\dfrac{1}{\mathrm{e}}$.

由性质 6 知

$$\frac{1}{\mathrm{e}}[1-(-1)] \leqslant \int_{-1}^1 \mathrm{e}^{-x^2}\mathrm{d}x \leqslant 1 \times [1-(-1)],$$

即

$$\frac{2}{\mathrm{e}} \leqslant \int_{-1}^1 \mathrm{e}^{-x^2}\mathrm{d}x \leqslant 2.$$

【习题 4.3】

1. 填空题:

(1) 函数 $f(x)$ 在 $[a, b]$ 上的定积分可以表示为极限形式,即 $\displaystyle\int_a^b f(x)\mathrm{d}x =$

_____.

(2) 定积分 $\displaystyle\int_a^b f(x)\mathrm{d}x$ 的值只与_____及_____有关,而与_____的记法无关.

(3) 定积分 $\displaystyle\int_a^b f(x)\mathrm{d}x$ 的几何意义是_____.

(4) 区间 $[a, b]$ 上的定积分 $\int_a^b f(x)\mathrm{d}x$ 表示 _____.

2. 用定积分表示由曲线 $y = x^3$，直线 $x = 1$，$x = 2$ 及 $y = 0$ 所围成的曲边梯形的面积.

3. 利用定积分的性质比较下列各组积分值的大小：

(1) $\int_0^1 x^2 \mathrm{d}x$ 与 $\int_0^1 x^{\frac{1}{3}}\mathrm{d}x$；　　　　(2) $\int_{-1}^0 \left(\dfrac{1}{2}\right)^x \mathrm{d}x$ 与 $\int_{-1}^0 \left(\dfrac{1}{3}\right)^x \mathrm{d}x$.

4. 估计下列各积分值的范围：

(1) $\int_{\frac{1}{4}\pi}^{\frac{5}{4}\pi} (1 + \sin^2 x)\mathrm{d}x$；　　　　(2) $\int_1^2 \dfrac{x}{(1 + x^2)}\mathrm{d}x$；

(3) $\int_{-1}^1 \mathrm{e}^{-x^2}\mathrm{d}x$；　　　　(4) $\int_0^1 (1 + x^2)\mathrm{d}x$.

习题 4.3 参考答案

4.4　微积分基本定理

虽然利用定积分的定义可以解决一些问题，但从定义中可以看到，其计算过程烦琐，使用不便. 因此，在实际计算中，如何寻求一种方便有效的计算定积分方法便成了积分学发展的关键. 最终牛顿和莱布尼茨先后从不同的角度找到了解决定积分计算的方法，即所谓的"微积分基本定理"，并由此开辟了求定积分的新途径，即牛顿—莱布尼茨公式，从而把定积分的计算从烦琐的求和式的极限中解脱出来，使众多研究领域得到飞速发展. 牛顿和莱布尼茨也因此作为微积分学的奠基人而载入史册.

4.4.1　积分上限函数及其导数

1. 积分上限函数

设函数 $f(x)$ 在区间 $[a, b]$ 上连续，x 是 $[a, b]$ 上的一点，考查 $f(x)$ 在部分区间 $[a, x]$ 上的定积分

$$\int_a^x f(x)\mathrm{d}x.$$

因为 $f(x)$ 在 $[a, x]$ 上仍旧连续，所以定积分 $\int_a^x f(x)\mathrm{d}x$ 存在. 对于上限 x 在 $[a, b]$ 上每一个确定的值，$\int_a^x f(x)\mathrm{d}x$ 都有唯一确定的值与之对应，因此定积分 $\int_a^x f(x)\mathrm{d}x$ 是定义在区间 $[a, b]$ 上关于上限 x 的函数.

定义 4.4.1　设函数 $f(x)$ 在区间 $[a, b]$ 上连续，任取 $x \in [a, b]$，则称定积分 $\int_a^x f(x)\mathrm{d}x$ 确定的函数

$$\Phi(x) = \int_a^x f(x)\mathrm{d}x, \ x \in [a, b]$$

为函数 $f(x)$ 的积分上限函数或变上限定积分.

注　上式中的 x 既表示定积分的上限又表示积分变量. 为避免混淆，利用定积分值与积分变量用什么符号表示无关的性质，将积分变量用 t 来表示，即

$$\Phi(x) = \int_a^x f(x)\mathrm{d}x = \int_a^x f(t)\mathrm{d}t,\ x \in [a,\ b]. \tag{4.4.1}$$

$\int_a^x f(x)\mathrm{d}x$ 的几何意义是：右侧直线可移动的曲边梯形的面积，如图 4.4.1 所示，曲边梯形的面积 $\Phi(x)$ 随 x 位置的变动而改变，当 x 给定后，面积 $\Phi(x)$ 就随之而定.

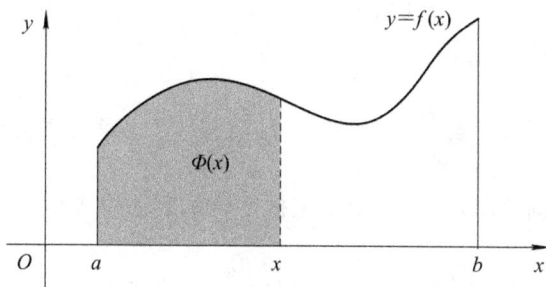

图 4.4.1

2. 积分上限函数的导数

定理 4.4.1　若函数 $f(x)$ 在区间 $[a,\ b]$ 上连续，则积分上限的函数

$$\Phi(x) = \int_a^x f(t)\mathrm{d}t,\quad x \in [a,\ b]$$

在 $[a,\ b]$ 上可导，且它的导数为

$$\Phi'(x) = \frac{\mathrm{d}}{\mathrm{d}x}\int_a^x f(t)\mathrm{d}t = f(x),\quad x \in [a,\ b]. \tag{4.4.2}$$

注　① 定理 4.4.1 指出，连续函数 $f(x)$ 取变上限 x 的定积分后求导，其结果还原为 $f(x)$ 本身.

② 定理 4.4.1 揭示了微分（或导数）与定积分这两个原本不相干的概念之间的内在联系，因而称为微积分基本原理.

*证　若 $x \in (a,\ b)$，给上限以增量 Δx，其绝对值足够地小，使 $x + \Delta x \in (a,\ b)$，则函数的增量为

$$\Delta\Phi = \Phi(x + \Delta x) - \Phi(x) = \int_a^{x+\Delta x} f(t)\mathrm{d}t - \int_a^x f(t)\mathrm{d}t$$

$$= \int_a^x f(t)\mathrm{d}t + \int_x^{x+\Delta x} f(t)\mathrm{d}t - \int_a^x f(t)\mathrm{d}t = \int_x^{x+\Delta x} f(t)\mathrm{d}t,$$

由积分中值定理，得

$$\Delta\Phi = \int_x^{x+\Delta x} f(t)\mathrm{d}t = f(\xi)\Delta x \quad (\xi\ \text{介于}\ x\ \text{和}\ x + \Delta x\ \text{之间}).$$

因为 $f(x)$ 在区间 $[a,\ b]$ 上连续，且当 $\Delta x \to 0$ 时，$\xi \to x$，因此

$$\Phi'(x) = \lim_{\Delta x \to 0} \frac{\Delta\Phi}{\Delta x} = \lim_{\xi \to x} f(\xi) = f(x).$$

利用复合函数的求导法则及定积分对区间的可加性，可进一步得到下列公式：

$$\frac{\mathrm{d}}{\mathrm{d}x}\int_a^{\varphi(x)} f(t)\mathrm{d}t = f[\varphi(x)]\varphi'(x), \tag{4.4.3}$$

$$\frac{\mathrm{d}}{\mathrm{d}x}\int_{\psi(x)}^{\varphi(x)} f(t)\mathrm{d}t = f[\varphi(x)]\varphi'(x) - f[\psi(x)]\psi'(x). \tag{4.4.4}$$

例题讲解

例 4.4.1　求 $\dfrac{\mathrm{d}}{\mathrm{d}x}\left[\int_0^x \cos^2 t\,\mathrm{d}t\right]$.

解
$$\frac{\mathrm{d}}{\mathrm{d}x}\left[\int_0^x \cos^2 t\,\mathrm{d}t\right]=\cos^2 x.$$

例 4.4.2　求 $\dfrac{\mathrm{d}}{\mathrm{d}x}\int_1^{x^3} \mathrm{e}^{t^2}\,\mathrm{d}t$.

解　这里的积分上限函数 $\int_1^{x^3}\mathrm{e}^{t^2}\,\mathrm{d}t$ 是 x^3 的函数，是 x 的复合函数.

令 $x^3=u$，则 $\Phi(u)=\int_1^u \mathrm{e}^{t^2}\,\mathrm{d}t$，根据复合函数求导法则，有

$$\frac{\mathrm{d}}{\mathrm{d}x}\left[\int_1^{x^3}\mathrm{e}^{t^2}\,\mathrm{d}t\right]=\frac{\mathrm{d}}{\mathrm{d}u}\left[\int_1^u \mathrm{e}^{t^2}\,\mathrm{d}t\right]\cdot\frac{\mathrm{d}u}{\mathrm{d}x}=\mathrm{e}^{u^2}\cdot 3x^2=3x^2\mathrm{e}^{x^6}.$$

例 4.4.3　$\dfrac{\mathrm{d}}{\mathrm{d}x}\int_x^3 \sqrt{t^3+1}\,\mathrm{d}t$.

解
$$\frac{\mathrm{d}}{\mathrm{d}x}\int_x^3 \sqrt{t^3+1}\,\mathrm{d}t=-\frac{\mathrm{d}}{\mathrm{d}x}\int_3^x \sqrt{t^3+1}\,\mathrm{d}t=-\sqrt{x^3+1}.$$

例 4.4.4　设 $\Phi(x)=\int_{-x}^{x^2} \mathrm{e}^t\,\mathrm{d}t$，求 $\Phi'(x)$.

解
$$\Phi'(x)=\left(\int_{-x}^0 \mathrm{e}^t\,\mathrm{d}t+\int_0^{x^2}\mathrm{e}^t\,\mathrm{d}t\right)'=\left(-\int_0^{-x}\mathrm{e}^t\,\mathrm{d}t\right)'+\left(\int_0^{x^2}\mathrm{e}^t\,\mathrm{d}t\right)'$$
$$=-\mathrm{e}^{-x}(-x)'+\mathrm{e}^{x^2}(x^2)'=\mathrm{e}^{-x}+2x\mathrm{e}^{x^2}.$$

例 4.4.5　求 $\lim\limits_{x\to 0}\dfrac{\int_{\cos x}^1 \mathrm{e}^{-t^2}\,\mathrm{d}t}{x^2}$.

解　所求极限为 $\dfrac{0}{0}$ 型未定式，且

$$\left(\int_{\cos x}^1 \mathrm{e}^{-t^2}\,\mathrm{d}t\right)'=\left(-\int_1^{\cos x}\mathrm{e}^{-t^2}\,\mathrm{d}t\right)'=-\mathrm{e}^{-\cos^2 x}(\cos x)'=\sin x\,\mathrm{e}^{-\cos^2 x},$$

由洛必达法则，得

$$\lim_{x\to 0}\frac{\int_{\cos x}^1 \mathrm{e}^{-t^2}\,\mathrm{d}t}{x^2}=\lim_{x\to 0}\frac{\left(\int_{\cos x}^1 \mathrm{e}^{-t^2}\,\mathrm{d}t\right)'}{(x^2)'}=\lim_{x\to 0}\frac{\sin x\cdot \mathrm{e}^{-\cos^2 x}}{2x}=\frac{1}{2\mathrm{e}}.$$

4.4.2　牛顿-莱布尼茨公式

引例 4.4.1【位置函数与速度函数的关系】　设物体作变速直线运动，假定时刻 t 时的物体所在位置为 $s(t)$，速度为 $v(t)$（$v(t)\geqslant 0$），问物体在时间间隔 $[T_1,T_2]$ 内经过的路程 $s(t)$ 与速度函数 $v(t)$ 有怎样的关系？

问题分析　要建立物体在时间间隔 $[T_1,T_2]$ 内经过的路程与速度函数之间的关系，一方面可由定积分的定义知

$$s(t)=\int_{T_1}^{T_2} v(t)\,\mathrm{d}t,$$

另一方面，这段路程又可以通过位置函数 $s(t)$ 表示为时间间隔 $[T_1,T_2]$ 上的增量，即
$$s(T_2)-s(T_1),$$
由此可见，在时间间隔 $[T_1,T_2]$ 上位置函数 $s(t)$ 与速度函数 $v(t)$ 之间有如下关系
$$\int_{T_1}^{T_2}v(t)\mathrm{d}t = s(T_2)-S(T_1).$$

因为 $s'(t)=v(t)$，所以物体在时间间隔 $[T_1,T_2]$ 上所经过的路程即为位置函数 $s(t)$ 在该区间上的增量.

根据定义 4.4.1，引例 4.4.1 中的位置函数 $s(t)$ 是速度函数 $v(t)$ 的一个原函数. 这样，定积分 $\int_{T_1}^{T_2}v(t)\mathrm{d}t$ 实际上就是被积函数 $v(t)$ 的原函数 $s(t)$ 在时间间隔 $[T_1,T_2]$ 的增量. 这个结论是否具有普遍性呢？即任意函数 $f(x)$ 在区间 $[a,b]$ 上的定积分 $\int_a^b f(x)\mathrm{d}x$ 是否等于 $f(x)$ 的一个原函数 $F(x)$ 在区间 $[a,b]$ 上的增量呢？下面我们将具体来讨论这个问题.

由定理 4.4.1 知，$\Phi'(x)=\dfrac{\mathrm{d}}{\mathrm{d}x}\int_a^x f(t)\mathrm{d}t = f(x)$，根据原函数的定义，积分上限函数 $\Phi(x)=\int_a^x f(t)\mathrm{d}t$ 就是连续函数 $f(x)$ 的一个原函数，这就证明了"连续函数必存在原函数"的结论，故有如下原函数的存在定理.

定理 4.4.2　若函数 $f(x)$ 在区间 $[a,b]$ 上连续，则函数
$$\Phi(x)=\int_a^x f(t)\mathrm{d}t$$
就是 $f(x)$ 在 $[a,b]$ 上的一个原函数.

定理 4.4.2 的重要意义在于一方面肯定了连续函数的原函数是存在的，另一方面初步揭示了积分学中定积分与原函数的联系，因此，我们就有可能通过原函数来计算定积分.

定理 4.4.3　设 $F(x)$ 是连续函数 $f(x)$ 在区间 $[a,b]$ 上的任一原函数，则
$$\int_a^b f(x)\mathrm{d}x = F(b)-F(a). \tag{4.4.5}$$

式 (4.4.5) 称为微积分基本公式或牛顿-莱布尼茨公式 (Newton-Leibniz Formula).

证明　因为函数 $f(x)$ 在区间 $[a,b]$ 上连续，由定理 4.4.2 知，积分上限的函数
$$\Phi(x)=\int_a^x f(t)\mathrm{d}t$$
也是 $f(x)$ 在区间 $[a,b]$ 上的一个原函数，所以 $\Phi(x)=\int_a^x f(t)\mathrm{d}t$ 与 $F(x)$ 相差一个常数，即
$$\int_a^x f(t)\mathrm{d}t = F(x)+C.$$

在上式中令 $x=a$，得 $\int_a^a f(t)\mathrm{d}t = F(a)+C=0$，所以 $C=-F(a)$，于是得
$$\int_a^x f(t)\mathrm{d}t = F(x)-F(a).$$

在上式中再令 $x=b$，则 $\int_a^b f(t)\mathrm{d}t = F(b)-F(a)$，也就是
$$\int_a^b f(x)\mathrm{d}x = F(b)-F(a).$$

注 ① 为了方便，通常用 $F(x)\big|_a^b$ 表示 $F(b)-F(a)$，于是

$$\int_a^b f(x)\mathrm{d}x = F(x)\big|_a^b = F(b)-F(a).$$

② 必须注意的是，当被积函数在积分区间上连续且 $F(x)$ 是函数 $f(x)$ 在区间 $[a,b]$ 上的原函数时，才能使用牛顿-莱布尼茨公式. 若函数 $f(x)$ 在区间 $[a,b]$ 上的不同段具有不同的原函数，则须利用定积分关于区间的可加性分段积分.

牛顿-莱布尼茨公式为连续函数的定积分的计算提供了一个简便有效的方法. 即先求被积函数 $f(x)$ 的原函数 $F(x)$，再将积分上、下限代入原函数 $F(x)$ 求其差，从而解决了定积分计算的问题.

例题讲解

例 4.4.6 求定积分 $\int_0^1 x^2 \mathrm{d}x$.

解 因为 $\left(\dfrac{x^3}{3}\right)' = x^2$，所以 $\dfrac{x^3}{3}$ 是被积函数 x^2 的一个原函数，由牛顿-莱布尼茨公式，有

$$\int_0^1 x^2 \mathrm{d}x = \frac{1}{3}x^3\big|_0^1 = \frac{1}{3}(1^3-0^3) = \frac{1}{3}.$$

例 4.4.7 计算 $\int_2^8 \dfrac{1}{x}\mathrm{d}x$.

解 因为 $(\ln x)' = \dfrac{1}{x}\ (x>0)$，所以 $\ln x$ 是被积函数 $\dfrac{1}{x}$ 的一个原函数，由牛顿-莱布尼茨公式，有

$$\int_2^8 \frac{1}{x}\mathrm{d}x = \ln x\big|_2^8 = \ln 8 - \ln 2 = 3\ln 2 - \ln 2 = 2\ln 2.$$

例 4.4.8 计算 $\int_{-1}^1 \dfrac{1}{1+x^2}\mathrm{d}x$.

解 因为 $(\arctan x)' = \dfrac{1}{1+x^2}$，所以 $\arctan x$ 是被积函数 $\dfrac{1}{1+x^2}$ 的一个原函数，由牛顿-莱布尼茨公式，有

$$\int_{-1}^1 \frac{1}{1+x^2}\mathrm{d}x = \arctan x\bigg|_{-1}^1 = \arctan 1 - \arctan(-1) = \frac{\pi}{4} - \left(-\frac{\pi}{4}\right) = \frac{\pi}{2}.$$

例 4.4.9 求 $\int_0^\pi |\cos x|\mathrm{d}x$.

解 因为 $(\sin x)' = \cos x$，所以 $\sin x$ 是被积函数 $\cos x$ 的一个原函数，于是

$$\int_0^\pi |\cos x|\mathrm{d}x = \int_0^{\frac{\pi}{2}} \cos x\mathrm{d}x + \int_{\frac{\pi}{2}}^\pi (-\cos x)\mathrm{d}x = \sin x\big|_0^{\frac{\pi}{2}} - \sin x\big|_{\frac{\pi}{2}}^\pi$$
$$= (1-0) - (0-1) = 2.$$

案例分析

案例 4.4.1【收益预测】 中国人的收益正在逐年提高. 据统计，深圳 2002 年的年人均收益为 21 914 元（人民币），假设这一人均收益以速度 $v(t)=600(1.05)^t$（单位：元/年）增

长，这里 t 是从 2003 年开始算起的年数，估算 2020 年深圳的年人均收益是多少？

解　因为深圳年人均收益以速度 $v(t)=600(1.05)^t$（单位：元/年）增长，所以可用定积分计算这 18 年间的年人均收益的总变化为

$$R = \int_0^{18} 600(1.05)^t dt = 600 \int_0^{18} (1.05)^t dt = 600\left(\frac{1.05^t}{\ln 1.05}\right)\Big|_0^{18}$$

$$= \frac{600}{\ln 1.05}(1.05^{18}-1) \approx 20\,100\ (\text{元}),$$

所以，2020 年深圳的人均收益约为 $21\,914+20\,100=42\,014$ 元.

案例 4.4.2【最佳停产时间】　某公司购置一台生产设备，投产后，在时刻 t 时生产出来的产品的追加收益和追加维修成本分别为

$$E(t) = 225 - \frac{1}{4}t^2 \text{（万元／年）} \text{ 和 } F(t) = 2t^2 \text{（万元／年）},$$

在不计购置成本的情况下，试确定该生产设备在何时停产可获得最大利润？最大利润是多少？

问题分析　在这里，追加收益就是总收益对时间 t 的变化率，追加成本就是总成本对时间 t 的变化率，而追加盈利（追加收益扣去追加成本）$E(t)-F(t)$ 为利润对时间 t 的变化率.

显然，$F(t)$ 是单调增加函数 $(F'(t)=4t)$，$E(t)$ 是单调减少函数 $\left(E'(t)=-\frac{1}{2}t\right)$. 这意味着维修费用逐年增加，而所得收益逐年减少，发展下去必有某一时刻，维修费用与收益持平，过了这一时刻，维修费用大于收益，再生产就亏本了，故应停产. 我们的任务就是确定最佳停产时间，并求出所能获得的最大利润.

解　投产后，在时刻 t 生产出来的产品的追加净利润为

$$E(t) - F(t) = 225 - \frac{9}{4}t^2 \text{（万元／年）},$$

由函数极值存在的必要条件知

$$E(t) - F(t) = 0,$$

即

$$225 - \frac{9}{4}t^2 = 0,$$

解之得

$$t = 10.$$

当 $t \in (0, 10)$ 时，$E(t)-F(t)>0$；当 $t \in (10, +\infty)$ 时，$E(t)-F(t)<0$. 即该生产设备在投产 10 年时停产，可获得最大利润，最大利润值为

$$L = \int_0^{10} [E(t)-F(t)]dt = \int_0^{10}\left(225-\frac{9}{4}t^2\right)dt = 2250 - \frac{3}{4}t^3\Big|_0^{10} = 1500 \text{（万元）}.$$

案例 4.4.3【商品需求量与价格的关系】　某商品需求量 Q 是价格 P 的函数，根据市场调查分析，该类商品市场最大需求量为 100 单位. 已知边际需求函数为 $Q'(P)=-\frac{30}{P+1}$，试建立该商品市场需求量与价格的函数关系，为定价决策提供数据依据.

解　因为

$$Q'(P) = -\frac{30}{P+1},$$

两边取不定积分，得

$$Q(P) = \int Q'(P)\mathrm{d}P = -\int \frac{30}{P+1}\mathrm{d}P = -30\ln(P+1) + C,$$

再将 $Q(0) = 100$ 代入上式，得

$$C = 100,$$

所以需求量与价格的函数关系是

$$Q(P) = -30\ln(P+1) + 100.$$

【习题 4.4】

1. 设 $y = \int_0^x \sin t\,\mathrm{d}t$，求 $y'(0)$ 和 $y'\left(\dfrac{\pi}{4}\right)$.

2. 计算下列各导数：

(1) $\dfrac{\mathrm{d}}{\mathrm{d}x} \int_0^{x^2} \sqrt{1+t^2}\,\mathrm{d}t$;

(2) $\dfrac{\mathrm{d}}{\mathrm{d}x} \int_{x^2}^{x^3} \dfrac{\mathrm{d}t}{\sqrt{1+t^2}}$;

(3) $\dfrac{\mathrm{d}}{\mathrm{d}x} \int_0^x \sin t^2\,\mathrm{d}t$;

(4) $\dfrac{\mathrm{d}}{\mathrm{d}x} \int_x^{-2} \mathrm{e}^{2t}\sin t\,\mathrm{d}t$.

3. 设 $g(x) = \int_0^{x^2} \dfrac{\mathrm{d}t}{1+t^2}$，求 $g''(1)$.

4. 求下列极限：

(1) $\lim\limits_{x \to 0} \dfrac{\int_0^x \cos^2 t\,\mathrm{d}t}{x}$;

(2) $\lim\limits_{x \to +\infty} \dfrac{\int_0^x \arctan t\,\mathrm{d}t}{x^2}$;

(3) $\lim\limits_{x \to \infty} \dfrac{\int_0^{x^2} \sqrt{1+t^2}\,\mathrm{d}t}{x^2}$;

(4) $\lim\limits_{x \to 0} \dfrac{\left(\int_0^x \mathrm{e}^{t^2}\,\mathrm{d}t\right)^2}{\int_0^x t\mathrm{e}^{2t^2}\,\mathrm{d}t}$.

5. 计算下列各定积分：

(1) $\int_1^2 \left(x^2 + \dfrac{1}{x^4}\right)\mathrm{d}x$;

(2) $\int_4^9 \sqrt{x}(1+\sqrt{x})\,\mathrm{d}x$;

(3) $\int_0^{\sqrt{3}} \dfrac{\mathrm{d}x}{1+x^2}$;

(4) $\int_{-1/2}^{1/2} \dfrac{\mathrm{d}x}{\sqrt{1-x^2}}$;

习题 4.4 参考答案

(5) $\int_0^{\pi/4} \tan^2\theta\,\mathrm{d}\theta$;

(6) $\int_0^{2\pi} |\sin x|\,\mathrm{d}x$.

4.5　定积分的换元积分法和分部积分法

有了牛顿-莱布尼茨公式，计算定积分 $\int_a^b f(x)\mathrm{d}x$ 的关键是转化为求被积函数 $f(x)$ 在区间 $[a,b]$ 上的原函数 $F(x)$. 而求原函数的一些方法，如换元积分法和分部积分法等，我们已经在不定积分的计算中有过详细的讨论，因此，对于定积分的计算从理论上已基本得以解决. 下面我们一起来讨论的是如何在一定条件下利用换元积分法和分部积分法求定

积分.

4.5.1　定积分的换元积分法

在经济问题中，资金现值是我们经常会碰到的问题. 前面我们已经了解什么叫现值，即若现在有 A 元货币，年利率为 r，按连续复利计算，则 t 年后的资金终值为 $A\mathrm{e}^{rt}$ 元；反过来，若 t 年后有货币 A 元，则按连续复利计算，现应有 $A\mathrm{e}^{-rt}$ 元，这就称为资本现值.

在现实问题中，如何计算不同时间段资金的现值呢？

引例 4.5.1【资金现值】　设某项投资连续 3 年内保持收益率每年 10 000 元不变，且连续复利的年利率稳定在 6.5%，问其收益现值是多少？

问题分析　资本现值问题是企业经济管理问题中最常见的问题之一. 通过前面知识的学习知，当年利率为 r 时，t 年后价值为 A 元的资金现值为 $A\mathrm{e}^{-rt}$，所以若 3 年内企业的收益率为 $R(t)=10\,000$ 元，则其资金现值为

$$R = \int_0^3 R(t)\mathrm{e}^{-rt}\mathrm{d}t = \int_0^3 10\,000\mathrm{e}^{-0.065t}\mathrm{d}t.$$

显然，只要我们能找到函数 $f(t)=\mathrm{e}^{-0.065t}$ 的原函数，然后根据牛顿-莱布尼茨公式就能解决资金现值问题. 下面我们一起来学习定积分的换元积分法.

定理 4.5.1　设函数 $f(x)$ 在区间 $[a,b]$ 上连续，函数 $x=\varphi(t)$ 在 $[\alpha,\beta]$ 上单调且有连续导数 $\varphi'(t)$. 又 $\varphi(\alpha)=a$，$\varphi(\beta)=b$，则有定积分的换元积分公式

$$\int_a^b f(x)\mathrm{d}x = \int_\alpha^\beta f[\varphi(t)]\varphi'(t)\mathrm{d}t. \tag{4.5.1}$$

运用定积分的换元积分公式求定积分时应注意：当用变换 $x=\varphi(t)$ 把原来的积分变量 x 换为新变量 t 时，原积分限也要相应换成新变量的积分限，即换元的同时也要换限.

📓 例题讲解

例 4.5.1　求 $\displaystyle\int_0^a \sqrt{a^2-x^2}\,\mathrm{d}x\,(a>0)$.

解　首先求 $\displaystyle\int \sqrt{a^2-x^2}\,\mathrm{d}x\,(a>0)$. 令 $x=a\sin t$，$t\in\left[-\dfrac{\pi}{2},\dfrac{\pi}{2}\right]$，则 $\mathrm{d}x=a\cos t\mathrm{d}t$，于是

$$\int \sqrt{a^2-x^2}\,\mathrm{d}x = \int \sqrt{a^2-a^2\sin^2 t}\,(a\cos t)\mathrm{d}t = a^2\int \cos^2 t\mathrm{d}t$$

$$= a^2\int \frac{1+\cos 2t}{2}\mathrm{d}t = \frac{a^2}{2}\left(t+\frac{1}{2}\sin 2t\right)+C = \frac{a^2}{2}(t+\sin t\cos t)+C$$

$$= \frac{a^2}{2}\arcsin\frac{x}{a} + \frac{x}{2}\sqrt{a^2-x^2} + C.$$

其次，应用牛顿-莱布尼茨公式，得

$$\int_0^a \sqrt{a^2-x^2}\,\mathrm{d}x = \left(\frac{a^2}{2}\arcsin\frac{x}{a} + \frac{x}{2}\sqrt{a^2-x^2} + C\right)\Bigg|_0^a = \frac{1}{4}\pi a^2.$$

如果在换元的同时，根据所设的代换 $x=a\sin t$，相应地改变定积分的积分限，即当 $x=0$ 时，$t=0$，当 $x=a$ 时，$t=\dfrac{\pi}{2}$，则不必将 t 换回 x，也能求得定积分，即

$$\int_0^a \sqrt{a^2-x^2}\,dx = a^2\int_0^{\frac{\pi}{2}}\cos^2 t\,dt = a^2\int_0^{\frac{\pi}{2}}\frac{1+\cos 2t}{2}\,dt = \frac{a^2}{2}\left(t+\frac{1}{2}\sin 2t\right)\Big|_0^{\frac{\pi}{2}} = \frac{1}{4}\pi a^2.$$

显然，后一种算法更简单，这是因为中间过程略去了把新变量换回原变量这一步骤.

由定积分的几何意义，此积分表示的是上半圆周圆 $y=\sqrt{a^2-x^2}$ 与 x 轴和 y 轴围成的平面图形在第一象限的面积.

例 4.5.2 求定积分 $\int_0^{\frac{\pi}{2}}\sin^5 x\cos x\,dx.$

解
$$\int_0^{\frac{\pi}{2}}\sin^5 x\cos x\,dx = \int_0^{\frac{\pi}{2}}\sin^5 x\,(\sin x)'\,dx = \int_0^{\frac{\pi}{2}}\sin^5 x\,d(\sin x)$$
$$= \frac{1}{6}\sin^6 x\Big|_0^{\frac{\pi}{2}} = \frac{1}{6}.$$

例 4.5.3 求定积分 $\int_0^4 \frac{x+2}{\sqrt{2x+1}}\,dx.$

解 令 $t=\sqrt{2x+1}$，则 $x=\frac{t^2-1}{2}$，$dx=t\,dt$. 当 $x=0$ 时，$t=1$，当 $x=4$ 时，$t=3$，从而

$$\int_0^4 \frac{x+2}{\sqrt{2x+1}}\,dx = \int_1^3 \frac{\frac{t^2-1}{2}+2}{t}t\,dt = \frac{1}{2}\int_1^3(t^2+3)\,dt = \frac{1}{2}\left(\frac{1}{3}t^3+3t\right)\Big|_1^3$$
$$= \frac{1}{2}\left[\left(\frac{1}{3}\times 3^3+3\times 3\right)-\left(\frac{1}{3}+3\right)\right] = \frac{22}{3}.$$

例 4.5.4 设函数 $f(x)$ 在区间 $[-a,a]$ 上连续，试证：

(1) 若 $f(x)$ 为偶函数，则 $\int_{-a}^a f(x)\,dx = 2\int_0^a f(x)\,dx$；

(2) 若 $f(x)$ 为奇函数，则 $\int_{-a}^a f(x)\,dx = 0$.

证明 因为
$$\int_{-a}^a f(x)\,dx = \int_{-a}^0 f(x)\,dx + \int_0^a f(x)\,dx,$$
对定积分 $\int_{-a}^0 f(x)\,dx$ 作变量代换 $x=-t$，则 $dx=-dt$. 当 $x=-a$ 时，$t=a$，当 $x=0$ 时，$t=0$，于是
$$\int_{-a}^0 f(x)\,dx = \int_a^0 f(-t)\,d(-t) = -\int_a^0 f(-t)\,dt = \int_0^a f(-t)\,dt = \int_0^a f(-x)\,dx,$$
故
$$\int_{-a}^a f(x)\,dx = \int_0^a f(-x)\,dx + \int_0^a f(x)\,dx = \int_0^a [f(-x)+f(x)]\,dx.$$

(1) 当 $f(x)$ 为偶函数时，$f(-x)=f(x)$，则
$$\int_{-a}^a f(x)\,dx == 2\int_0^a f(x)\,dx.$$

(2) 当 $f(x)$ 为奇函数时，$f(-x)=-f(x)$，则
$$\int_{-a}^a f(x)\,dx = 0.$$

例 4.5.5　求 $\int_{-1}^{1} \dfrac{x^3 \sin^2 x}{1+x^2+x^4}\mathrm{d}x$.

解　因为积分区间对称于原点，且 $\dfrac{x^3 \sin^2 x}{1+x^2+x^4}$ 为奇函数，所以

$$\int_{-1}^{1} \frac{x^3 \sin^2 x}{1+x^2+x^4}\mathrm{d}x = 0.$$

例 4.5.6　计算定积分 $\int_{-1}^{1}(|x|+\sin x)x^2\mathrm{d}x$.

解　因为积分区间对称于原点，且 $|x|x^2$ 为偶函数，$\sin x \cdot x^2$ 为奇函数，所以

$$\int_{-1}^{1}\sin x \cdot x^2 \mathrm{d}x = 0,$$

于是

$$\int_{-1}^{1}(|x|+\sin x)x^2\mathrm{d}x = \int_{-1}^{1}|x|x^2\mathrm{d}x = 2\int_{0}^{1}x^3\mathrm{d}x = 2 \cdot \frac{x^4}{4}\Big|_0^1 = \frac{1}{2}.$$

4.5.2　定积分的分部积分法

引例 4.5.2【总收益现值】　若某企业投资 500 万元，年利率为 5%，每年商品给企业带来的收益是不均匀的. 设在 10 年内的收益率近似满足函数 $R(t) = -5t+150$（万元／年），试分析该笔投资的总收益现值？

问题分析　根据资金现值的分析计算方法，知该笔投资的总收益现值为

$$R = \int_0^{10}(-5t+150)\mathrm{e}^{-0.05t}\mathrm{d}t = \int_0^{10}-5t\mathrm{e}^{-0.05t}\mathrm{d}t + \int_0^{10}150\mathrm{e}^{-0.05t}\mathrm{d}t,$$

对于 $\int_0^{10}150\mathrm{e}^{-0.05t}\mathrm{d}t$，我们可以利用前面的换元积分方法解决. 但对于 $\int_0^{10}-5t\mathrm{e}^{-0.05t}\mathrm{d}t$，只要我们能找到函数 $f(t)=t\mathrm{e}^{-0.05t}$ 的原函数，然后根据牛顿-莱布尼茨公式就能知道该笔投资的总收益现值.

下面我们一起来学习这种类型的定积分的计算方法 —— 分部积分法.

定理 4.5.2　设函数 $u=u(x)$，$v=v(x)$ 在区间 $[a,b]$ 上有连续导数，则

$$\int_a^b u\mathrm{d}v = uv\Big|_a^b - \int_a^b v\mathrm{d}u. \tag{4.5.2}$$

式 4.5.2 称为定积分的分部积分公式.

例题讲解

例 4.5.7　求 $\int_0^1 x\mathrm{e}^x\mathrm{d}x$.

解　$$\int_0^1 x\mathrm{e}^x\mathrm{d}x = \int_0^1 x\mathrm{d}\mathrm{e}^x = x\mathrm{e}^x\Big|_0^1 - \int_0^1 \mathrm{e}^x\mathrm{d}x = \mathrm{e} - \mathrm{e}^x\Big|_0^1 = 1.$$

例 4.5.8　求 $\int_1^{\mathrm{e}}\ln x\mathrm{d}x$.

解　$$\int_1^{\mathrm{e}}\ln x\mathrm{d}x = x\ln x\Big|_1^{\mathrm{e}} - \int_1^{\mathrm{e}}x\mathrm{d}(\ln x) = \mathrm{e} - \int_1^{\mathrm{e}}x \cdot \frac{1}{x}\mathrm{d}x = \mathrm{e} - \int_1^{\mathrm{e}}\mathrm{d}x$$
$$= \mathrm{e} - (\mathrm{e}-1) = 1.$$

例 4.5.9　求 $\displaystyle\int_0^{\frac{1}{2}} \arcsin x\,\mathrm{d}x$.

解　$\displaystyle\int_0^{\frac{1}{2}} \arcsin x\,\mathrm{d}x = x\arcsin x\,\Big|_0^{\frac{1}{2}} - \int_0^{\frac{1}{2}} x\cdot\frac{1}{\sqrt{1-x^2}}\,\mathrm{d}x$

$$= \frac{\pi}{12} + \frac{1}{2}\int_0^{\frac{1}{2}} \frac{1}{\sqrt{1-x^2}}\,\mathrm{d}(1-x^2)$$

$$= \frac{\pi}{12} + \frac{1}{2}\left(2\sqrt{1-x^2}\right)\Big|_0^{\frac{1}{2}} = \frac{\pi}{12} + \frac{\sqrt{3}}{2} - 1.$$

例 4.5.10　求 $\displaystyle\int_0^{\frac{\pi}{4}} x\sec^2 x\,\mathrm{d}x$.

解　$\displaystyle\int_0^{\frac{\pi}{4}} x\sec^2 x\,\mathrm{d}x = \int_0^{\frac{\pi}{4}} x\,(\tan x)'\,\mathrm{d}x = \int_0^{\frac{\pi}{4}} x\,\mathrm{d}(\tan x) = x\tan x\,\Big|_0^{\frac{\pi}{4}} - \int_0^{\frac{\pi}{4}} \tan x\,\mathrm{d}x$

$$= \frac{\pi}{4} + \ln|\cos x|\,\Big|_0^{\frac{\pi}{4}} = \frac{\pi}{4} + \ln\cos\frac{\pi}{4} - \ln\cos 0$$

$$= \frac{\pi}{4} + \ln\frac{1}{\sqrt{2}} = \frac{\pi}{4} - \frac{1}{2}\ln 2.$$

例 4.5.11　计算定积分 $\displaystyle\int_0^1 \mathrm{e}^{\sqrt{x}}\,\mathrm{d}x$.

解　因为被积函数中含有根式，所以先用换元法换掉根号. 令 $\sqrt{x}=t$，则 $x=t^2$，$\mathrm{d}x = 2t\,\mathrm{d}t$. 当 $x=0$ 时，$t=0$；当 $x=1$ 时，$t=1$，于是

$$\int_0^1 \mathrm{e}^{\sqrt{x}}\,\mathrm{d}x = \int_0^1 \mathrm{e}^t\cdot 2t\,\mathrm{d}t = 2\int_0^1 t\mathrm{e}^t\,\mathrm{d}t = 2t\mathrm{e}^t\,\Big|_0^1 - 2\int_0^1 \mathrm{e}^t\,\mathrm{d}t$$

$$= 2\mathrm{e} - 2\mathrm{e}^t\,\Big|_0^1 = 2\mathrm{e} - 2\mathrm{e} + 2 = 2.$$

案例分析

案例 4.5.1【资金现值】　设某项投资连续 3 年内保持收益率为 10 000（元/年），且连续复利的年利率稳定在 6.5%，问其收益现值是多少？

解　根据引例 4.5.1 分析知，若 3 年内企业的收益率为 $R(t)=10\,000$（元/年），则其资金现值为

$$R = \int_0^3 R(t)\mathrm{e}^{-rt}\,\mathrm{d}t = \int_0^3 10\,000\mathrm{e}^{-0.065t}\,\mathrm{d}t = \frac{10\,000}{0.065}(1-\mathrm{e}^{-0.065\times 3}) \approx 27\,255\ （元），$$

即该项投资的收益现值为 27 255 元.

案例 4.5.2【资金现值与投资收回时间】　某企业拟投资 200 万元购置一批设备，年利率为 10%，设在 10 年中该批设备（10 年后完全失去价值）的均匀收益率为 50（万元/年）. 求 10 年期间：

（1）该投资的纯收益现值；

（2）收回该笔投资的时间为多少？

解　由题设知 $C=200$，$R(t)=50$，$r=0.1$，$T=10$.

（1）和案例 4.5.1 类似，可以先计算出总收益的现值为

$$R = \int_0^{10} R(t)\mathrm{e}^{-rt}\,\mathrm{d}t = \int_0^{10} 50\mathrm{e}^{-0.1t}\,\mathrm{d}t = \frac{50}{0.1}(1-\mathrm{e}^{-0.1\times 10}) \approx 316.06\ （万元），$$

从而投资获得的纯收益现值为
$$L = R - C = 316.06 - 200 = 116.06 \text{（万元）}.$$

（2）收回投资，即总收益的现值等于投资. 假设收回该笔投资的时间为 T 年，则
$$R = \int_0^T 50\mathrm{e}^{-0.1t}\mathrm{d}t = -\frac{50}{0.1}\int_0^T \mathrm{e}^{-0.1t}\mathrm{d}(-0.1t)$$
$$= -500(\mathrm{e}^{-0.1t})\big|_0^T$$
$$= 500(1 - \mathrm{e}^{-0.1T}) = 200,$$
$$T = -10\ln 0.6 \approx 5.1 \text{（年）},$$

故收回该笔投资的时间约为 5.1 年.

注　一般地，若企业投资 C 元，并通过前期数据预测后估计今后 T 年中每年的收益率约为 A 元，若年利率为 r，则 T 年内该笔投资的总收益现值为 $\frac{A}{r}(1-\mathrm{e}^{-rT})$ 元；纯收益现值为总收益现值减去投资值，即为 $\frac{A}{r}(1-\mathrm{e}^{-rT}) - C$ 元；收回该笔资金的年限约为 $T = \frac{1}{r}\ln\frac{A}{A-Cr}$ 年.

案例 4.5.3【总收益现值】　若某企业投资 500 万元购买设备，年利率为 5%，投产后每年给企业带来的收益是不均匀的. 设在 10 年内的收益率近似满足函数 $R(t) = -5t + 150$（万元/年），试分析该笔投资的总收益现值？

解　根据引例 4.5.2 的分析知，该笔投资的总收益现值为
$$R = \int_0^{10}(-5t+150)\mathrm{e}^{-0.05t}\mathrm{d}t = \int_0^{10} -5t\mathrm{e}^{-0.05t}\mathrm{d}t + \int_0^{10} 150\mathrm{e}^{-0.05t}\mathrm{d}t$$
$$= -5\int_0^{10} t\mathrm{e}^{-0.05t}\mathrm{d}t + 150\int_0^{10} \mathrm{e}^{-0.05t}\mathrm{d}t$$
$$= 100\int_0^{10} t\mathrm{d}\mathrm{e}^{-0.05t} - 3000\int_0^{10} \mathrm{e}^{-0.05t}\mathrm{d}(-0.05t)$$
$$= 100t\mathrm{e}^{-0.05t}\big|_0^{10} - 100\int_0^{10}\mathrm{e}^{-0.05t}\mathrm{d}t - 3000\mathrm{e}^{-0.05t}\big|_0^{10}$$
$$= 100t\mathrm{e}^{-0.05t}\big|_0^{10} + 2000\mathrm{e}^{-0.05t}\big|_0^{10} - 3000\mathrm{e}^{-0.05t}\big|_0^{10}$$
$$= 1000\mathrm{e}^{-0.5} - 1000(\mathrm{e}^{-0.5}-1) = 1000 \text{（万元）},$$

从而投资获得的纯收益现值为
$$L = R - C = 1000 - 500 = 500 \text{（万元）}.$$

【习题 4.5】

1. 计算下列定积分：

（1）$\displaystyle\int_{\frac{\pi}{3}}^{\frac{\pi}{2}} \sin\left(x + \frac{\pi}{3}\right)\mathrm{d}x$；　　　　（2）$\displaystyle\int_0^1 x\mathrm{e}^{-x}\mathrm{d}x$；

（3）$\displaystyle\int_{-2}^1 \frac{\mathrm{d}x}{(3+2x)^3}$；　　　　（4）$\displaystyle\int_1^e x\ln x\mathrm{d}x$；

（5）$\displaystyle\int_0^{\frac{\pi}{2}} \sin\varphi\cos^3\varphi\mathrm{d}\varphi$；　　　　（6）$\displaystyle\int_{\frac{\pi}{6}}^{\frac{\pi}{2}} \cos^2 u\mathrm{d}u$；

(7) $\int_0^1 x \arctan x \mathrm{d}x$;

(8) $\int_0^{\frac{\pi}{2}} x \sin 2x \mathrm{d}x$;

(9) $\int_0^5 \dfrac{x^3}{x^2+1} \mathrm{d}x$;

(10) $\int_0^5 \dfrac{2x^2+3x-5}{x+3} \mathrm{d}x$;

(11) $\int_1^4 \dfrac{\ln x}{\sqrt{x}} \mathrm{d}x$;

(12) $\int_{\frac{\pi}{4}}^{\frac{\pi}{3}} \dfrac{x}{\sin^2 x} \mathrm{d}x$;

(13) $\int_{-1}^1 \dfrac{x \mathrm{d}x}{(x^2+1)^2}$;

(14) $\int_1^2 \dfrac{\mathrm{e}^{\frac{1}{x}}}{x^2} \mathrm{d}x$;

(15) $\int_0^1 t \mathrm{e}^{\frac{t^2}{2}} \mathrm{d}t$;

(16) $\int_1^{\mathrm{e}^2} \dfrac{\mathrm{d}x}{x\sqrt{1+\ln x}}$.

2. 利用函数的奇偶性计算下列定积分：

习题 4.5 参考答案

(1) $\int_{-\pi}^{\pi} x^4 \sin x \mathrm{d}x$;

(2) $\int_{-\frac{\pi}{2}}^{\frac{\pi}{2}} 4\cos^4 x \mathrm{d}x$.

*4.6 无限区间上的广义积分

我们前面介绍的定积分有两个最基本的约束条件：积分区间的有限性和被积函数的有界性．然而在处理实际问题时，常常需要突破这些约束条件．因此在定积分的计算中，我们也要研究无穷区间上的积分和无界函数的积分．这两类积分统称为广义积分或反常积分，相应地，前面的定积分则称为常义积分或正常积分．在这里，我们仅讨论无限区间上的广义积分．

引例 4.6.1【开口曲边梯形的面积】 求曲线 $y=\mathrm{e}^{-x}$ 与 x 轴和 y 轴所围成曲边梯形的面积，如图 4.6.1 所示.

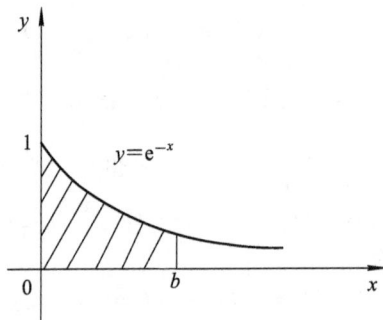

图 4.6.1

问题分析 图 4.6.1 所示的图形在 x 轴的正方向上是开口的，不是封闭图形，因此，不能用定积分来计算.

如果我们在区间 $[0,+\infty)$ 上任取一点 $b>0$，则在区间 $[0,b]$ 上曲线 $y=\mathrm{e}^{-x}$ 与 x 轴和 y 轴所围成曲边梯形的面积为

$$A(b) = \int_0^b \mathrm{e}^{-x} \mathrm{d}x,$$

显然，当 b 改变时，曲边梯形的面积也在随之改变，当 $b \to +\infty$ 时，有

$$\lim_{b \to +\infty} A(b) = \lim_{b \to +\infty} \int_0^b e^{-x} dx = \lim_{b \to +\infty} (-e^{-x})\big|_0^b = \lim_{b \to +\infty} (-e^{-b} + 1) = 1.$$

这个极限就是开口曲边梯形的面积，其过程反映的是无穷区间上的广义积分.

定义 4.6.1　设函数 $f(x)$ 在区间 $[a, +\infty)$ 上连续，任取 $b > a$，如果极限 $\lim\limits_{b \to +\infty} \int_a^b f(x) dx$ 存在，则称此极限为函数 $f(x)$ 在无穷区间 $[a, +\infty)$ 上的广义积分，记作 $\int_a^{+\infty} f(x) dx$，即

$$\int_a^{+\infty} f(x) dx = \lim_{b \to +\infty} \int_a^b f(x) dx.$$

这时也称广义积分 $\int_a^{+\infty} f(x) dx$ 收敛；否则称广义积分 $\int_a^{+\infty} f(x) dx$ 发散.

类似地，可定义连续函数 $f(x)$ 在区间 $(-\infty, b]$ 上的广义积分为

$$\int_{-\infty}^b f(x) dx = \lim_{a \to -\infty} \int_a^b f(x) dx \quad (a < b).$$

连续函数 $f(x)$ 在区间 $(-\infty, +\infty)$ 上的广义积分为

$$\int_{-\infty}^{+\infty} f(x) dx = \int_{-\infty}^c f(x) dx + \int_c^{+\infty} f(x) dx,$$

其中 c 为任意常数，当 $\int_{-\infty}^c f(x) dx$ 和 $\int_c^{+\infty} f(x) dx$ 都收敛时，则称广义积分 $\int_{-\infty}^{+\infty} f(x) dx$ 收敛；否则称广义积分 $\int_{-\infty}^{+\infty} f(x) dx$ 发散.

例 4.6.1　求下列广义积分：

(1) $\int_1^{+\infty} \dfrac{1}{x^3} dx$；　　　　　(2) $\int_{-\infty}^0 \sin x dx$.

解　(1) $\int_1^{+\infty} \dfrac{1}{x^3} dx = \lim\limits_{b \to +\infty} \int_1^b x^{-3} dx = -\dfrac{1}{2} \lim\limits_{b \to +\infty} \dfrac{1}{x^2}\bigg|_1^b = -\dfrac{1}{2} \lim\limits_{b \to +\infty} \left(\dfrac{1}{b^2} - 1\right) = \dfrac{1}{2}.$

(2) $\int_{-\infty}^0 \sin x dx = \lim\limits_{a \to -\infty} \int_a^0 \sin x dx = \lim\limits_{a \to -\infty} (-\cos x)\bigg|_a^0 = \lim\limits_{a \to -\infty} (-1 + \cos a),$

因为 $\lim\limits_{a \to -\infty} \cos a$ 不存在，所以广义积分 $\int_{-\infty}^0 \sin x dx$ 发散.

仿照牛顿-莱布尼茨公式的形式，若 $F(x)$ 是 $f(x)$ 在积分区间上的一个原函数，记 $F(+\infty) = \lim\limits_{b \to +\infty} F(x)$，$F(-\infty) = \lim\limits_{a \to -\infty} F(x)$，则

$$\int_a^{+\infty} f(x) dx = F(x)\bigg|_a^{+\infty} = \lim_{x \to +\infty} F(x) - F(a),$$

$$\int_{-\infty}^b f(x) dx = F(x)\bigg|_{-\infty}^b = F(b) - \lim_{x \to -\infty} F(x),$$

$$\int_{-\infty}^{+\infty} f(x) dx = F(x)\bigg|_{-\infty}^{+\infty} = \lim_{x \to +\infty} F(x) - \lim_{x \to -\infty} F(x).$$

例 4.6.2　计算广义积分 $\int_0^{+\infty} \dfrac{x}{1 + x^2} dx$.

解　因为

$$\int_0^{+\infty} \frac{x}{1+x^2}\mathrm{d}x = \frac{1}{2}\int_0^{+\infty} \frac{1}{1+x^2}\mathrm{d}(1+x^2)$$

$$= \frac{1}{2}\ln(1+x^2)\Big|_0^{+\infty} = +\infty,$$

所以广义积分 $\displaystyle\int_0^{+\infty} \frac{x}{1+x^2}\mathrm{d}x$ 发散.

例 4.6.3 求广义积分 $\displaystyle\int_{-\infty}^{+\infty} \frac{1}{1+x^2}\mathrm{d}x$.

解 $$\int_{-\infty}^{+\infty} \frac{1}{1+x^2}\mathrm{d}x = \arctan x\Big|_{-\infty}^{+\infty} = \frac{\pi}{2} - \left(-\frac{\pi}{2}\right) = \pi.$$

例 4.6.4 判断广义积分 $\displaystyle\int_1^{+\infty} \frac{1}{x^p}\mathrm{d}x$ 的敛散性.

解 当 $p=1$ 时, $\displaystyle\int_1^{+\infty} \frac{1}{x^p}\mathrm{d}x = \int_1^{+\infty} \frac{1}{x}\mathrm{d}x = \ln x\Big|_1^{+\infty} = +\infty.$

当 $p \neq 1$ 时,

$$\int_1^{\infty} \frac{1}{x^p}\mathrm{d}x = \frac{x^{1-p}}{1-p}\Big|_1^{+\infty} = \frac{1}{1-p}\left(\lim_{x\to+\infty} x^{1-p} - 1\right)$$

$$= \begin{cases} \dfrac{1}{p-1}, & p>1 \\ +\infty, & p<1 \end{cases}.$$

因此, 当 $p>1$ 时, $\displaystyle\int_1^{+\infty} \frac{1}{x^p}\mathrm{d}x$ 收敛; 当 $p \leqslant 1$ 时, $\displaystyle\int_1^{+\infty} \frac{1}{x^p}\mathrm{d}x$ 发散.

案例分析

案例 4.6.1【投资理财】 某公司看好一项目的市场前景, 经董事会研究决定投资 1 亿元. 预计该项目达产后, 每年均匀收益 1 千万元, 投资年利率为 5%, 试求该投资为无限期时的纯收益现值.

解 由条件知 $C=10\,000$(万元), $a=1000$(万元), $r=0.05$, $T=+\infty$, 于是, 无限期的总收益现值为

$$R = \int_0^{+\infty} a\mathrm{e}^{-rt}\mathrm{d}t = \int_0^{+\infty} 1000\mathrm{e}^{-0.05t}\mathrm{d}t = \lim_{b\to+\infty}\int_0^b 1000\mathrm{e}^{-0.05t}\mathrm{d}t$$

$$= \lim_{b\to+\infty} \frac{1000}{0.05}[1 - \mathrm{e}^{-0.05b}] = \frac{1000}{0.05} = 20\,000\ (万元),$$

纯收益现值为

$$L = R - C = 20\,000 - 10\,000 = 10\,000\ (万元),$$

故该投资为无限期时的纯收益现值是 1 亿元.

【习题 4.6】

计算下列广义积分:

(1) $\displaystyle\int_{-\infty}^0 \mathrm{e}^x\mathrm{d}x$;

(2) $\displaystyle\int_1^{+\infty} \frac{1}{\sqrt[3]{x}}\mathrm{d}x$;

习题 4.6 参考答案

(3) $\displaystyle\int_e^{+\infty} \dfrac{1}{x \ln^2 x} \mathrm{d}x$;

(4) $\displaystyle\int_1^{+\infty} \dfrac{x}{(1+x^2)^2} \mathrm{d}x$;

(5) $\displaystyle\int_{2/\pi}^{+\infty} \dfrac{1}{x^2} \sin \dfrac{1}{x} \mathrm{d}x$;

(6) $\displaystyle\int_0^{+\infty} t e^{-pt} \mathrm{d}t$ (p 是常数，且 $p > 0$ 时收敛).

*4.7 定积分在几何上的应用

4.7.1 定积分的微元法

应用定积分解决实际问题时，经常采用的方法是微元法. 为了说明这种方法，我们一起来回顾求曲边梯形面积的过程.

引例 4.7.1【微元法求曲边梯形面积】 设函数 $y = f(x)$ 在区间 $[a, b]$ 上连续，且 $f(x) \geqslant 0$，求由曲线 $y = f(x)$，直线 $x = a$，$x = b$ 及 x 轴所围成的曲边梯形的面积.

问题分析 我们通过分割、近似代替、求和、取极限四个步骤得到曲边梯形的面积 A 可表示为

$$A = \int_a^b f(x) \mathrm{d}x.$$

具体过程如下：

第一步，将区间 $[a, b]$ 通过插入若干个点 $a = x_0 < x_1 < x_2 < \cdots < x_n = b$ 的方式，分割成 n 个小区间 $[x_0, x_1]$，$[x_1, x_2]$，$\cdots$，$[x_{n-1}, x_n]$，其中第 i 个小区间长度为 $\Delta x_i = x_i - x_{i-1}$ $(i = 1, 2, \cdots, n)$，相应地把曲边梯形分成 n 个窄曲边梯形；

第二步，在每个小区间 $[x_{i-1}, x_i]$ 内任取一点 ξ_i，将第 i 个窄曲边梯形面积用底为 $\Delta x_i = x_i - x_{i-1}$、高为 $f(\xi_i)$ 的小矩形面积替代，即每个窄曲边梯形面积 ΔA_i 为

$$\Delta A_i \approx f(\xi_i) \Delta x_i \quad (i = 1, 2, \cdots, n);$$

第三步，求和得到曲边梯形面积的近似值 $A \approx \displaystyle\sum_{i=1}^{n} f(\xi_i) \Delta x_i$；

第四步，取极限得到曲边梯形面积的精确值，即

$$A = \lim_{\Delta x \to 0} \sum_{i=1}^{n} f(\xi_i) \Delta x_i \quad (\Delta x = \max_{1 \leqslant i \leqslant n}\{\Delta x_i\}).$$

从曲边梯形面积的解决思路看，其过程与定积分的思想完全一致，因此，曲边梯形的面积问题可以直接利用定积分表示为

$$A = \int_a^b f(x) \mathrm{d}x.$$

上述解决问题的四步，简单叙述如下：

(1) 在分割的基础上确定微元（即小矩形的面积）（如图 4.7.1 所示）

$$\mathrm{d}A \approx f(x) \Delta x = f(x) \mathrm{d}x;$$

(2) 累积微元再求极限（对所有小矩形面积求和并求极限），得到 $[a, b]$ 上对微元的积分

$$A = \int_a^b f(x) \mathrm{d}x.$$

这种先确定总量的微元，再用定积分求总量的方法叫作微元法.

一般地，求连续函数在闭区间上的总量 U，可以分两步完成.

第一步，由分割写出微元. 找出所求总量 U 在任一区间 $[x,x+\mathrm{d}x]$ 上的部分量 ΔU 的近似值 $\mathrm{d}U$，即实际问题中所求总量 U 的微元

$$\mathrm{d}U = f(x)\mathrm{d}x;$$

第二步，由微元写出积分. 根据 $\mathrm{d}U=f(x)\mathrm{d}x$ 写出表示总量 U 的定积分

$$U = \int_a^b \mathrm{d}U = \int_a^b f(x)\mathrm{d}x.$$

图 4.7.1

可见曲边梯形的面积（所求量）A 就是面积微元 $\mathrm{d}A$ 在区间 $[a,b]$ 上的积分（无穷累积）.

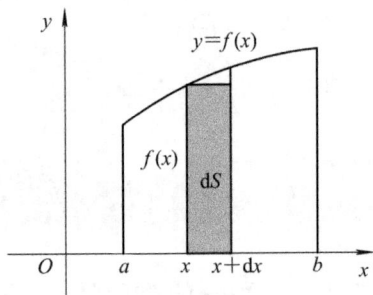

4.7.2 利用定积分求平面图形的面积

1. 由连续曲线 $y=f(x)$，$y=g(x)$ 与直线 $x=a$，$x=b(a<b)$ 所围成的平面图形（又称为 X 型区域）的面积

利用微元法分析，在区间 $[a,b]$ 上的任一小区间 $[x,x+\mathrm{d}x]$ 的窄条面积近似于高为 $f(x)-g(x)$、底为 $\mathrm{d}x$ 的矩形面积，即面积微元 $\mathrm{d}A=[f(x)-g(x)]\mathrm{d}x$（如图 4.7.2(a) 所示），则所求平面图形的面积为

$$A = \int_a^b [f(x)-g(x)]\mathrm{d}x.$$

2. 由连续曲线 $x=\varphi(y)$，$x=\psi(y)$ 与直线 $y=c$，$y=d(c<d)$ 所围成的平面图形（又称为 Y 型区域）的面积

类似地，在区间 $[c,d]$ 上的任一小区间 $[y,y+\mathrm{d}y]$ 的窄条面积近似于底为 $\varphi(y)-\psi(y)$、高为 $\mathrm{d}y$ 的矩形面积，即面积微元 $\mathrm{d}A=[\varphi(y)-\psi(y)]\mathrm{d}y$（如图 4.7.2(b) 所示），则所求平面图形的面积为

$$A = \int_c^d [\varphi(y)-\psi(y)]\mathrm{d}y.$$

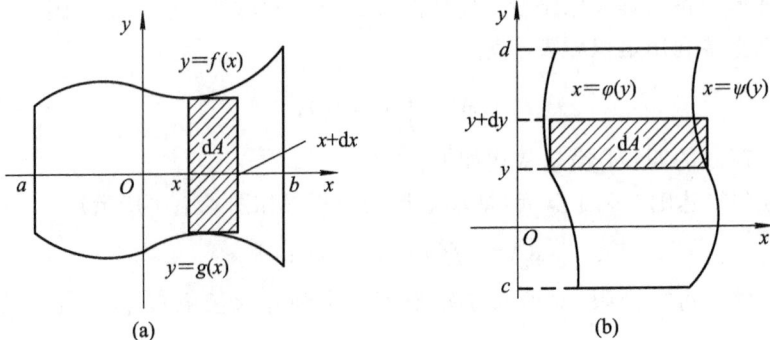

(a)

(b)

图 4.7.2

例题讲解

例 4.7.1　计算由抛物线 $y=x^2$ 和 $x=y^2$ 所围成图形的面积.

解　画图(如图 4.7.3 所示)，解方程组 $\begin{cases} y=x^2 \\ x=y^2 \end{cases}$，得两曲线的交点为 $(0,0)$ 和 $(1,1)$，取 x 为积分变量，则所求图形的面积 A 的微元为

$$dA = (\sqrt{x} - x^2)\,dx,$$

故

$$A = \int_0^1 (\sqrt{x} - x^2)\,dx = \left[\frac{2}{3}x^{\frac{3}{2}} - \frac{1}{3}x^3 \right]\Big|_0^1 = \frac{1}{3}.$$

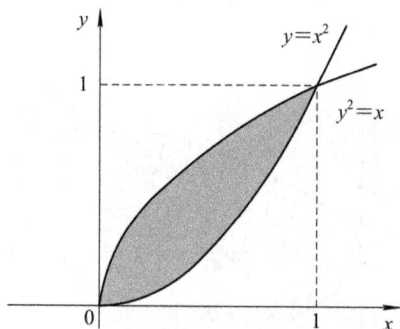

图 4.7.3

例 4.7.2　求抛物线 $y=x^2-1$ 与直线 $x=-2$ 及 $y=0$ 所围成的平面图形的面积 S.

解　画图(如图 4.7.4 所示)，解方程组

$$\begin{cases} y = x^2 - 1 \\ y = 0 \end{cases},$$

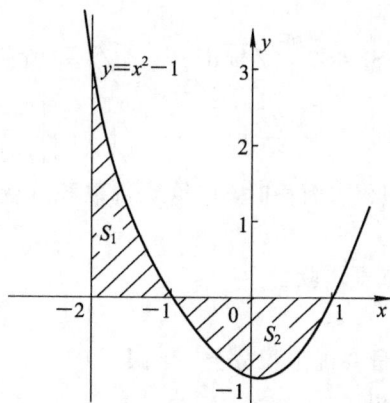

图 4.7.4

得抛物线 $y=x^2-1$ 与 x 轴的交点坐标为 $(-1,0)$、$(1,0)$，则所求图形的面积为

$$S = S_1 + S_2 = \int_{-2}^{-1} \left[(x^2 - 1) \right] \mathrm{d}x - \int_{-1}^{1} (x^2 - 1) \mathrm{d}x$$

$$= \left(\frac{1}{3} x^3 - x \right) \Big|_{-2}^{-1} + \left(x - \frac{1}{3} x^3 \right) \Big|_{-1}^{1} = \frac{8}{3}.$$

例 4.7.3 求由抛物线 $y^2 = 2x$ 与直线 $x - y = 4$ 围成的几何图形的面积 S.

解 画图(如图 4.7.5 所示),解方程组 $\begin{cases} y^2 = 2x \\ x - y = 4 \end{cases}$,得交点 $A(2, -2)$、$B(8, 4)$. 因为要求面积的图形位于直线 $y = -2$ 与 $y = 4$ 之间,于是取 y 为积分变量,而右边直线是 $x = y + 4$,左边曲线是 $x = \frac{1}{2} y^2$,所以平面图形的面积为

$$S = \int_{-2}^{4} \left[(y + 4) - \frac{1}{2} y^2 \right] \mathrm{d}y = \frac{1}{2} y^2 \Big|_{-2}^{4} + 24 - \frac{1}{6} y^3 \Big|_{-2}^{4} = 18.$$

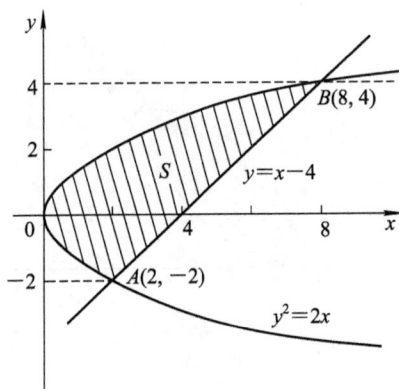

图 4.7.5

本题若选 x 为积分变量,要求面积的图形介于直线 $x = 0$ 和 $x = 8$ 之间. 由于在这两条线之间不是两条曲线而是三条曲线 $y = \sqrt{2x}$,$y = -\sqrt{2x}$ 和 $y = x - 4$. 因此,所求图形面积需要分成两部分计算,即

$$S = S_1 + S_2 = 2 \int_0^2 \sqrt{2x} \, \mathrm{d}x + \int_2^8 \left[\sqrt{2x} - (x - 4) \right] \mathrm{d}x$$

$$= \frac{4\sqrt{2}}{3} x^{\frac{3}{2}} + \left[\frac{4\sqrt{2}}{3} x^{\frac{3}{2}} - \frac{1}{2} x^2 + 4x \right] \Big|_2^8 = 18.$$

由例 4.7.2 可知,用定积分求面积时,应恰当选取积分变量,尽量避免图形分块和少分块可以减少计算量.

注 求平面图形面积的基本步骤:

① 画图、求交点;

② 根据图形选择积分变量并确定积分上、下限;

③ 用相应的公式计算面积.

4.7.3 利用定积分求旋转体的体积

由一个平面图形绕该平面内一条直线旋转一周而成的立体称为旋转体,这条直线称为旋转轴. 例如,圆柱可视为由矩形绕它的一条边旋转一周而成的立体,圆锥可视为直角三

角形绕它的一条直角边旋转一周而成的立体,而球体可视为半圆绕它的直径旋转一周而成的立体. 下面仅考虑以 x 轴和 y 轴为旋转轴的旋转体,利用微元法给出旋转体的体积公式.

1. 由连续曲线 $y = f(x)$,直线 $x = a$,$x = b$ 及 x 轴所围成的曲边梯形绕 x 轴旋转一周得到的旋转体(如图 4.7.6 所示)体积

利用微元法分析,取 x 为积分变量,在区间 $[a, b]$ 的任一小区间 $[x, x+\mathrm{d}x]$ 上,相应薄片的体积近似于以 $f(x)$ 为底面圆半径、$\mathrm{d}x$ 为高的小圆柱体的体积,从而得到体积微元 $\mathrm{d}V = \pi [f(x)]^2 \mathrm{d}x$(如图 4.7.7 所示),于是,所求旋转体的体积为

$$V_x = \int_a^b \pi f^2(x)\,\mathrm{d}x.$$

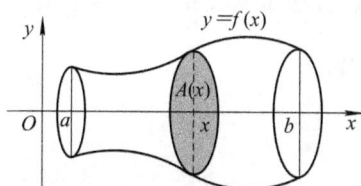

图 4.7.6

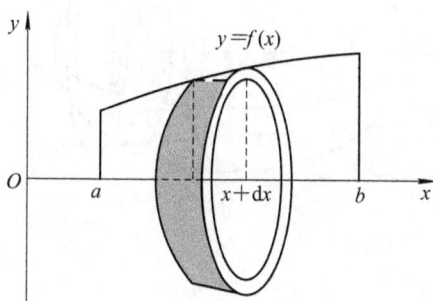

图 4.7.7

2. 由连续曲线 $x = \varphi(y)$,直线 $y = c$,$y = d$ 及 y 轴所围成的曲边梯形绕 y 轴旋转一周得到的旋转体(如图 4.7.8 所示)的体积

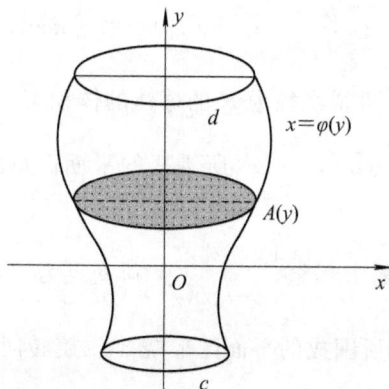

图 4.7.8

类似地，取 y 为积分变量，在区间 $[c, d]$ 的任一小区间 $[y, y+\mathrm{d}y]$ 上，相应薄片的体积近似于以 $\varphi(y)$ 为底面圆半径、$\mathrm{d}y$ 为高的小圆柱体的体积，从而得到体积微元 $\mathrm{d}V = \pi[\varphi(y)]^2\mathrm{d}y$，于是，所求旋转体的体积为

$$V_y = \int_c^d \pi\varphi^2(y)\,\mathrm{d}y.$$

例题讲解

例 4.7.4　计算由椭圆 $\dfrac{x^2}{a^2}+\dfrac{y^2}{b^2}=1$ 所围成的平面图形绕 x 轴旋转一周而成的旋转椭球体的体积.

解　如图 4.7.9 所示，该旋转体可视为由上半个椭圆 $y = \dfrac{b}{a}\sqrt{a^2-x^2}$ 及 x 轴所围成的图形绕 x 轴旋转一周而成的立体.

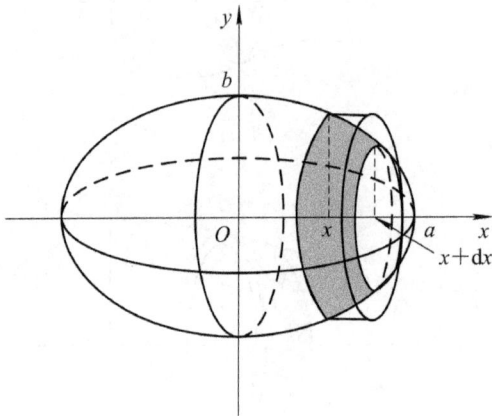

图 4.7.9

取 x 为自变量，则所求旋转椭球的体积为

$$V_x = \int_{-a}^a \pi f^2(x)\,\mathrm{d}x = \int_{-a}^a \pi\frac{b^2}{a^2}(a^2-x^2)\,\mathrm{d}x$$

$$= 2\pi\frac{b^2}{a^2}\int_0^a (a^2-x^2)\,\mathrm{d}x = \frac{4}{3}\pi ab^2.$$

特别地，当 $a=b=R$ 时，可得半径为 R 的球体的体积 $V = \dfrac{4}{3}\pi R^3$.

例 4.7.5　求由曲线 $y=\sqrt{8x}$，$y=x^2$ 所围成的平面图形绕 x 轴旋转一周得到的旋转体的体积.

解　如图 4.7.10 所示，解方程组 $\begin{cases} y=x^2 \\ y=\sqrt{8x} \end{cases}$，得交点为 $(0,0)$ 与 $(2,4)$.

当曲线 $y=\sqrt{8x}$、$y=x^2$ 所围成的平面图形绕 x 轴旋转时，旋转体的体积可以看成是两个旋转体的体积之差，即

$$V_x = \pi \int_0^2 (\sqrt{8x})^2 \mathrm{d}x - \pi \int_0^2 (x^2)^2 \mathrm{d}x$$

$$= 4\pi x^2 \Big|_0^2 - \frac{\pi x^5}{5} \Big|_0^2 = 16\pi - \frac{32\pi}{5} = \frac{48\pi}{5}.$$

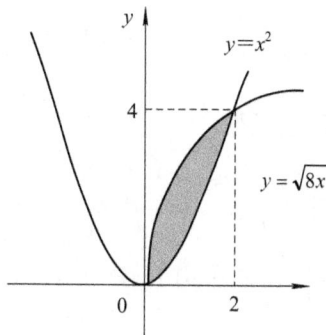

图 4.7.10

【习题 4.7】

1. 求正弦曲线 $y = \sin x$，$x \in \left[0, \dfrac{3\pi}{2}\right]$ 和直线 $x = \dfrac{3}{2}\pi$ 及 x 轴所围成的平面图形的面积.

2. 求由曲线 $xy = 1$ 及直线 $y = x$，$y = 3$ 所围成的平面图形的面积.

3. 求由曲线 $x = y^2$ 与直线 $y = x - 2$ 所围成图形的面积.

4. 求由抛物线 $y = \dfrac{x^2}{10}$，$y = \dfrac{x^2}{10} + 1$ 与直线 $y = 10$ 所围成的图形绕 y 轴旋转一周而成的旋转体的体积.

习题 4.7 参考答案

5. 求由曲线 $y = x^2$ 和 $y = 2 - x^2$ 所围成的图形分别绕 x 轴和 y 轴旋转一周而成的旋转体的体积.

6. 计算由椭圆 $\dfrac{x^2}{a^2} + \dfrac{y^2}{b^2} = 1$ 所围成的平面图形绕 y 轴旋转一周而成的旋转椭球体的体积.

4.8　本章小结与拓展提高

1. 本章的重点与难点

本章的重点是原函数与不定积分的概念；基本积分公式和换元积分法与分部积分法；牛顿-莱布尼茨公式；利用微元法求平面图形的面积和旋转体的体积.

本章的难点是第一换元积分法和分部积分法，变上限定积分和利用微元法解决一些实际问题.

2. 学法建议

（1）计算不定积分时，首先要根据被积函数的特点灵活选择积分方法.

（2）求不定积分比求导数要难得多，尤其是第一换元积分法. 尽管有些规律可循，但在具体运用时，因其十分灵活，技巧较强而不易掌握，因此我们只有通过多做练习摸索规律，积累经验，才能提高解题能力. 下面是一些常用的凑微分题型.

① $\int f(ax+b)\mathrm{d}x = \dfrac{1}{a}\int f(ax+b)\mathrm{d}(ax+b)\ (a \neq 0)$.

② $\int f(x^2)x\mathrm{d}x = \dfrac{1}{2}\int f(x^2)\mathrm{d}(x^2)$.

③ $\int f(\sqrt{x})\dfrac{1}{\sqrt{x}}\mathrm{d}x = 2\int f(\sqrt{x})\mathrm{d}(\sqrt{x})$.

④ $\int f\left(\dfrac{1}{x}\right)\dfrac{1}{x^2}\mathrm{d}x = -\int f\left(\dfrac{1}{x}\right)\mathrm{d}\left(\dfrac{1}{x}\right)$.

⑤ $\int f(ax^n+b)x^{n-1}\mathrm{d}x = \dfrac{1}{an}\int f(ax^n+b)\mathrm{d}(ax^n+b)$.

⑥ $\int f(\ln x)\dfrac{1}{x}\mathrm{d}x = \int f(\ln x)\mathrm{d}(\ln x)$.

⑦ $\int f(\mathrm{e}^{ax})\mathrm{e}^{ax}\mathrm{d}x = \dfrac{1}{a}\int f(\mathrm{e}^{ax})\mathrm{d}(\mathrm{e}^{ax})\ (a \neq 0)$.

⑧ $\int f(\sin x)\cos x\mathrm{d}x = \int f(\sin x)\mathrm{d}(\sin x)$.

⑨ $\int f(\cos x)\sin x\mathrm{d}x = -\int f(\cos x)\mathrm{d}(\cos x)$.

⑩ $\int f(\tan x)\sec^2 x\mathrm{d}x = \int f(\tan x)\mathrm{d}(\tan x)$.

⑪ $\int f(\cot x)\csc^2 x\mathrm{d}x = -\int f(\cot x)\mathrm{d}(\cot x)$.

⑫ $\int f(\arcsin x)\dfrac{1}{\sqrt{1-x^2}}\mathrm{d}x = \int f(\arcsin x)\mathrm{d}(\arcsin x)$.

⑬ $\int f(\arctan x)\dfrac{1}{1+x^2}\mathrm{d}x = \int f(\arctan x)\mathrm{d}(\arctan x)$.

⑭ $\int f(\sec x)\sec x\tan x\mathrm{d}x = \int f(\sec x)\mathrm{d}(\sec x)$.

（3）计算定积分的最终目的就是算出数值，因此除了应用牛顿-莱布尼茨公式及积分方法计算定积分外，还要尽量利用定积分的几何意义、被积函数的奇偶性（对称区间上的定积分）等有关结论来简化定积分的计算.

（4）当应用牛顿-莱布尼茨公式计算有限区间上的定积分时，首先要考察被积函数在积分区间上是否连续或有界，否则会得出错误的结果.

（5）利用微元法解决实际问题的关键是构造所求总量的微元，如面积微元、体积微元等. 在处理具体问题时，可以套用一些公式，但不要死套公式，最好学会用所学知识自己建立积分公式.

3. 拓展提高

*例 4.8.1** 求不定积分 $\int \dfrac{1}{x(x^6+4)}\mathrm{d}x$.

解 令 $x = \dfrac{1}{t}$，则 $\dfrac{1}{x(x^6+4)} = \dfrac{t^7}{1+4t^6}$，$\mathrm{d}x = -\dfrac{1}{t^2}\mathrm{d}t$，于是

$$\int \frac{1}{x(x^6+4)}\mathrm{d}x = -\int \frac{t^5}{1+4t^6}\mathrm{d}t = -\frac{1}{24}\int \frac{1}{1+4t^6}\mathrm{d}(1+4t^6)$$

$$= -\frac{1}{24}\ln(1+4t^6)+C = \frac{1}{24}\ln \frac{1}{(1+4t^6)}+C$$

$$= \frac{1}{24}\ln \frac{x^6}{(x^6+4)}+C = \frac{1}{4}\ln x - \frac{1}{24}\ln(x^6+4)+C.$$

* 例 4.8.2　求不定积分 $\displaystyle\int \frac{1}{x^4\sqrt{x^2+1}}\mathrm{d}x$.

解　令 $x=\dfrac{1}{t}$，则 $\dfrac{1}{x^4\sqrt{x^2+1}}=\dfrac{t^5}{\sqrt{1+t^2}}$，$\mathrm{d}x=-\dfrac{1}{t^2}\mathrm{d}t$，于是

$$\int \frac{1}{x^4\sqrt{x^2+1}}\mathrm{d}x = -\int \frac{t^3}{\sqrt{1+t^2}}\mathrm{d}t = -\frac{1}{2}\int \frac{t^2}{\sqrt{1+t^2}}\mathrm{d}(t^2)$$

$$= -\frac{1}{2}\int \frac{t^2+1-1}{\sqrt{1+t^2}}\mathrm{d}(t^2+1)$$

$$= -\frac{1}{2}\int \sqrt{1+t^2}\,\mathrm{d}(t^2+1) + \frac{1}{2}\int \frac{1}{\sqrt{1+t^2}}\mathrm{d}(t^2+1)$$

$$= -\frac{1}{3}(1+t^2)^{\frac{3}{2}} + (1+t^2)^{\frac{1}{2}} + C$$

$$= -\frac{1}{3}\frac{(1+x^2)^{\frac{3}{2}}}{x^3} + \frac{(1+x^2)^{\frac{1}{2}}}{x} + C.$$

注　当被积函数含有 $\dfrac{1}{x^n}$ 时，常用倒代换 $x=\dfrac{1}{t}$ 化简被积表达式.

* 例 4.8.3　求不定积分 $\displaystyle\int \sec^3 x\,\mathrm{d}x$.

解
$$\int \sec^3 x\,\mathrm{d}x = \int \sec x\,\mathrm{d}\tan x = \sec x\tan x - \int \sec x\tan^2 x\,\mathrm{d}x$$

$$= \sec x\tan x - \int \sec x(\sec^2 x - 1)\mathrm{d}x$$

$$= \sec x\tan x - \int \sec^3 x\,\mathrm{d}x + \int \sec x\,\mathrm{d}x$$

$$= \sec x\tan x + \ln|\sec x + \tan x| - \int \sec^3 x\,\mathrm{d}x + C_1.$$

由于上式右端的第三项就是所求的积分 $\displaystyle\int \sec^3 x\,\mathrm{d}x$，把它移到等号左端去，再两端各除以 2，便得

$$\int \sec^3 x\,\mathrm{d}x = \frac{1}{2}(\sec x\tan x + \ln|\sec x + \tan x|) + C,$$

其中 $C=\dfrac{1}{2}C_1$.

注　灵活应用分部积分法，可以解决许多不定积分的计算问题.

* 例 4.8.4　求定积分 $\displaystyle\int_0^\pi \sqrt{\sin^3 x - \sin^5 x}\,\mathrm{d}x$.

解　因为 $\sqrt{\sin^3 x - \sin^5 x} = |\cos x|(\sin x)^{\frac{3}{2}}$，所以

$$\int_0^\pi \sqrt{\sin^3 x - \sin^5 x}\,\mathrm{d}x = \int_0^\pi |\cos x|\,(\sin x)^{\frac{3}{2}}\,\mathrm{d}x$$

$$= \int_0^{\frac{\pi}{2}} \cos x (\sin x)^{\frac{3}{2}}\,\mathrm{d}x - \int_{\frac{\pi}{2}}^\pi \cos x (\sin x)^{\frac{3}{2}}\,\mathrm{d}x$$

$$= \int_0^{\frac{\pi}{2}} (\sin x)^{\frac{3}{2}}\,\mathrm{d}\sin x - \int_{\frac{\pi}{2}}^\pi (\sin x)^{\frac{3}{2}}\,\mathrm{d}\sin x$$

$$= \frac{2}{5}(\sin x)^{\frac{5}{2}}\Big|_0^{\frac{\pi}{2}} - \frac{2}{5}(\sin x)^{\frac{5}{2}}\Big|_{\frac{\pi}{2}}^\pi = \frac{4}{5}.$$

*例 4.8.5 求 $\int_{\ln 3}^{\ln 8} \sqrt{1 + \mathrm{e}^x}\,\mathrm{d}x$.

解 令 $t = \sqrt{1 + \mathrm{e}^x}$，则 $\mathrm{e}^x = t^2 - 1$，$x = \ln(t^2 - 1)$，$\mathrm{d}x = \dfrac{2t}{t^2 - 1}\mathrm{d}t$. 因为当 $x = \ln 3$ 时，$t = 2$；当 $x = \ln 8$ 时，$t = 3$，所以

$$\int_{\ln 3}^{\ln 8} \sqrt{1 + \mathrm{e}^x}\,\mathrm{d}x = \int_2^3 \frac{2t^2}{t^2 - 1}\mathrm{d}t = 2\int_2^3 \Big(1 + \frac{1}{t^2 - 1}\Big)\mathrm{d}t$$

$$= \Big[2t + \ln\Big|\frac{t-1}{t+1}\Big|\Big]_2^3 = 2 + \ln\frac{3}{2}.$$

*例 4.8.6 设函数 $f(x)$ 的一个原函数为 $\dfrac{\cos x}{x}$，求 $\int x f'(x)\,\mathrm{d}x$.

解
$$\int x f'(x)\,\mathrm{d}x = \int x\,\mathrm{d}f(x) = x f(x) - \int f(x)\,\mathrm{d}x$$

$$= x \cdot \Big(\frac{\cos x}{x}\Big)' - \frac{\cos x}{x} + C = -\frac{x\sin x + \cos x}{x} - \frac{\cos x}{x} + C$$

$$= -\sin x - \frac{2\cos x}{x} + C.$$

自 测 题 4

A 组(基础练习)

一、判断题

(   )1. 函数 $x(\ln x - 1)$ 是函数 $\ln x$ 的一个原函数.

(   )2. $\int \mathrm{d}F(x) = F(x)$.

(   )3. $\int 2^x \mathrm{e}^x\,\mathrm{d}x = \int 2^x\,\mathrm{d}x \int \mathrm{e}^x\,\mathrm{d}x = 2^x \ln 2\, \mathrm{e}^x + C$.

(   )4. $\int x\cos x\,\mathrm{d}x = x\cos x - \int \cos x\,\mathrm{d}x$.

(   )5. $\int_{-1}^1 \dfrac{x\,\mathrm{d}x}{(1 + x^2)^2} = 0$.

二、填空题

1. 若 $\sin^2 x$ 是函数 $f(x)$ 的一个原函数，则 $f(x) = $ _____.

2. $\int \dfrac{2^x}{3^x} \mathrm{d}x = $ _____ .

3. $\int_{-\pi}^{\pi} \dfrac{x^2 \sin x}{1 + x^4} \mathrm{d}x = $ _____ .

4. $\int_{0}^{\frac{\pi}{4}} \tan^2 x \mathrm{d}x = $ _____ .

5. $\int x \cos x \mathrm{d}x = $ _____ .

三、单项选择题

1. 设 x^3 是函数 $f(x)$ 的一个原函数，则 $f(x) = ($ 　　$)$.

A. $3x^2$ 　　　　　　 B. x^3 　　　　　　 C. $\dfrac{1}{4}x^4$ 　　　　 D. $\dfrac{1}{4}x^4 + C$

2. 下列等式成立的是(　　).

A. $\mathrm{d}\displaystyle\int F'(x)\mathrm{d}x = F'(x)\mathrm{d}x$ 　　　　　　 B. $\mathrm{d}\displaystyle\int F'(x)\mathrm{d}x = F'(x) + C$

C. $\dfrac{\mathrm{d}}{\mathrm{d}x}\displaystyle\int F'(x)\mathrm{d}x = F'(x)\mathrm{d}x$ 　　　　　　 D. $\displaystyle\int F'(x)\mathrm{d}x = F(x)$

3. 下列凑微分正确的是(　　).

A. $\sin 2x\mathrm{d}x = -\mathrm{d}(\cos 2x)$ 　　　　　　 B. $\dfrac{\mathrm{d}x}{1 + x^2} = \mathrm{d}(\tan x)$

C. $\dfrac{1}{2\sqrt{x}}\mathrm{d}(\sqrt{x})$ 　　　　　　 D. $\ln x\mathrm{d}x = \mathrm{d}\left(\dfrac{1}{x}\right)$

4. 经过点 $(1, 0)$ 且切线斜率为 $2x$ 的曲线方程是(　　).

A. $y - x^2 + 1 = 0$ 　　　　　　 B. $y - x^2 - 1 = 0$

C. $y + x^2 - 1 = 0$ 　　　　　　 B. $y + x^2 + 1 = 0$

5. 下列式子正确的是(　　).

A. $\displaystyle\int \sin^2 x\mathrm{d}x = \dfrac{1}{3}\sin^3 x + C$ 　　　　　　 B. $\displaystyle\int \sqrt[3]{x^2}\mathrm{d}x = \int x^{\frac{2}{3}}\mathrm{d}x = \dfrac{2}{3}x^{-\frac{1}{3}} + C$

C. $\displaystyle\int \dfrac{1}{\sqrt{x}}\mathrm{d}x = 2\sqrt{x} + C$ 　　　　　　 D. $\displaystyle\int 2^x\mathrm{d}x = \dfrac{2^{x+1}}{x+1} + C$

6. 若 $\displaystyle\int_{9}^{100} f(x)\mathrm{d}x = \sqrt{3}$，则 $\displaystyle\int_{100}^{9} f(x)\mathrm{d}x = ($ 　　$)$.

A. 0 　　　　　　 B. 1 　　　　　　 C. $\sqrt{3}$ 　　　　 D. $-\sqrt{3}$

7. $\displaystyle\int \dfrac{\mathrm{e}^x}{1 + \mathrm{e}^{2x}}\mathrm{d}x = ($ 　　$)$.

A. $\ln |1 + \mathrm{e}^{2x}| + C$ 　　　　　　 B. $\ln |1 + \mathrm{e}^x| + C$

C. $\arctan(\mathrm{e}^x) + C$ 　　　　　　 D. $\arctan(\mathrm{e}^{2x}) + C$

8. $\displaystyle\int_{0}^{1} x\mathrm{e}^x\mathrm{d}x = ($ 　　$)$.

A. 1 　　　　　　 B. -1 　　　　　　 C. e 　　　　 D. $-$e

9. 对于不定积分 $\displaystyle\int \dfrac{\mathrm{d}x}{x^2\sqrt{1 + x^2}}$，当用换元积分法来解时，令(　　).

A. $x = \tan t$ B. $x = \sin t$ C. $x = \sec t$ D. $\sqrt{1 + x^2} = t$

10. 下列运算不正确的是（   ）．

① $\int \dfrac{1}{1 + x^2} dx = \arctan x + C$；   ② $\int \arctan x dx = \dfrac{1}{1 + x^2} + C$；

③ $\int_{-1}^{1} \dfrac{dx}{x^2} = \left[-\dfrac{1}{x} \right]_{-1}^{1} = -2$；   ④ $\int \dfrac{x}{1 + x^2} dx = \dfrac{1}{2} \ln(1 + x^2) + C$；

⑤ $\int_{-\pi}^{\pi} x \cos x dx = 0$．

A. ② 和 ③   B. ① 和 ②   C. ②   D. ③、④ 和 ⑤

四、计算题

1. 求不定积分 $\displaystyle\int \dfrac{2}{x^2 - 3x - 18} dx$．

2. 求不定积分 $\displaystyle\int \dfrac{\ln^2 x + x^2 \sin x}{x} dx$．

3. 求定积分 $\displaystyle\int_{-1}^{1} x^2 (\, |\, x\, | + \arcsin x) dx$．

4. 求定积分 $\displaystyle\int_{0}^{\pi} \dfrac{\sin x}{1 + \cos^2 x} dx$．

5. 求不定积分 $\displaystyle\int 2x^3 f''(x^2) dx$．

五、应用题

设某商品的需求量是价格的函数，即 $Q = Q(P)$，该商品的最大需求量为 3000（即当 $P = 0$ 时，$Q = 3000$），已知边际需求函数为 $Q'(P) = -3000\ln 2 \cdot \left(\dfrac{1}{2} \right)^P$，求该商品的需求函数．

B 组（拓展练习）

一、判断题

（   ）1. $\displaystyle\int_{-\frac{\pi}{2}}^{0} \cos x dx < \int_{0}^{\frac{\pi}{2}} \cos x dx$．

（   ）2. $\displaystyle\int \arctan x dx = \dfrac{1}{1 + x^2} + C$．

（   ）3. 设 $f'(2x) = \varphi(x)$，则 $\displaystyle\int \varphi(x) dx = \dfrac{1}{2} f(2x) + C$．

（   ）4. $\displaystyle\int_{-1}^{1} \dfrac{1}{x^2} dx = 2 \int_{0}^{1} \dfrac{1}{x^2} dx = -\dfrac{2}{x} \Big|_{0}^{1} = -2$．

（   ）5. $\displaystyle\int_{-2}^{2} x e^{-x^2} dx = 0$．

二、填空题

1. 若 $\displaystyle\int f(x) dx = e^{-2x} + C$，则 $f'(x) = $ _____．

2. 若 $F(x)$ 是 $\arcsin x$ 的一个原函数，则 $\mathrm{d}F(x) = $ _____.

3. $\displaystyle\int \frac{1}{5-2x}\mathrm{d}x = $ _____.

4. $\displaystyle\int_{-3}^{3}(\sin^5 x + 3x^2)\mathrm{d}x = $ _____.

5. $\displaystyle\int_{-\frac{1}{2}}^{\frac{1}{2}}\frac{x\mathrm{d}x}{\sqrt{1-x^2}} = $ _____.

三、单项选择题

1. 如果函数 $f(x)$ 有连续导数，$f(b)=5$，$f(a)=2$，则 $\displaystyle\int_a^b f'(x)\mathrm{d}x = ($　　$)$.

A. 2　　　　　　　B. 5　　　　　　　C. 0　　　　　　D. 3

2. 设函数 $f(x)$ 在区间 $[a,b]$ 上连续，则下列结论不正确的是 $($　　$)$.

A. $\displaystyle\int_a^b f(x)\mathrm{d}x$ 是 $f(x)$ 的一个原函数

B. $\displaystyle\int_a^x f(t)\mathrm{d}t$ 是 $f(x)$ 的一个原函数

C. $\displaystyle\int_x^b f(t)\mathrm{d}t$ 是 $-f(x)$ 的一个原函数

D. $f(x)$ 在 $[a,b]$ 上可积

3. 极限 $\displaystyle\lim_{x\to 0}\frac{\displaystyle\int_0^x t\sin t\,\mathrm{d}t}{\displaystyle\int_0^{-x} t^2\,\mathrm{d}t}$ 等于 $($　　$)$.

A. -1　　　　　　B. 0　　　　　　　C. 1　　　　　　D. 2

4. 设函数 $f(x) = \displaystyle\int_0^x \sin t\,\mathrm{d}t$，则 $f'\left(\dfrac{\pi}{2}\right)$ 等于 $($　　$)$.

A. $\sin t$　　　　　B. $\sin x$　　　　　C. 0　　　　　　D. 1

5. $\dfrac{\mathrm{d}}{\mathrm{d}x}\displaystyle\int_x^{x^2} f(t)\mathrm{d}t = ($　　$)$.

A. $2xf(x^2)$　　　　　　　　　　　B. $2xf(x^2) - f(x)$

C. $f(x^2)$　　　　　　　　　　　　D. $f(x)$

6. $\displaystyle\int x\cos(x^2-1)\mathrm{d}x = ($　　$)$.

A. $2\sin(x^2-1) + C$　　　　　　　B. $-2\sin(x^2-1) + C$

C. $\dfrac{1}{2}\sin(x^2-1) + C$　　　　　D. $-\dfrac{1}{2}\sin(x^2-1) + C$

7. 设函数 $f(x)$ 在 $[-a,a]$ 上连续，则定积分 $\displaystyle\int_{-a}^a f(-x)\mathrm{d}x = ($　　$)$.

A. 0　　　　　　　　　　　　　　B. $2\displaystyle\int_0^x f(x)\mathrm{d}x$

C. $-\displaystyle\int_{-a}^a f(x)\mathrm{d}x$　　　　　　　D. $\displaystyle\int_{-a}^a f(x)\mathrm{d}x$

8. 若函数 $f(x) = \mathrm{e}^{-x}$，则 $\displaystyle\int \frac{f'(\ln x)}{x}\mathrm{d}x = ($　　$)$.

A. $\dfrac{1}{x}+C$ B. $-\dfrac{1}{x}+C$

C. $\ln x+C$ D. $-\ln x+C$

9. 下列积分中，定积分不为零的是（ ）.

A. $\displaystyle\int_{-\frac{\pi}{4}}^{\frac{\pi}{4}}\dfrac{x}{1+\cos x}\mathrm{d}x$ B. $\displaystyle\int_{-\pi}^{\pi}\dfrac{\cos x+\sin x}{2}\mathrm{d}x$

C. $\displaystyle\int_{-\frac{\pi}{2}}^{\frac{\pi}{2}}\left(\dfrac{\sin x}{1+x^2}+\dfrac{1}{x^2+1}\right)\mathrm{d}x$ D. $\displaystyle\int_{-\frac{1}{2}}^{\frac{1}{2}}\left(\dfrac{1+x}{1-x}\right)\cdot\arcsin x^2\,\mathrm{d}x$

10. 若 $\displaystyle\int f(x)\mathrm{d}x=F(x)+C$，则下列式子不正确的是（ ）.

A. $\displaystyle\int f(\mathrm{e}^x)\mathrm{e}^x\mathrm{d}x=F(\mathrm{e}^x)+C$

B. $\displaystyle\int f(x^n)x^{n-1}\mathrm{d}x=F(x^n)+C\ (n\neq 0)$

C. $\displaystyle\int f(ax+b)\mathrm{d}x=\dfrac{1}{a}F(ax+b)+C\ (a\neq 0)$

D. $\displaystyle\int f(\ln x)\dfrac{1}{x}\mathrm{d}x=F(\ln x)+C$

四、计算题

1. 求不定积分 $\displaystyle\int\dfrac{\sqrt{x}+\sqrt[6]{x}}{\sqrt[3]{x}+1}\mathrm{d}x$.

2. 求不定积分 $\displaystyle\int\dfrac{2^x\cdot 3^x}{9^x-4^x}\mathrm{d}x$.

3. 求定积分 $\displaystyle\int_1^{\mathrm{e}^3}\dfrac{1}{x\sqrt{1+\ln x}}\mathrm{d}x$.

4. 求定积分 $\displaystyle\int_1^{\sqrt{3}}(x^3+x)\sqrt{1+x^2}\,\mathrm{d}x$.

5. 求定积分 $\displaystyle\int_0^{\frac{1}{2}}\arcsin x\mathrm{d}x$.

五、应用题

已知边际成本为 $C'(Q)=25+30Q-9Q^2$，固定成本为 55，试求成本 $C(Q)$、可变成本和平均成本.

自测题 4 参考答案

阅 读 资 料

莱布尼茨与微积分

历史上的微积分理论是由德国数学家莱布尼茨与英国的数学家牛顿各自独立完成的.

莱布尼茨（1646—1716）生于莱比锡（Leipzig）的一个书香之家，卒于德国的汉诺威（Hanover）.他是横跨多领域的全材，最重要的数学贡献是发明了微积分（独立于牛顿），同时预见并认真思索符号逻辑（或说符号思考）的可能性.他的父亲是莱比锡大学伦理学教授，在他六岁时过世，留下大量的人文书籍．早慧的他自学拉丁文与希腊文，广泛阅读．12 岁时他受亚里士多德的知识论启发，对分类知识给予真理一种内在的秩序保持终身的兴趣．

家庭丰富的藏书引起了他少年时期广泛的兴趣．莱布尼茨于 1661 年 15 岁时考入莱比锡大学学习法律，又曾到耶拿大学跟随魏格尔系统学习了欧式几何，使他开始确信毕达哥拉斯—柏拉图的宇宙观：宇宙是一个由数学和逻辑原则所统率的和谐的整体．1666 年，莱布尼茨在纽伦堡阿尔特多夫取得法学博士学位．他当时写的论文《论组合的技巧》已含有数理逻辑的早期思想，后来的工作使他成为数理逻辑的创始人．

莱布尼茨依自己的想法拒绝在大学任教．1667 年莱布尼茨投身外交界，曾到欧洲各国游历．1676 年 30 岁的他离开法国，回国任汉诺威选帝侯的家臣兼图书馆长，此后 40 年，他终生定居汉诺威，直到去世．

莱布尼茨的多才多艺在历史上很少有人能和他相比，他的著作包括数学、历史、语言、生物、地质、机械、物理、法律、外交等各个方面，并且在每个领域都有杰出的成果，然而最著名的还是由于他独立创建的微积分，以及精心设计的非常巧妙而简洁的微积分符号，使他以伟大数学家的称号而闻名于世．

作为物理学大师的牛顿，在 1665 年（莱布尼茨约 20 岁时）左右从运动学的角度，以"瞬"（无穷小"0"）的观点创建了微积分；而莱布尼茨则是从几何学角度出发，以"单子"（无穷小 dx）的观点独立开展自己对微积分的理解，并发展他自己使用的符号．1675 年，当他 29 岁时，他提出了所谓的莱布尼茨法则，而且已经知道 $(x^n)' = nx^{n-1}$，也已经使用常见的积分符号 $\int f(x) dx$．由于深受哲学思想支配，并推崇普遍知识、追崇普遍方法，莱布尼茨创立的微积分更富有想象力和启发性．时至今日，我们所讲述的微积分概念、法则和符号几乎全都是莱布尼茨的原作，因此，称莱布尼茨为符号大师一点也不为过．

附录　常用公式

一、代数公式

1. 指数运算

若 m、n 为有理数，则

(1) $a^0 = 1 (a \neq 0)$；

(2) $\dfrac{1}{a^n} = a^{-n} (a \neq 0)$；

(3) $a^m \cdot a^n = a^{m+n}$；

(4) $a^m \div a^n = a^{m-n}$；

(5) $(ab)^n = a^n b^n$；

(6) $\left(\dfrac{a}{b}\right)^n = \dfrac{a^n}{b^n} (b \neq 0)$；

(7) $(a^m)^n = a^{mn}$；

(8) $\sqrt[n]{a^m} = a^{\frac{m}{n}} (m, n \in \mathbf{N})$.

2. 对数运算

设 $a > 0$，$a \neq 1$；$b > 0$，$b \neq 1$；$x > 0$，$y > 0$，则

(1) $\log_a (xy) = \log_a x_1 + \log_a y$；

(2) $\log_a \dfrac{x}{y} = \log_a x - \log_a y$；

(3) $\log_a N^\mu = \mu \log_a N$；

(4) 对数恒等式 $x = a^{\log_a x}$，$\log_a a = 1$，$\log_a 1 = 0$；

(5) 换底公式 $\log_a x = \dfrac{\log_b x}{\log_b a}$.

3. 常用恒等式

(1) $(a \pm b)^2 = a^2 \pm 2ab + b^2$；

(2) $(a \pm b)^3 = a^3 \pm 3a^2 b + 3ab^2 \pm b^3$；

(3) $(a+b)(a-b) = a^2 - b^2$；

(4) $a^3 \pm b^3 = (a \pm b)(a^2 \mp ab + b^2)$；

(5) $(a+b)^n = a^n + C_n^1 a^{n-1} b + C_n^2 a^{n-2} b^2 + \cdots + C_n^r a^{n-r} b^r + \cdots + b^n$.

4. 数列和公式

(1) 等差数列：$a + (a+d) + \cdots + [a + (n-1)d] = na + \dfrac{n(n-1)d}{2}$；

(2) 等比数列：$a+aq+\cdots+aq^{n-1}=\dfrac{a(1-q^n)}{1-q}$ $(q\neq1)$.

二、三角公式

1. 两角和与差的三角函数

(1) $\sin(\alpha\pm\beta)=\sin\alpha\cos\beta\pm\cos\alpha\sin\beta$;

(2) $\cos(\alpha\pm\beta)=\cos\alpha\cos\beta\mp\sin\alpha\sin\beta$;

(3) $\tan(\alpha\pm\beta)=\dfrac{\tan\alpha\pm\tan\beta}{1\mp\tan\alpha\tan\beta}$;

(4) $\cot(\alpha\pm\beta)=\dfrac{\cot\alpha\cot\beta\mp1}{\cot\beta\pm\cot\alpha}$.

2. 倍角公式

(1) $\sin2\alpha=2\sin\alpha\cos\alpha$;

(2) $\cos2\alpha=\cos^2\alpha-\sin^2\alpha=2\cos^2\alpha-1=1-2\sin^2\alpha$;

(3) $\tan2\alpha=\dfrac{2\tan\alpha}{1-\tan^2\alpha}$;

(4) $\cot2\alpha=\dfrac{\cot^2\alpha-1}{2\cot\alpha}$;

(5) $\sin^2\dfrac{\alpha}{2}=\dfrac{1-\cos\alpha}{2}$;

(6) $\cos^2\dfrac{\alpha}{2}=\dfrac{1+\cos\alpha}{2}$.

3. 三角函数的和差与积的关系

(1) $2\sin\alpha\cos\beta=\sin(\alpha+\beta)+\sin(\alpha-\beta)$;

(2) $2\cos\alpha\sin\beta=\sin(\alpha+\beta)-\sin(\alpha-\beta)$;

(3) $2\cos\alpha\cos\beta=\cos(\alpha+\beta)+\cos(\alpha-\beta)$;

(4) $-2\sin\alpha\sin\beta=\cos(\alpha+\beta)-\cos(\alpha-\beta)$;

(5) $\sin\alpha+\cos\beta=2\sin\dfrac{\alpha+\beta}{2}\cos\dfrac{\alpha-\beta}{2}$;

(6) $\sin\alpha-\cos\beta=2\cos\dfrac{\alpha+\beta}{2}\sin\dfrac{\alpha-\beta}{2}$;

(7) $\cos\alpha+\cos\beta=2\cos\dfrac{\alpha+\beta}{2}\cos\dfrac{\alpha-\beta}{2}$;

(8) $\cos\alpha-\cos\beta=-2\sin\dfrac{\alpha+\beta}{2}\sin\dfrac{\alpha-\beta}{2}$.

4. 同角三角函数之间的关系

(1) 平方关系：
$$\sin^2\alpha+\cos^2\alpha=1,\ 1+\tan^2\alpha=\sec^2\alpha,\ 1+\cot^2\alpha=\csc^2\alpha.$$

(2) 商数关系：
$$\frac{\sin\alpha}{\cos\alpha}=\tan\alpha,\ \frac{\cos x}{\sin x}=\cot\alpha.$$

(3) 倒数关系：

$$\tan\alpha\cot\alpha = 1,\ \sin\alpha\csc\alpha = 1,\ \cos\alpha\sec\alpha = 1.$$

三、斜三角形的边角关系

1. 正弦定理

$$\frac{a}{\sin A} = \frac{b}{\sin B} = \frac{c}{\sin C} = 2R\ (R\ \text{为外接圆的半径}).$$

2. 余弦定理

$$\begin{cases} c^2 = a^2 + b^2 - 2ab\cos C \\ a^2 = b^2 + c^2 - 2ba\cos A. \\ b^2 = a^2 + c^2 - 2ac\cos B \end{cases}$$

四、几何公式

1. 面积公式

(1) 圆面积：$S = \pi R^2$ (R 为半径)；

(2) 扇形面积：$S = \frac{1}{2}lr = \frac{1}{2}r^2\alpha$ (l 为扇形弧长，r 为半径，α 为扇形的圆心角)；

(3) 三角形面积：$S = \frac{1}{2}ah = \frac{1}{2}ab\sin C = \frac{1}{2}ac\sin B = \frac{1}{2}bc\sin A$ (a 为底边长，h 为高，A、B、C 为三个角，a、b、c 为所对的边长)，且

$$S = \sqrt{p(p-a)(p-b)(p-c)},\quad p = \frac{1}{2}(a+b+c);$$

(4) 平行四边形面积：$S = ah$ (a 为底边长，h 为高)；

(5) 梯形面积：$S = \frac{1}{2}(a+b)h$ (a、b 为两底边长，h 为高)；

2. 体积公式

(1) 柱体体积：$V = Sh$ (S 为底面积，h 为高)；

(2) 锥体体积：$V = \frac{1}{3}Sh$ (S 为底面积，h 为高)；

(3) 球体体积：$V = \frac{4}{3}\pi r^3$ (r 为半径).

五、解析几何公式

(1) 两点间距离：$|AB| = \sqrt{(x_2-x_1)^2 + (y_2-y_1)^2}$ ($A(x_1, y_1)$、$B(x_2, y_2)$)；

(2) 过两点直线斜率：$k_{AB} = \frac{y_2-y_1}{x_2-x_1}$ ($A(x_1, y_1)$、$B(x_2, y_2)$)；

(3) 两直线夹角：$\tan\theta = \left|\frac{k_2-k_1}{1+k_2k_1}\right|$ (k_1、k_2 为两直线的斜率)；

（4）点到直线的距离：$d = \dfrac{|Ax_1 + By_1 + C|}{\sqrt{A^2 + B^2}}$（直线方程为 $Ax + By + C = 0$，点为 $P(x_1,\ y_1)$）.

（5）直角坐标与极坐标的关系：

$$\begin{cases} x = r\cos\theta \\ y = r\sin\theta \end{cases} \Leftrightarrow \begin{cases} x^2 + y^2 = r^2 \\ \theta = \arctan \dfrac{y}{x}. \end{cases}$$

参 考 文 献

[1] 王继，张波，钟瑜，等. 经济数学[M]. 北京：高等教育出版社，2017.

[2] 李顺初，陈子春，王玉兰，等. 高等数学教程[M]. 北京：科学出版社，2009.

[3] 曹勃. 经济应用数学[M]. 成都：电子科技大学出版社，2014.

[4] 雷田礼，郑红，齐松茹. 经济与管理数学[M]. 北京：高等教育出版社，2008.

[5] 杜家龙. 市场调查与预测[M]. 北京：高等教育出版社，2009.

[6] 吴赣昌. 微积分（经管类）[M]. 4版. 北京：中国人民大学出版社，2011.

[7] 冯翠莲，赵益坤. 应用经济数学[M]. 北京：高等教育出版社，2008.

[8] 李心灿，姚金华，邵鸿飞，等. 高等数学应用205例[M]. 北京：高等教育出版社，1997.

[9] 白景富，杨凤书. 应用数学[M]. 青岛：中国海洋大学出版社，2011.

[10] 刘洪宇. 经济数学[M]. 北京：中国人民大学出版社，2012.

[11] 顾静相. 经济数学基础[M]. 3版. 北京：高等教育出版社，2008.

[12] 邱红. 实用高等数学[M]. 青岛：中国海洋大学出版社，2011.

[13] 葛云飞，李云友. 高等数学教程[M]. 北京：北京交通大学出版社，2006.

[14] 许贵福. 物流数学[M]. 北京：人民交通出版社，2009.

[15] 赵可培. 运筹学[M]. 上海：上海财经大学出版社，2008.

[16] 胡显佑. 运筹学基础教程[M]. 2版. 北京：中国人民大学出版社，2008.

[17] 张红. 数学简史[M]. 北京：科学出版社，2007.